现代生物化学工程丛书

基因工程简明教程

叶 江　张惠展　编著

华东理工大学出版社
EAST CHINA UNIVERSITY OF SCIENCE AND TECHNOLOGY PRESS
·上海·

图书在版编目(CIP)数据

基因工程简明教程/叶 江,张惠展编著. —上海：
华东理工大学出版社,2015.8
ISBN 978-7-5628-4347-4

Ⅰ.①基… Ⅱ.①叶… ②张… Ⅲ.①基因工程—
教材 Ⅳ.①Q78

中国版本图书馆 CIP 数据核字(2015)第 175172 号

内 容 提 要

本书以基因表达调控原理与基因工程的支撑技术为前提,主要论述了三部分内容:涉及基因高效表达、重组表达产物活性回收、基因工程菌(细胞)稳定生产等基因工程基本原理;包括 DNA 的切接反应、重组 DNA 分子的转化、转化子的筛选与重组子的鉴定五大基因工程单元操作;以大肠杆菌和酵母两个典型的基因工程受体系统为主线,结合具体的产业化案例,归纳出基因工程技术的实际应用战略。

本书可作为高等院校生物工程、生物技术、食品工程等专业本科生学习"基因工程"课程的教材,课堂教学建议学时为 32 学时,也可供从事生物工程技术研究和开发的人员参考。

现代生物化学工程丛书

基因工程简明教程

··

编 著/ 叶 江 张惠展
责任编辑/ 焦婧茹
责任校对/ 李 晔
出版发行/ 华东理工大学出版社有限公司
　　　　　地　址：上海市梅陇路 130 号,200237
　　　　　电　话：(021)64250306(营销部)
　　　　　　　　　(021)64252344(编辑室)
　　　　　传　真：(021)64252707
　　　　　网　址：press.ecust.edu.cn
印　刷/ 常熟市新骅印刷有限公司
开　本/ 787 mm×1092 mm　1/16
印　张/ 14.75
字　数/ 374 千字
版　次/ 2015 年 8 月第 1 版
印　次/ 2015 年 8 月第 1 次
书　号/ ISBN 978-7-5628-4347-4
定　价/ 38.00 元

联系我们:电子邮箱 press@ecust.edu.cn
　　　　　官方微博 e.weibo.com/ecustpress
　　　　　天猫旗舰店 http://hdlgdxcbs.tmall.com

前　言

　　20 世纪 70 年代，新兴技术基因工程的诞生标志着人类开启了深入认识生命本质并能动改造生命的新时期。作为一项操作生物遗传信息的现代生物技术，基因工程以细胞生物学、分子生物学和分子遗传学的基本理论体系作为指导，在基因的分离克隆、基因表达调控机制的诠释、基因编码产物的产业化、生物遗传性状的改良乃至基因治疗等方面日益显示出极高的实用价值。基因工程正以其迅猛发展和层出不穷的成果驱动着人类社会生活方式发生重大变革。

　　本书从基因表达调控的基本原理和基因工程的支撑技术入手，在介绍基因工程基本条件的前提下，将 DNA 重组技术流程分为切、接、转、增、检五大单元操作；在简要阐述目的基因分离克隆战略的基础上，分别以大肠杆菌和酵母两个典型的基因工程受体系统为主线，结合具体的产业化案例，逐一论述基因工程应用的设计思想。

　　编者在已编著的《基因工程概论》和《基因工程》的基础上，结合不断充实的教学讲义和经验体会，另外参考了 Molecular Biology（Fifth Edition，Robert F. Weaver 著，2011 年），Molecular Biology of the Gene（Seventh Edition，James D. Watson 等著，2013 年）等书籍，对相关内容进行了删减、修订与增补，因而更适合供高等院校生物工程、生物技术、食品工程等专业的本科生学习"基因工程"课程时作为教材，也可供从事生物工程技术研究和开发的人员参考。

　　在本书的编写过程中张玉琛和林岩威帮助收集了部分资料，夏慧和侯兵兵帮助校对书稿，编者在此对他们的辛勤劳动表示衷心的感谢。

　　真诚欢迎专家及其他读者朋友们对本书提出宝贵意见。

编者

2015 年 5 月

目　录
CONTENTS

第1章 概　述

　　分子生物学从 1953 年诞生以来,建立了以 DNA 复制、转录和遗传密码翻译为内容的中心法则,开创了分子遗传学基本理论建立和发展的黄金时代。分子生物学理论和技术发展的积累使得基因工程技术的出现成为必然。20 世纪 70 年代,基因工程技术的问世成为分子生物学发展的新里程碑,标志着人类深入认识生命本质并能动改造生命的新时期开始。基因工程对生物、医药和农业等领域都产生了革命性的影响,它正驱动着人类生活方式发生重大变革。

1.1　基因工程的基本概念

1. 基因工程的基本定义

　　基因工程(genetic engineering)原称遗传工程。从狭义上讲,基因工程是指将一种或多种生物体(供体)的基因与载体在体外进行拼接重组,然后转入另一种生物体(受体)内,使之按照人们的意愿遗传并表达出新的性状。因此,供体、受体、载体称为基因工程的三大要素,其中相对于受体而言,来自供体的基因属于外源基因。除了 RNA 病毒外,几乎所有生物的基因都存在于 DNA 结构中,而用于外源基因重组拼接的载体也都是 DNA 分子,因此基因工程亦称为重组 DNA 技术(DNA recombination)。另外,DNA 重组分子大都需要在受体细胞中复制扩增,故还可将基因工程表征为分子克隆技术(molecular cloning)。

　　广义的基因工程定义为 DNA 重组技术的产业化设计与应用,包括上游技术和下游技术两大组成部分。上游技术指的是外源基因重组、克隆、表达的设计与构建(即狭义的基因工程);而下游技术则涉及含有重组外源基因的生物细胞(基因工程菌或细胞)的大规模培养以及外源基因表达产物的分离纯化过程。因此,广义的基因工程概念更倾向于工程学的范畴。值得注意的是,广义的基因工程是一个高度统一的整体。上游 DNA 重组的设计必须以简化下游操作工艺和装备为指导,而下游过程则是上游基因重组蓝图的体现与保证,这是基因工程产业化的基本原则。

2. 基因工程的基本过程

　　依据定义,基因工程的整个过程由工程菌(细胞)的设计构建和基因产物的生产两大部分

组成(图 1-1)。前者主要在实验室里进行,其基本单元操作过程如下:

(1) 从供体细胞中分离出基因组 DNA,用限制性核酸内切酶分别将外源 DNA(包括外源基因或目的基因)和载体分子切开(简称"切");

(2) 用 DNA 连接酶将含有外源基因的 DNA 片段接到载体分子上,构成 DNA 重组分子(简称"接");

(3) 借助于细胞转化手段将 DNA 重组分子导入受体细胞中(简称"转");

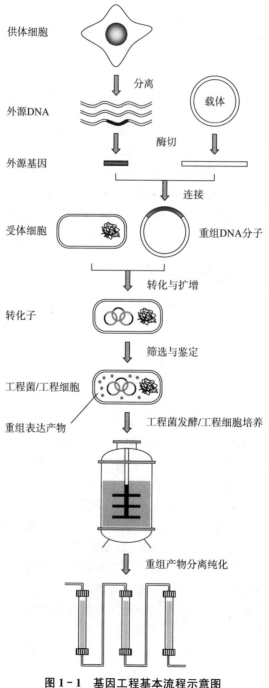

图 1-1 基因工程基本流程示意图

（4）短时间培养转化细胞，以扩增 DNA 重组分子或使其整合到受体细胞的基因组中（简称"增"）；

（5）筛选和鉴定经转化处理的细胞，获得外源基因高效稳定表达的基因工程菌或细胞（简称"检"）。

由此可见，基因工程的上游操作过程可简化为：切、接、转、增、检。

3. 基因工程的基本原理

作为现代生物工程的关键技术，基因工程的主体战略思想是外源基因的稳定高效表达。为达到此目的，可从以下四个方面考虑：

（1）利用载体 DNA 在受体细胞中独立于染色体 DNA 而自主复制的特性，将外源基因与载体分子重组，通过载体分子的扩增提高外源基因在受体细胞中的剂量（或拷贝数），借此提高其宏观表达水平。这里涉及 DNA 分子高拷贝复制以及稳定遗传的分子遗传学原理。

（2）筛选、修饰、重组启动子、增强子、操作子、终止子等基因的转录调控元件，并将这些元件与外源基因精确拼接，通过强化外源基因的转录而提高其表达水平。

（3）选择、修饰、重组核糖体结合位点及密码子等 mRNA 的翻译调控元件，强化受体细胞中目标蛋白质的生物合成过程。

上述（2）和（3）两点均涉及基因表达调控的分子生物学原理。

（4）基因工程菌（细胞）是现代生物工程中的微型生物反应器，在强化并维持其最佳生产效能的基础上，从工程菌（细胞）大规模培养的工程和工艺角度切入，合理控制微型生物反应器的增殖速度和最终数量，也是提高外源基因表达产物产量的重要环节，这里涉及的是生物化学工程学的基本理论体系。

因此，分子遗传学、分子生物学、生物化学工程学是基因工程原理的三大基石。

4. 基因工程的基本体系

生物工程的学科体系建立在微生物学、遗传学、生物化学和化学工程学的基本原理与技术之上，但其最古老的产业化应用可追溯到公元前 40 世纪至公元前 30 世纪期间的酿酒技术。20 世纪 40 年代，抗生素制造业的出现被认为是微生物发酵技术成熟的标志，同时也孕育了传统生物工程的诞生。30 年之后，以分子遗传学和分子生物学为理论基础的基因工程技术则将生物工程引至现代生物技术的高级发展阶段。

生物工程与化学工程同属化学产品生产技术，但两者在基本原理、生产组织形式以及产品结构等方面均有本质的区别。在化学工业中，产品形成或化学反应发生的基本场所是各种类型的物理反应器，在那里反应物直接转变成产物；而在生物工程产业中，生化反应往往发生在生物细胞内，作为反应物的底物按照预先编制好的生化反应程序，在催化剂酶的作用下形成最终产物。在此过程中，反应的速度和进程不仅仅依赖于底物和产物的浓度，而且更重要的是受到酶含量的控制，后者的变化又与细胞所处的环境条件和基因的表达状态直接相关联。虽然在一个典型的生物工程生产模式中，同样需要使用被称为细菌发酵罐或细胞培养器的物理容器，但它们仅仅用于细胞的培养和维持，真正意义上的生物反应器却是细胞本身。因此，就生产方式而言，生物工程与化学工程的显著区别在于：①生物工程通常需要两种性质完全不同的反应器，细胞实质上是一种特殊的微型生物反应器（microbioreactor）；②在一般生产过程中，微型反应器（细胞）的数量与质量随物理反应器内的环境条件变化而变化，因此在物理反应器水平上施加的工艺和工程控制参数种类更多、控制程度更精细;③每个微型反应器(细胞)内的生物催化剂的数量和质量也会增殖或跌宕,而且这种变化受制于更为复杂的机理,如酶编码基因的表达调控程序、蛋白质的加工成熟程序、酶的活性结构转换程序、蛋白质的降解程序等;④如果考虑产品的结构,生物工程则不仅能生产具有生理活性和非活性分子,而且还能培育和制造生物活体组织或器官。

　　上述分析表明,现代生物工程的基本内涵(图 1-2)包括:用于维持和控制细胞微型反应器(即生产菌或生产细胞)数量和质量的发酵工程(细菌培养)和细胞工程(动植物细胞培养)、用于产物分离纯化的分离工程、用于实施细胞外生化反应的酶工程、用于生产生物活体组织的组织工程,以及用于构建高品质细胞微型反应器的基因工程。值得注意的是,根据酶工程原理和技术组织的产物生产方式表面上看起来似乎与细胞微型反应器无关,但从生物催化剂概念拓展和酶制剂来源的角度上考察,这种生产方式在很大程度上也依赖于细胞微型反应器的使用,因为目前工业上使用的大部分酶制剂实际上是发酵工程的中间产品,而且酶工程产业中相当比例的生物催化剂形式是微生物细胞,后者也同样来自发酵过程。

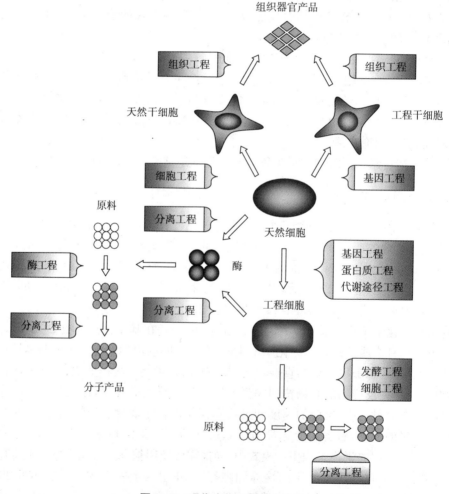

图 1-2　现代生物工程基本内涵

　　菌种诱变筛选程序和细胞工程中的细胞融合技术分别是微生物和动植物微型反应器品

质改良的传统手段,而 DNA 重组技术则是定向创建所有类型细胞微型反应器(即工程菌或工程细胞)强有力的现代化工具。其中,第一代基因工程是将单一外源基因导入受体细胞,使之高效表达外源基因编码的蛋白质或多肽,它们基本上以天然的序列结构存在;第二代基因工程(即蛋白质工程)通过基因水平上的操作修饰改变蛋白多肽的序列结构,产生生物功能更为优良的非天然蛋白变体(mutein);而作为第三代基因工程的途径工程则在基因水平上局部设计细胞内固有的代谢途径和信号转导途径,以赋予细胞更为优越甚至崭新的产物生产品质;被誉为第四代基因工程的基因组工程是一项强大的技术,利用它可以特异性地对内源性染色体 DNA 进行改造,用于破坏或失活一个基因,修复不利突变,或增加微生物种群的多样性。

1.2　基因工程的发展历史

从基本流程来看,基因工程的操作并不复杂,但其中涉及许多关键性技术,如 DNA 分子的切割与连接、DNA 切接反应的检测以及重组 DNA 分子导入受体细胞的程序等。有趣的是,这三项基本技术几乎同时于 20 世纪 70 年代初发展起来,并迅速导致了第一个 DNA 体外重组实验的诞生。

1. 基因工程的诞生

1972 年,美国学者 Berg 和 Jackson 等将猿猴病毒 SV40 基因组 DNA、大肠杆菌 λ 噬菌体基因以及大肠杆菌半乳糖操纵子在体外重组获得成功。翌年,美国斯坦福大学的 Cohen 和 Boyer 等在体外构建出含有四环素和链霉素两个抗性基因的重组质粒分子,将其导入大肠杆菌后,该重组质粒得以稳定复制,并赋予受体细胞相应的抗生素抗性,由此宣告了基因工程的诞生。正如 Cohen 在评价其实验结果时指出的那样,基因工程技术完全有可能使大肠杆菌具备其他生物种类所固有的特殊生物代谢途径与功能,如光合反应和抗生素合成等。

出人意料的是,当时科学界对这项新技术诞生的第一个反应竟是应当禁止有关实验的继续开展,其严厉程度远大于今天人们对人体克隆的关注。包括 Cohen 本人在内的分子生物学家们都担心,两种不同生物的基因重组有可能为自然界创造出一个不可预知的危险物种,致使人类遭受灭顶之灾。于是,1975 年西欧几个国家签署公约,限制基因重组的实验规模,第二年美国政府也制定了相应的法规。至今世界上仍有少数国家坚持对基因重组技术的使用范围进行严格的限制。

然而,分子生物学家们毕竟不愿看到先进的科学技术葬送在自己手中。在 1972—1976年这短短的四年里,人们对 DNA 重组所涉及的载体和受体系统进行了有效的安全性改造,包括噬菌体 DNA 载体的有条件包装以及受体细胞遗传重组和感染寄生缺陷突变株的筛选,同时还建立了一套严格的 DNA 重组实验室设计与操作规范。DNA 重组技术凭借众多安全可靠的相关技术支撑以及巨大的应用诱惑力,终于走出困境并迅速发展起来。

2. 基因工程的成熟

早在基因工程发展的初期,人们就已开始探讨将该技术应用于大规模生产与人类健康密切相关的生物大分子,这些物质在人体内含量极少,但却具有非常重要的生理功能。1977 年,日本学者 Itakura 及其同事首次在大肠杆菌中克隆并表达了人的生长激素释放抑制素基因。几个月后,美国 Ullvich 随即克隆表达了人的胰岛素基因。1978 年,美国 Genentech 公司开发出利用重组大肠杆菌合成人胰岛素的先进生产工艺,从而揭开了基因工程产业化的序幕。

这一时期主要基因工程产品的研制开发生产简况列在表 1-1 中。除此之外,近十年来又有数以百计的新型基因工程药物问世,另有数千种药物正处于研制开发阶段中。DNA 重组技术已逐渐取代经典的微生物诱变育种程序,大大推进了微生物种群的非自然有益进化的进程。

表 1-1　主要基因工程产品的上市时间

产品	用途	首次进入市场时间/年	国家/地区
人生长激素释放抑制素(SRM)	治疗巨人症		
人胰岛素	治疗糖尿病	1982	欧洲
人生长激素(hGH)	治疗侏儒症,延缓衰老	1985	美国
人 α-干扰素(α-IFN)	治疗病毒感染症	1986	欧洲
乙肝疫苗(HBsAgV)	预防乙型肝炎	1986	欧洲
人组织纤溶酶原激活剂(t-PA)	治疗急性心肌梗死	1987	美国
人促红细胞生成素(EPO)	治疗贫血症	1989	欧洲
人 γ-干扰素(γ-IFN)	治疗慢性粒细胞增生症	1990	
人粒细胞集落刺激因子(G-CSF)	治疗中性白细胞减少症	1991	美国
人白细胞介素-2(IL-2)	治疗肾细胞瘤	1992	欧洲
人凝血因子Ⅷ	治疗 A 型血友病	1992	
人 β-干扰素(β-IFN)	治疗多重硬化症	1993	
葡糖脑苷脂酶	治疗高歇氏症	1994	
人凝血因子Ⅸ	治疗 B 型血友病	1997	
人白细胞介素-10(IL-10)	预防血小板减少症	1997	
可溶性肿瘤坏死因子(TNF)受体	治疗类风湿关节炎	1998	美国
白介素 2 融合毒素	治疗皮肤 T 细胞淋巴瘤	1999	美国
聚乙二醇干扰素 α-2b	治疗慢性丙型肝炎	2001	欧洲
人甲状旁腺激素(1-34)(hPTH(1-34))	治疗骨质疏松	2002	美国
β-半乳糖苷酶(β-GAL)	治疗法布莱氏病	2003	美国

3. 基因工程的腾飞

20 世纪 80 年代以来,基因工程开始朝着高等动植物物种的遗传性状改良以及人体基因治疗等方向发展。1982 年,美国科学家将大鼠的生长激素基因转入小鼠体内,培育出具有大鼠雄健体魄的转基因小鼠及其子代。1983 年,携带有细菌新霉素抗性基因的重组 Ti 质粒转化植物细胞获得成功,高等植物转基因技术问世。1990 年,美国政府首次批准一项人体基因治疗临床研究计划,对一名因腺苷脱氨酶基因缺陷而患有重度联合免疫缺陷症的儿童进行基因治疗获得成功,从而开创了基因疗法的新纪元。1991 年,美国倡导在全球范围内实施雄心勃勃的人类基因组计划,用 15 年时间斥资 30 亿美元,完成人类基因组近 30 亿对碱基的全部测序工作,目前这项计划已提前完成,并迅速进入后基因组时代。1997 年,英国科学家利用体细胞克隆技术复制出"多利"绵羊,为哺乳动物优良品种的维持提供了一条崭新的途径。2006年,美国和日本两个研究小组借助转基因技术几乎同时实现了分化终端的细胞向干细胞的转换,人类复制或定制自身组织器官的时代为期不远了。2010 年,美国的一个研究团队将人工合成的基因组植入另一个内部被掏空的山羊支原体的细菌体内,从而获得第一个"人造细胞",它向"人造生命"形式迈出了关键的一步,也有望在未来为人类解决食品短缺、能源危机等一系列问题。

1.3 基因工程的研究意义

整整 60 年的分子生物学和分子遗传学的研究结果表明,基因是控制一切生命运动的物质形式。基因工程的本质是按照人们的设计蓝图,将生物体内控制性状的基因进行优化重组,并使其稳定遗传和表达。这一技术在超越生物王国种属界限的同时,简化了生物物种的进化程序,大大加快了生物物种的进化速度,最终卓有成效地将人类生活品质提升到一个崭新的层次。因此,基因工程诞生的意义毫不逊色于有史以来的任何一次技术革命。

概括地讲,基因工程研究与发展的意义体现在以下三个方面:第一,大规模生产生物活性分子。利用细菌(如大肠杆菌和酵母等)基因表达调控机制相对简单和生长速度较快等特点,令其超量合成其他生物体内含量极微但却具有较高经济价值的生化物质;第二,设计构建新物种。借助于基因重组、基因定向诱变甚至基因人工合成技术,创造出自然界中不存在的生物新性状乃至全新物种;第三,搜寻、分离、鉴定生物体尤其是人体内的遗传信息资源。目前,日趋成熟的 DNA 重组技术已能使人们获得全部生物的基因组,并迅速确定其相应的生物功能。

1. 第四次工业大革命

1980 年 11 月 15 日,美国纽约证券交易所开盘的 20min 内,Genentech 公司的新上市股票价格从 3.5 美元飙升到 89 美元,这是该证券交易所有史以来增值最快的一种股票。闹市的铃声分明在为一个伟大的产业技术革命而欢呼,因为上市前两年,该公司的科学家们克隆了编码胰岛素的基因。含有人胰岛素基因的大肠杆菌细胞就像一个个高效运转的生产车间,制造出足以替代市面上短缺的猪胰岛素的重组人胰岛素产品。这在当时被认为是医药界的一个奇迹,然而在今天看来,这种类型的基因工程产业似乎有些普通。目前,已经投放市场以及正在研制开发的基因工程药物几乎遍布医药的各个领域,包括各种抗病毒剂、抗癌因子、抗生素、重组疫苗、免疫辅助剂、抗衰老保健品、心脑血管防护急救药、生长因子、诊断试剂等。

在轻工食品产业,与传统的诱变育种技术相比,基因工程在氨基酸、助鲜剂、甜味剂等食品添加剂的大规模生产中日益显示出强大的威力。高效表达可分泌型淀粉酶、纤维素酶、脂肪酶、蛋白酶等酶制剂的重组微生物也已分别在食品制造、纺织印染、皮革加工、日用品生产中大显身手。传统化学工业中难以分离的混旋对映体,借助于基因工程菌可有效地进行生物拆分。

能源始终是严重制约人类生产活动的主要因素。以石油为代表的传统化石能源开采利用率的提高以及新型能源的产业化是解决能源危机的希望所在。利用 DNA 重组技术构建的新型微生物能大幅度提高石油的二次开采率和利用率,并能将难以利用的纤维素分解为可发酵生产燃料乙醇的葡萄糖,使太阳能有效地转化为化学能和热能。

环境保护是人类可持续生存与发展的大课题。一些能快速分解吸收工业有害废料、生物转化工业有害气体以及全面净化工业和生活废水的基因工程微生物种群已从实验室走向"三废"聚集地。

在迅速发展的信息产业中,基因工程技术的应用也已崭露头角。利用基因定向诱变技术可望制成运算速度更快、体积更小的蛋白芯片,人们装备并使用生物电脑的时代指日可待。

1983 年,美国注册了大约 200 家以基因工程为主导的生物技术公司,今天这类公司已数以万计。1986 年全球基因工程产业的总销售额才 600 万美元,到 1993 年已增至 34 亿美元,20 世纪末已突破 600 亿美元,难怪日本政府将基因工程命名为"战略工业"。基因工程作为 20 世纪最后一次伟大的工业革命,必将对 21 世纪产生深远的影响。

2. 第二次农业大革命

基因工程技术在农林畜牧业中的应用广泛且意义重大。烟草、棉花等经济作物极易遭受病毒害虫的侵袭,严重时导致绝产。利用重组微生物可以大规模生产对棉铃虫等有害昆虫具有剧毒作用的蛋白类农用杀虫剂,由于这类杀虫剂是可降解的生物大分子,不污染环境,故有"生物农药"之称。将某些特殊基因转入植物细胞内,再生出的植株可表现出广谱抗病毒、真菌、细菌和线虫的优良性状,从而减少或避免使用化学农药,达到既降低农业成本,又杜绝谷物、蔬菜和水果污染的目的。

基因工程也可用来改良农作物的品质。作为人类主食的水稻、小麦和土豆蛋白含量相对较低,其中必需氨基酸更为匮乏,选用适当的基因操作手段提高农作物的营养价值正在研究之中。一些易腐烂的蔬菜水果如番茄、柿子等也能通过 DNA 重组技术改变原来的性状,从而提高货架存放期。利用基因工程方法还可在暖房里按照人们的偏爱改变花卉的造型和颜色,使之更具观赏性。

天然环境压力对农作物生长影响极为严重。细胞分子生物学研究结果表明,对某些基因进行结构修饰,提高植物细胞内的渗透压,可在很大程度上增强农作物的抗旱、耐盐能力,提高单位面积产量,同时扩大农作物的可耕作面积。

在家畜品种改良方面,基因工程技术同样大有用武之地,其中最主要的成果是动物生长激素的广泛使用。注射或喂养由基因工程方法生产的生长激素,可使奶牛大量分泌高蛋白乳汁,鱼虾生长期大幅度缩短且味道鲜美,猪鸡饲料的利用率提高且瘦肉的比重增加。

近 20 年来,豆科植物固氮机制的研究方兴未艾,科学家们试图将某些细菌中的固氮基因移植到非豆科植物细胞内,使其表达出相应的性状。由于固氮基因组结构庞大,表达调控机制复杂,目前尚未取得突破性进展,但这项宏伟计划一旦实现,无疑将是第二次绿色大革命。

3. 第四次医学大革命

如果说麻醉外科手术是一次医学革命,那么基因疗法则为医学带来了又一次大革命。目前临床上已鉴定出 2 000 多种遗传病,其中相当一部分在之前还是不治之症,如血友病、先天性免疫缺陷综合征等。随着医学和分子遗传学研究的不断深入,人们逐渐认识到,遗传病其实只是基因突变综合征(分子病)中的一类。从更广泛的含义上讲,目前一些严重威胁人类健康的"文明病"或"富贵病",如心脑血管病、糖尿病、癌症、肥胖综合征、老年痴呆症、骨质疏松症等,均属分子病范畴。分子病的治疗方法主要有两种:一是定期向患者体内输入病变基因的原始产物,以对抗由病变基因造成的危害;二是利用基因转移技术更换病变基因,达到标本兼治的目的。目前上述两大领域均取得了突破性的进展。

　　基因疗法实施的前提条件是对人类病变基因的精确认识,因而揭示人体两万多个蛋白质编码基因的全部奥秘具有极大的诱惑力。美国一家生物技术公司不惜花费几千万美元的重金从分子生物学家手中买断刚刚克隆鉴定的肥胖基因,其意义可见一斑。随着 20 世纪第二个曼哈顿工程——人类基因组计划的实施,一本厚达几百万页的人类基因大词典已经问世,这些价值连城的人类遗传信息资源的所有权究竟归谁,必是人们关注的热点之一。

　　新陈代谢是生物界最普遍的法则,然而细胞乃至生命终结的机制却是一个极有价值的命题。近来有迹象表明,科学家们可能已经找到了控制细胞寿命的关键基因——端粒酶编码基因。也许有一天,人们借助于基因工程手段可以巧妙地操纵该基因的开关,使得日趋衰老的细胞、组织、器官甚至生命重新焕发出青春的光彩。

第**2**章 基因表达调控的原理与技术

基因表达的最终产物是 RNA 和蛋白质,这两大类物质及其次级产物维持着整个生命的有序运动。任何基因表达调控程序上的缺陷或紊乱,均会对生物体造成严重后果。基因工程的本质是通过基因的体外拼接稳定高效地表达其蛋白产物,因此,基因表达调控的分子机制是基因工程原理的指导思想。

基因的表达调控具有时空两重性,两者的调控程序语言均由基因自身编码。时序控制包括基因表达的先后次序和相对强弱(速度与总量);空间控制包括基因表达的区域(细胞器、细胞、组织)和环节。蛋白质编码基因的表达需要转录和翻译两大环节,每个环节都存在着不同的基因表达调控位点。由于真核生物细胞的结构较为复杂,所以相对原核生物来说,真核生物基因表达的调控范围更大,包括基因活化、基因转录、转录后加工以及 mRNA 翻译等众多层次的调控。然而,不管是原核生物还是真核生物,转录环节是最主要的调控位点。原核生物和真核生物在基因表达调控的细节上尽管差异很大,但两者的调控模式却具有惊人的相似性和可比性。除此之外,原核生物和真核生物的基因表达调控元件也具有统一性。基因调控元件按其属性可分为核酸和蛋白质两大类,所有基因表达控调模式的实质无非是两者之间的相互作用,包括核酸分子内或分子间的相互作用、核酸分子与蛋白分子之间的相互作用以及蛋白分子内或分子间的相互作用,其中第二种作用尤为重要。

2.1 启动子调控模型

2.1.1 启动子的组成及其功能

1. 启动子的一般特性

启动子是一段供 RNA 聚合酶定位用的 DNA 序列,通常位于基因的上游,长度一般不超过 200bp①。一旦 RNA 聚合酶定位并结合在启动子上,即可启动转录过程,因此启动子是基因表达调控的重要顺式元件,它与 RNA 聚合酶以及其他蛋白辅助因子等反式因子的相互作用是这种调控模式的实质。启动子具有以下几方面的特征:

---

① 生物学中用来表示长度的单位,意为碱基对。

（1）序列特异性。组成启动子的 DNA 序列中，通常只有大约 20bp 是相对保守的，其中更换或增减一个核苷酸均可导致转录启动滞后和转录速度缓慢（单位时间内每个基因拷贝所转录出的 mRNA 分子数），这是衡量启动子强弱的量化指标。

（2）方向特异性。启动子是一种极性顺式调控元件，即正、反两种方向中只有一种方向是有功能的。

（3）位置特异性。启动子只能位于它所启动转录的基因的上游或基因内部的前端，在基因下游无活性。甚至在基因上游，启动子与转录起始位点之间的距离也相对固定，距离太长或太短均会影响转录效率。

（4）种属特异性。原核生物的不同生物种属、真核生物的不同组织甚至细胞，拥有不同结构类型的启动子以及相应的反式调控元件。然而，这种特异性具有一定程度的相对性。一般说来，亲缘关系越近，两种生物的启动子通用的可能性就越大。

2. 原核生物的启动子

通过对 100 多种大肠杆菌启动子的序列分析结果表明，典型的细菌启动子由以下 4 个部分组成（图 2-1）。

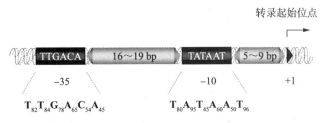

图 2-1　典型的细菌启动子组成

（1）转录起始位点。多数细菌启动子的转录起始区域序列为 CAT，中间一个碱基为转录起始位点，90% 以上的启动子在这个位点是嘌呤（A/G）。

（2）Pribnow 盒。几乎所有的启动子在距转录起始位点上游 6bp 处，存在一个六聚体的保守序列，其中间的碱基位于转录起始位点上游 10bp 处，故又称为 -10 区，也有少数启动子的 Pribnow 盒中间碱基位置在 -9 区至 -18 区内变动。这个六聚体的典型保守序列可用下式表示：$T_{80}A_{95}T_{45}A_{60}A_{50}T_{96}$，其中下标数字表达碱基出现的频率。由此可见，前两个碱基 TA 和最后一个碱基 T 在 -10 区是高度保守的，事实上它们也起着重要的作用。Pribnow 盒是 RNA 聚合酶的结合位点，RNA 聚合酶的结合使得这个 AT 丰富区消耗较低的能量而解旋，此时 RNA 聚合酶与启动子的复合物便由关闭状态转向开放状态，转录启动。

（3）Sextama 盒。细菌启动子上的另一个六聚体保守序列，其中间碱基距离转录起始位点上游约 35bp 处，即 -35 区，它的典型保守序列通式为 $T_{82}T_{84}G_{78}A_{65}C_{54}A_{45}$，其中前三个碱基 TTG 呈高度保守。Sextama 盒是 RNA 聚合酶的识别位点。RNA 聚合酶的一个亚基首先定位在该区域，然后其他亚基再与 -10 区结合。

（4）间隔区。90% 的大肠杆菌启动子在 Pribnow 盒和 Sextama 盒之间存在一个 16～18bp 的间隔区，间隔区小于 15bp 或大于 20bp 的启动子只占少数。尽管间隔区内的碱基序列是不重要的，但其长度与 RNA 聚合酶和两个保守区域的相互作用程度密切相关。

人们对于启动子保守序列所蕴藏的信息是通过碱基突变认识的。同理，利用定点突变技术也可改变天然启动子的转录效率，这种性质的突变只是影响基因表达的程度，但不会改变基因表达产物的性质。大量突变实验结果表明，对于大肠杆菌以及与其亲缘关系密切的其他原核细菌而言，最佳的启动子构成是：Pribnow 盒位于转录起始位点上游 7bp 之前，Sextama 盒位于 Pribnow 盒上游 17bp 之前。

大多数原核细菌的 RNA 聚合酶由 5 个亚基组成，总相对分子质量大约为 4.8×10^5，各亚基的性质见表 2-1。RNA 聚合酶也称为 RNA 聚合酶全酶，这是因为在转录前和转录过程中，它都以核心酶（$\alpha_2\beta\beta'$）和 σ 因子两个分离的分子形式存在于细胞内。在转录启动之前，核心酶与 DNA 有一定的亲和力，这种亲和力来自蛋白质中碱性侧链基团与 DNA 链上磷酸根骨架之间的静电引力，与 DNA 序列无关，称为松弛性结合。在 σ 因子与松弛性吸附在 DNA 任何位点上的核心酶结合后，核心酶空间构象发生变化，全酶与非特异性 DNA 序列的亲和力下降几万倍，导致它从 DNA 链上迅速剥落下来。同时全酶在 σ 因子的作用下，对启动子的亲和力大大提高，借助于随机扩散作用，紧密与启动子结合并启动转录。转录开始后，σ 因子即从全酶与 DNA 和 RNA 的复合物上解离下来，并循环发挥作用。因此，至少在以大肠杆菌为代表的原核真细菌中，真正识别启动子的是 σ 因子，而非 RNA 聚合酶的核心酶。

表 2-1　细菌 RNA 聚合酶的基本特性

亚基	基因	相对分子质量	数量	定位	功能
α	rpoA	4×10^4	2	核心酶	酶的装配
β	rpoB	1.55×10^5	1	核心酶	结合核苷酸
β′	rpoC	1.6×10^5	1	核心酶	结合模板
σ	rpoD	$3.2 \times 10^4 \sim 9.2 \times 10^4$	1	σ 因子	结合启动子

3. 真核生物的启动子

真核生物的启动子根据其所对应的基因编码产物性质可分为三大类，即 rRNA 基因启动子（Ⅰ型）、mRNA 基因启动子（Ⅱ型）和 tRNA 基因启动子（Ⅲ型）。Ⅰ型和Ⅱ型启动子位于转录起始位点的上游，但有些Ⅲ型启动子却位于转录起始位点的下游。各类型的启动子均由一组特征性的简短保守序列组成，其中Ⅰ型和Ⅲ型启动子结构相对单一，而Ⅱ型启动子的构成则较为复杂，这可能由它所相对的基因编码产物的多样性所致。

（1）Ⅰ型启动子。Ⅰ型启动子所属基因的编码产物都是 rRNA 前体，后者经剪切释放出各种相对分子质量的成熟 rRNA 分子。人体细胞中的Ⅰ型启动子研究得最为详尽，在转录起始位点的上游存在启动子的两个部分：紧邻转录起始位点的一部分为核心启动子，它足以使转录启动；位于 -180 至 -107 处的另一部分称为上游控制元件（UCE），它能大幅度增强转录效率。值得注意的是，核心启动子和 UCE 两者均含有启动子结构中不常见的 GC 丰富区，而且它们的序列同源性高达 85%。

（2）Ⅲ型启动子。真核生物有两类Ⅲ型启动子，5SRNA 和 tRNA 基因所属的启动子位于转录起始位点的 +55~+80 处（"+"表示下游），故称为内源启动子；snRNA（核内小分子 RNA）基因所属的启动子则与大多数启动子一样位于转录起始位点的上游，为外源启动子。两种启动子均由若干个不同的保守序列组成，根据保守序列组成及位置差异，内源启动子又有 5SRNA 基因启动子和 tRNA 基因启动子两种形式。这两种形式的启动子各有两个保守序列区组成,其中 A 区是两者所共有的。此外在某些应激条件下,内源启动子的转录启动活性也需要转录起始位点－25 区内某些序列的协助。

(3) Ⅱ型启动子。Ⅱ型启动子所属的基因绝大多数编码蛋白质,因此其构成的多元化是顺理成章的事。Ⅱ型启动子由启动子基本区和辅助区两部分组成,前者包括转录起始子(Inr)以及相邻的 TATA 盒。大多数真核生物Ⅱ型启动子的转录起始子与原核生物的 CAT 序列相似,为 PyPyCAPyPyPyPyPy(Py 为嘧啶碱基),其中 A 为转录起始位点。TATA 盒又称 Hogness 盒,其保守序列为 $T_{82}A_{97}T_{93}A_{85}A_{63}(T_{37})A_{83}A_{50}(T_{37})$,基本上属 AT 丰富区,但在其两侧存在着非特异性的 GC 丰富区,这是它发挥功能的重要结构因素。TATA 盒一般位于－25 区附近,它决定了转录起始点的选择。绝大多数的真核基因启动子都有 TATA 盒,而且盒内任何一个碱基的突变均会严重影响转录效率甚至无法启动转录,少数一些不含 TATA 盒的启动子在启动转录时,通常借助于其他 DNA 序列和某种替代机制完成 TATA 盒的使命。Ⅱ型启动子的辅助区由多种保守序列组成(图 2-2),这些保守序列在不同的启动子中位置、种类及拷贝数均不同,但分布范围却十分广泛,而且与 TATA 盒一样具有相当大的序列特异性,表 2-2 列出了Ⅱ型启动子辅助区各保守序列的基本特征。Ⅱ型启动子的两个区域具有不同的功能,基本区主要是确定转录起始位点的位置,但只能以极低的水平启动转录,而辅助区各保守序列则通过与相应的基本转录因子作用而大大提高转录启动的频率。除此之外,这些保守序列(如 CAAT 盒和 GC 盒等)具有双向性,即正、反两个方向都能发挥作用,这点也与 TATA 盒不同。

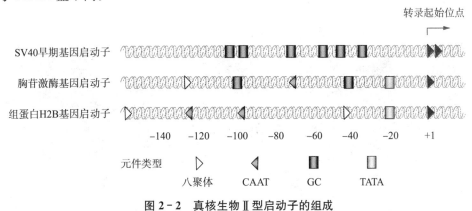

图 2-2　真核生物Ⅱ型启动子的组成

表 2-2　哺乳动物 RNA 聚合酶Ⅱ的启动子元件及其相应转录因子

元件	保守序列	长度/bp	转录因子	相对分子质量	分布
TATA box	TATAAAA	～10	TBP	$2.7×10^4$	普通细胞
CAAT box	GGCCAATCT	～22	CTF/NF1	$6.0×10^4$	普通细胞
GC box	GGGCGG	～20	SP1	$1.1×10^5$	普通细胞
Octamer	ATTTGCAT	～20	Oct-1	$7.6×10^4$	普通细胞
Octamer	ATTTGCAT	～23	Oct-2	$5.2×10^4$	淋巴细胞
κB	GGGACTTTCC	～10	NFκB	$4.4×10^4$	淋巴细胞
κB	GGGACTTTCC	～10	H2-TF1		普通细胞
ATF	GTGACGT	～20	ATF		普通细胞

2.1.2 启动子的顺式增强作用

真核生物启动子为 RNA 聚合酶精确有效启动转录所必需,但似乎不是转录进行的充要条件,至少在某些情况下,增强子的存在可大大增加启动子启动转录的频率。增强子由一组与启动子关系密切的 DNA 顺式调控元件组成。相对启动子而言,增强子的位置不固定,而且其作用与方向性无关,也就是说,增强子可以激活离它最近的上下游任何启动子;同时不管位于启动子的上游还是下游,增强子的正、反两个方向都具有活性。启动子中的某些保守序列(如 CAAT 盒和 GC 盒等)也具有双向性,但它们必须紧邻 TATA 盒,且当处于 TATA 盒或基因下游时无活性。酵母中的上游激活序列(UAS)在启动子上游时也能以正、反两个方向发挥作用,但若将其置于启动子下游时,正、反方向对其上游的启动子均不能发挥激活作用。

增强子最早是在 SV40 病毒基因组中发现和鉴定的,它位于以两个 72bp 的正向重复顺序为特征的早期基因组区域内,距转录起始位点上游约 200bp。该区域呈现不寻常的染色质结构,DNA 链在很大程度上裸露出来形成一个核酸酶的超敏感区。碱基缺失图谱表明,这两个正向重复顺序的任何一个均能维持正常的转录,但两者同时缺失导致体内基因转录速度大幅度下降。与启动子结构不同,组成增强子的各元件(15～20bp 长度不等)排列较为密集(图2-3),它们分别是特定蛋白型转录因子的结合位点,其中有些位点是典型启动子结构中的共有元件,如 AP1 和八聚体等。

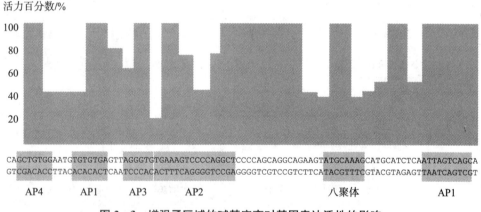

图 2-3 增强子区域的碱基突变对基因表达活性的影响

SV40 增强子含有两个不同的功能单元,每个功能单元又由两个或多个短小元件组成,一个单元单独存在活性很低,但两个单元组合在一起,即使是相隔一定距离也能形成功能很强的增强子,而且一个功能单元的灭活可为另一个功能单元的倍增所补偿,这表明两者尽管拥有不同的组成元件,但其作用是相似的。将足够数量的外源短小元件拼接起来,也可构建出有功能的增强子,这种与组成元件类型无关的堆积效应是增强子的特征之一。

真核生物细胞内的增强子具有与病毒增强子相似的性质,一个增强子可以作用于其上下游最邻近的启动子,组织特异性转录启动机制既可能由启动子决定,也可能由增强子决定。某个启动子是受组织特异性调控的,其邻近的增强子通常是非特异性地提高该启动子的转录启动效率;相反,若某个启动子缺少组织特异性调控机制,则增强子往往在被特异性激活后才能作用于启动子。这方面的例子是免疫球蛋白基因,它所携带的增强子位于转录单元内部,即启动子的下游。这个增强子只在表达免疫球蛋白基因的 B 淋巴细胞中才有活性。因此,某些类型的增强子属于基因表达控制网络的一部分。

利用 DNA 重组技术将增强子序列在 DNA 链上移动一个位置,则这个增强子也能促进转录启动。例如,将 β-珠蛋白基因置于一个含有增强子的 DNA 分子上,该基因的转录在体内增加 200 倍,即便是将增强子以正、反两个方向分别移到距离 β-珠蛋白基因上游或下游几千碱基远的地方,其效果也是非常明显的。

那么增强子是如何在任何位置上以任何方向激活转录启动的呢? 在增强子刚刚发现时,有三种假说解释增强子与启动子这种性质上的差别:①增强子能长距离改变 DNA 转录模板链的结构,例如影响超螺旋的密度;②增强子将 DNA 模板链定位于细胞内一个特殊的区域,如核基质区;③增强子为 RNA 聚合酶以及其他必需蛋白因子提供一个与染色质结合的全方位位点。然而大量的研究结果表明,尽管增强子可以远距离作用于启动子,促进转录的工作原理却是增大启动子邻近区域转录因子的浓度。图 2-4 所示的两个实验可以证明这种机制是正确的:一个线形 DNA 片段的一端含有一个增强子,另一端含有一个启动子,这时启动子下游的基因并不能有效地转录,但如果两个端点用一个蛋白质连在一起时,基因转录即可启动。由于诸如超螺旋改变的结构效应不能穿过蛋白分子而传递,所以此时增强子的作用是邻近效应而非模板结构效应。若将增强子置于一个环状 DNA 分子上,并与含有启动子的另一个环状 DNA 分子像锁链一样扣在一起,则其转录启动效率与启动子的增强子位于同一个环状 DNA 分子上一样,而两个环状 DNA 分子相互分开,则转录并不启动。这表明,增强子上的蛋白结合因子增加了它们与结合在启动子上的转录因子的相互作用机会。事实上,增强子尽管可以在线性距离很远的地方作用于启动子,但两者在 DNA 的空间结构中却是彼此相邻的,其中增强子与启动子之间的 DNA 链形成环状结构是必不可少的。目前已经知道,有些增强子在所有类型的细胞中均被激活,而另一些则只在某种组织中发挥作用,其详细的作用机制以及真核生物体内的启动子究竟有多大比例依赖于增强子才能启动基因转录,还有待更深入的研究。

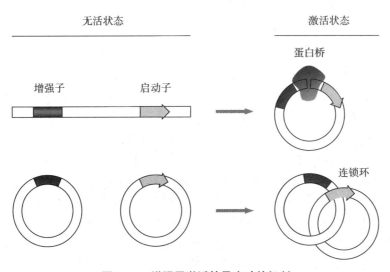

图 2-4　增强子激活转录启动的机制

2.1.3　启动子的反式协同作用

真核生物基因表达的顺式调控元件(如启动子和增强子等)都是依赖众多特定蛋白因子的协同作用而工作的,这些蛋白因子统称为基因表达的反式调控因子。根据其功能及作用位点,反式调控因子可分为三大类:①基本因子。参与所有启动子控制下的 RNA 合成的启动过程,在转录起始位点周围与 RNA 聚合酶形成复合物,确定转录的起始部位;②上游因子。为识别转录起始位点上游的专一性短小保守元件的 DNA 结合蛋白,其活性不受其他蛋白因子控制,这类因子普遍存在于细胞内,作用于所有含有合适结合位点的启动子,提高转录启动效率,并将启动子的基因表达调控功能维持在一个精确的水平上;③诱导因子。其功能与上游因子相同,但具有可调控性,它们的合成或激活具有严格的时空特异性,同时又使基因转录调控模式具备时空特异性的色彩。因此,基本因子和上游因子又统称为转录因子,而诱导因子则称为转录调控因子。与诱导因子相对应的 DNA 顺式调控元件称为应答元件,其作用机制详见 2.3 节。

与三种不同功能的启动子结构相对应,真核生物细胞核中存在三种不同的 RNA 聚合酶,其中一般性质列在表 2-3 中。所有的真核生物 RNA 聚合酶都是由 8～14 个亚基组成的庞大蛋白质复合物,其相对分子质量高达 5×10^5 以上。纯化的 RNA 聚合酶只能在 DNA 模板指导下推进 RNA 的转录过程,但不能在启动子处选择性地启动转录,后者依赖于多种转录因子与 RNA 聚合酶在启动子和(或)增强子区域内的协同作用。

表 2-3　真核生物细胞核中的 RNA 聚合酶

类型	位置	主要产物	相对活性	α-鹅膏菌素的敏感性
RNA 聚合酶 I	核仁	28S、18S 和 5.8S rRNAs	50%～70%	不敏感
RNA 聚合酶 II	核质	mRNAs,snRNAs 和 miRNAs	20%～40%	敏感
RNA 聚合酶 III	核质	5S rRNA 和 tRNAs	～10%	物种特异

1. I 型启动子的转录启动程序

I 型启动子所属的 rRNA 基因由 RNA 聚合酶 I 负责转录。整个转录启动过程需要两种蛋白转录因子辅助,并经历三个阶段:第一阶段,转录因子 UBF1(上游结合因子)序列特异性地与 I 型启动子的核心启动子部分及其上游控制元件 UCE 结合;第二阶段,另一个转录因子 SL1 协同结合在 UBF1 紧邻的 DNA 链上,SL1 本身对启动子区域无特异性,它对 DNA 的结合依赖于 UBF1 在启动区域中的定位;第三阶段,一旦这两种辅助蛋白因子结合在 DNA 上的相应位点之后,RNA 聚合酶 I 便与核心启动子结合,同时启动转录。结合在核心启动子上的 UBF1 和 SL1 与 RNA 聚合酶 I 之间的相互作用在转录启动过程中非常重要,但位于上游 UCE 处的 UBF1/SL1 复合物如何激活转录启动,目前还不清楚。

UBF1 是一个单聚体蛋白,其特征是与 I 型启动子两大元件的 GC 丰富区专一性结合,它与 RNA 聚合酶 I 均可使用外源 DNA 模板有效工作。例如,小鼠的 UBF1 因子和 RNA 聚合酶 I 可以识别人体基因的相应启动子,但 SL1 在转录启动反应中却显示出种属特异性。小鼠的 SL1 不能使用人体启动子;反之亦然。转录因子 SL1 实质上是由四种蛋白质组成的复合物,其中之一称为 TBP(TATA 盒结合蛋白)。在与 RNA 聚合酶 I 的协同作用中,TBP 并无种属特异性,也不专一性地与 DNA 的 GC 丰富区结合,SL1 的种属特异性来自其他三种蛋白组分,TBP 只是通过其空间构象作用于 RNA 聚合酶 I。SL1 的性质颇像细菌 RNA 聚合酶中的 σ 因子,它虽不能单独与启动子特异性结合,却可在 UBF1 的协同下,作用于启动子。在此,它为 RNA 聚合酶 I 在转录起始位点的准确定位提供了保证,因此 SL1 实质上是一种定位因子。

2. Ⅲ型启动子的转录启动程序

Ⅲ型启动子所属的 5SRNA、tRNA 以及部分 snRNA 基因均由 RNA 聚合酶Ⅲ负责转录。三种不同结构的Ⅲ型启动子拥有不同的转录启动程序。在 AB 盒内源启动子中,转录因子 TFⅢC 识别 B 盒,但结合在 A 盒和 B 盒的整个区域上。在 AC 盒内源启动子中,另一个转录因子 TFⅢA 首先结合在包括 C 盒的 DNA 序列上,然后指导 TFⅢC 与更远的下游序列作用。在两种内源启动子中,TFⅢC 的结合保证了 TFⅢB 在转录起始位点附近序列上的准确定位。

TFⅢB 的结合是 RNA 聚合酶Ⅲ定位在转录起始位点上的唯一前提条件。此时 TFⅢA 和 TFⅢC 已不再影响转录的启动。两者的作用仅仅是协助 TFⅢB 结合在 DNA 合适的位点上。因而 TFⅢA 和 TFⅢC 也称为装配因子,而 TFⅢB 则像 SL1 一样,属于 σ 因子式的定位因子。TFⅢB 由 TBP 和其他两种蛋白质组成,其结构也与 SL1 相似,其中的 TBP 可能也是 RNA 聚合酶Ⅲ的作用组分。

snRNA 基因一部分由 RNA 聚合酶Ⅲ转录,而另一部分由 RNA 聚合酶Ⅱ转录。在 RNA 聚合酶类型的选择上,TATA 盒起着特异性作用,而上游元件 PSE 和 OCT 的组成以及作用方式在两种 RNA 聚合酶介导的转录启动过程中是相似的。Ⅲ型启动子中的 TATA 盒由一个同样含有 TBP 蛋白组分的复合物因子所识别,其中 TBP 直接识别 TATA 盒序列,而因子中的其他蛋白组分则分别作用于启动子的其他序列及 RNA 聚合酶Ⅲ。由此可见,TBP 是所有 RNA 聚合酶Ⅲ启动转录所必需的定位因子,在含有 TATA 盒的Ⅲ型启动子中,它特异性地与之结合,而在无 TATA 盒的启动子中,它与其他蛋白因子协同作用于 DNA 上。

3. Ⅱ型启动子的转录启动程序

与 DNA 聚合酶 I、Ⅲ一样,RNA 聚合酶Ⅱ本身并不能启动Ⅱ型启动子所属的蛋白编码基因的转录,辅助转录因子的协同作用是必需的。Ⅱ型启动子的基本区(也称基本启动子)理论上可在任何类型细胞中表达,它不依赖于组织特异性调控元件的存在。然而基本启动子通常活性水平较低,细胞内正常的基因表达需要Ⅱ型启动子上游辅助区(又称辅助启动子)以及与之相对应的另一组转录因子的参与,因此Ⅱ型启动子的转录启动程序实际上包括基本启动子和辅助启动子两大系统。

基本启动子的转录启动程序较为复杂,其中涉及较多的转录因子协同作用,这些转录因子称为基本转录因子,它们首先依照特定程序组成复合物,最终 RNA 聚合酶Ⅱ才能有效地结合在启动子区域,并启动转录(图 2-5)。基本转录因子复合物形成的第一步是 TFⅡD 与 TATA 盒及其上游邻近区域的结合。TFⅡD 实际上也是一种多元蛋白复合物,真正识别 TATA 盒的是 TBP 组分(TATA 结合蛋白),相对分子质量约为 3×10^4,其他 TFⅡD 组分统称为 TAF(TBP 结合因子),它们的多样性构成了不同的 TFⅡD 因子,以选择不同类型的Ⅱ型启动子。实际上,SL1 蛋白复合物(作用于 I 型启动子)中 TBP 之外的另外三种蛋白组分,以及 TFⅢB(作用于Ⅲ型启动子)中 TBP 之外的另外两种蛋白组分,也可看作是 TAF 的成员。基本转录因子复合物形成的第二步是 TFⅡA 结合在 TFⅡD 的上游区域。TFⅡA 是一个多亚基蛋白因子(酵母有两个亚基,哺乳动物有三个亚基),它可解除 TAF 对 TBP 的束缚作用而激活之,这种激活作用为第三步 TFⅡB 在转录起始位点前后区域的结合创造了条件。第四步,TFⅡF 与 RNA 聚合酶Ⅱ的二元复合物结合在整个基本启动子区域上。基本转录因子 TFⅡF 为一异源二聚体,大亚基(RAP74)具有依赖于 ATP 的 DNA 解旋酶活性,其功能是在转录启动时部分解开 DNA 双螺旋结构;小亚基(RAP38)部分同源于细菌的 σ 因子,它与 RNA 聚合酶Ⅱ紧密结合,并将之引到装配就绪的基本转录因子复合物上。第五步,基本转录因子 TFⅡE 结合在 RNA 在聚合酶Ⅱ的下游区域,导致被蛋白因子保护的下游 DNA 链区进一步延伸。第六步,另外两种转录因子 TFⅡH 和 TFⅡJ 参与基本转录因子复合物上的最终形成。TFⅡH 具有磷酸激酶活性,可使 RNA 聚合酶Ⅱ羧基末端重复序列结构域(CTD)中的丝氨酸或苏氨酸残基磷酸化,经 TFⅡH 活化的 RNA 聚合酶Ⅱ便可从基本转录因子复合物中解脱出来,离开启动子区域进入转录的延伸阶段。

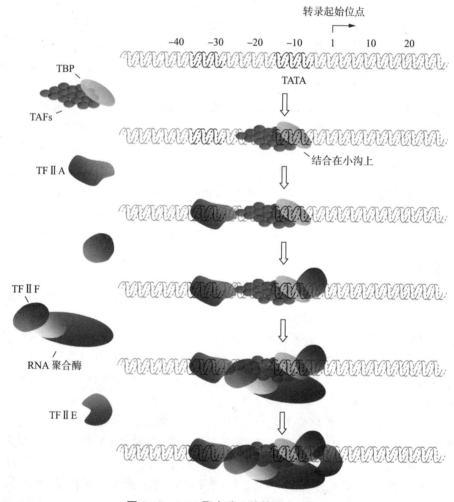

图 2-5 RNA 聚合酶Ⅱ的转录启动过程

由不含 TATA 盒的Ⅱ型启动子介导的转录启动,也需要相同的基本转录因子,但 TFⅡD 组成基本转录因子复合物的形式不再是直接与 DNA 序列结合,很可能类似于 SL1 和 TFⅢB

的作用机制。

综上所述,真核生物系统的转录因子所装配的多元蛋白复合物,引导 RNA 聚合酶准确识别相应的启动子区域并与之紧密结合。其作用模式与原核生物的 σ 因子非常相似,所不同的是,σ 因子与 RNA 聚合酶核心酶组成全酶后进入启动子区域,而真核生物转录因子复合物与相应的 RNA 聚合酶则是在 DNA 链上相遇的。因此,如果将转录因子复合物看作是扩大了的 σ 因子,那么真核生物与原核生物的转录启动模型就统一了。

Ⅱ型辅助启动子由上游若干种精细的 DNA 保守序列组成,决定了基本启动子的转录启动效率以及时空特异性,而辅助启动子的各保守序列同样是在所对应的辅助转录因子的作用下发挥其功能。较为特殊的是,在某些情况下,一种保守序列可被多种辅助转录因子所识别,如能识别 CAAT 盒的蛋白家族有 CTF、CP 和 C/EBP 等;同时,一种结构特殊的因子又可识别多种保守序列,如 C/EBP 等。辅助启动子对基本启动子功能的影响机制目前已知的有两种:一是促进转录启动,结合在辅助启动子各保守序列上的辅助转录因子通过基本转录因子复合物作用于 RNA 聚合酶Ⅱ,促使其大大提高转录启动的频率;二是影响基本转录因子复合物的装配。海胆组蛋白的 H2B 辅助启动子含有两个相邻的 CAAT 盒结构,该基因仅在海胆精子形成期间表达。海胆睾丸和卵巢组织中均存在 CAAT 结合因子,但这个因子只在睾丸组织中能有效地结合在 H2B 基因辅助启动子中的两个 CAAT 盒上,并促进基本启动子启动转录。在卵巢组织中,同样的 CAAT 盒上结合的是 CAAT 取代蛋白(CDP),它抑制了 CAAT 结合启动子的正常功能,导致基本转录因子复合物错误装配甚至不能装配,从而关闭 H2B 基因。总之,众多种类的转录因子赋予了辅助启动子对基本启动子的可调控性。

2.1.4　启动子结构的多样性

原核生物启动子介导的基因表达调控大致有两条途径:一是借助于启动子上游的操作子结构与其相对应的调控因子的相互作用,控制启动子的转录启动开关(详见 2.2 节);二是多种类型的启动子结构控制所属基因的时空特异性表达,这种作用基本上依赖于 σ 因子对启动子多样性结构的识别与选择,因为原核生物的 RNA 聚合酶核心酶通常情况下不能准确定位在特异性的启动子结构上,除非它被修饰(如 T4 噬菌体早晚期基因的表达),而这种例子并不多见。

1. 大肠杆菌启动子的多样性

大肠杆菌 RNA 聚合酶能转录该菌所有的基因,但并不是所有的大肠杆菌基因都携带相同结构的启动子,RNA 聚合酶必须依靠一系列转录调控因子识别和结合多种结构的启动子并启动转录。通过改变核心酶亚基结构来迎合特殊启动子的例子在大肠杆菌中几乎不存在,因为这种改变同时抑制了 RNA 聚合酶识别另一种启动子,导致该酶广谱适应性的降低。很长一段时间内,人们以为大肠杆菌对应于单一的 RNA 聚合酶只有一种 σ 因子,即 σ^{70},现在发现它拥有若干其他类型的 σ 因子,这表明 σ 因子的多样性至少是 RNA 聚合酶应付启动子多样性的一种方式。

研究最为详尽的大肠杆菌 σ 因子及其特征列在表 2-4 中,其中 σ^{32}(σ^{H})和 σ^{54}(σ^{N})在环境应急过程中被激活;σ^{28}(σ^{F})在大肠杆菌正常生长期间用于表达鞭毛生成基因,但这个基因的表达水平受到环境变化的影响。大肠杆菌对环境改变的应急反应中最为普遍的形式是热休克现象,其本质是细菌通过改变热休克基因的转录模式以应付环境温度的上升(42~45℃)。热休克反应广泛存在于原核生物和真核生物包括人体内,有些热休克蛋白的氨基酸序列在不同种属中高度相关,甚至热休克基因的核苷酸序列也有一定的同源性,还有几种热休克蛋白则是控制其他蛋白有序折叠的分子伴侣(chaperon)。大肠杆菌的 *rpoH* 基因是热休克应答反应的调控基因,其编码产物为 σ^{32} 因子,由 σ^{32} 构成的 RNA 聚合酶全酶能够识别热休克基因启动子,后者表达出 17 种热休克蛋白。大肠杆菌的 σ^{54} 因子是在氮匮乏的环境条件下由其基因 *rpoN* 表达合成,它与核心酶装配成特殊的全酶,表达相关基因组,使得细菌可以利用其他的氮源。σ^{54} 的同源蛋白广泛存在于其他细菌中,表明这种应急反应机制在进化中是保守的。另外,与细菌鞭毛生成有关的 σ^{F} 也具有广泛的同源性。

表 2-4　大肠杆菌 σ 因子及其所识别的启动子性质

基因	σ因子	相对分子质量	适用过程	-35 区	间距/bp	-10 区
rpoD	σ^{70}	7.0×10^4	一般代谢过程	TTGACA	16~18	TATAAT
rpoH	σ^{32}	3.2×10^4	热休克	CCCTTGAA	13~15	CCCGATNT
rpoN	σ^{54}	5.4×10^4	氮代谢	GTGGNA	6	TTGCA
fliA	σ^{28}	2.8×10^4	鞭毛形成	CTAAA	15	GCCGATAA

大肠杆菌多元 σ 因子的存在对应于启动子的多样性,每一种 σ 因子引导 RNA 聚合酶识别一类启动子。大肠杆菌启动子的特征是它们大小相同,这种结构与转录起始位点的距离固定,通常在-35 区和-10 区含有两个保守序列,但不同类型启动子的保守序列不同,或-35区或-10区或两者均不同,这种结构多样性为不同性质的 σ 因子的选择识别创造了条件。一种 σ 因子取代 RNA 聚合物酶中的另一种 σ 因子,即可关闭一组基因,同时打开另一组基因,因此有理由认为 σ 因子是原核生物基因表达的开关,σ 因子的结构特征是基因表达开关功能的基础。几种细菌 σ 因子的氨基酸序列比较结果表明,它们均由两部分组成:即核心酶结合区和-35区/-10区结合区,前者在不同类型的 σ 因子中具有较高的同源性,暗示它们作用于同一种核心酶;而后者则呈现出较大的差异性,对应于不同的保守序列。

2. 枯草杆菌启动子的多样性

在枯草杆菌中,σ 因子参与基因表达调控的范围更广,目前已知的 σ 因子就有大约 10 种,有些 σ 因子存在于营养细胞中,另一些仅在噬菌体感染的特殊环境条件下表达,还有一些则在细菌从营养生长向芽孢形成转移的过程中发挥作用。枯草杆菌在正常营养生长期间所使用的 RNA 聚合物具有与大肠杆菌相同的结构,即 $\alpha_2\beta\beta'\sigma$,其中的 σ 因子为 $\sigma^{43}(\sigma^{A})$,它所识别的启动子保守序列也与大肠杆菌 σ^{70} 因子所识别的保守序列相同。由不同 σ 因子构成的枯草杆菌 RNA 聚合酶同样只作用于含有不同-35 和-10 保守序列的启动子。

一组基因的表达导致另一组基因随后表达,称为基因表达的时序调控或级联调控,这是噬菌体感染周期中的普遍特征。在枯草杆菌噬菌体 SPO1 的感染周期中,其基因表达的时序调控是由一系列的 σ 因子来实现的。SPO1 的感染周期经历早、中、晚三个阶段:感染发生时,早期基因立即被转录;4~5min 后,中期基因转录;8~12min 后,晚期基因表达。SPO1 早期基因由宿主细胞内的 RNA 聚合酶全酶 $\alpha_2\beta\beta'\sigma^{43}$ 转录,其启动子的-10 区和-35 区保守序列与宿主的启动子保守序列很相似。早期基因 28 的表达产物 gp^{28} 实际上是中期基因转录所需的 σ 因子,由 gp^{28} 与宿主核心酶构成的噬菌体型 RNA 聚合酶特异性识别中期基因 33 和 34 的启动子,并促使它们合成 gp^{33} 和 gp^{34}。这两个蛋白因子置换上述 RNA 聚合酶中的 gp^{28},形成另一种对晚期基因启动子特异性作用的 RNA 聚合酶,最终导致晚期基因的表达。三种不同性质的 σ 因子(其中宿主一种,噬菌体两种)通过置换方式与宿主的同一种核心酶结合,形成三种不同的 RNA 聚合酶全酶,并分别作用于噬菌体早、中、晚基因的启动子,从而形成基因有序表达的级联调控。

由 σ 因子介导的级联调控也发生在枯草杆菌的芽孢形成过程中,当环境中的营养成分枯竭时,枯草杆菌停止正常的营养生长,同时触发细胞内发生磷酸化反应,磷酸基团由一系列蛋白因子传递至转录调控因子 SpoOA,磷酸化的 SpoOA 调控一系列 σ 因子介导的级联调控。

上述枯草杆菌及其噬菌体 SPO1 的各种 σ 因子都能够识别不同的启动子,$σ^{43}$ 以外的其他 σ 因子都拥有各自的启动子特征结构。σ 因子对启动子多样性的选择性识别是启动子调控模型的另一种表现形式。

3. 链霉菌启动子的多样性

链霉菌是一种高度分化的革兰氏阳性细菌,以众多完善的次级代谢途径而著称。链霉菌启动子的多样性则是其基因表达多元调控机制的反映。与大肠杆菌和枯草杆菌相比,链霉菌的启动子结构呈现更大的离散性。根据对 139 个启动子结构的序列及功能分析,结果表明至少存在三类链霉菌启动子:①与大肠杆菌典型启动子的−10 区和−35 区都相似的启动子,共 29 个,约占 21%,其特征序列分别为:−35 区,$T_{86} T_{90} G_{100} A_{69} C_{66} Py_{62}$;−10 区,$T_{59} A_{86} G_{41} Py_{69} Py_{72} T_{100}$,两个保守序列之间的间隔为 16~18bp。②仅与大肠杆菌典型启动−10 区相似的启动子,共 21 个,占 15%。③无论在−10 区还是−35 区与典型的原核生物启动子都没有相似之处的启动子占了一半多,这类启动子结构的多样性还表现在−10 区和−35 区保守序列之间的间隔区长度差异较大,变化范围为 7~24bp,而且许多基因含有多元启动子,至少 6 个链霉菌启动子位于基因的开放阅读框架内部,11 个基因的转录起始位点与翻译起始密码子重叠。从基因编码产物的生物功能来看,链霉菌典型启动子与细菌的初级代谢途径包括正常营养生长并没有高度的相关性,这与大肠杆菌和枯草杆菌也有很大的区别。

与启动子结构多样性相对应,链霉菌中至少存在 7 种形式的 RNA 聚合酶全酶。不同的 RNA 聚合酶拥有不同的 σ 因子,其中由基因 hrdB 编码的 $σ^{66}$ 因子最为重要,参与许多生长代谢基因的转录,hrdB 的突变是致死性的,而 hrdA 和 hrdC 基因突变对链霉菌的生长没有大的影响。由 hrdA、hrdB、hrdC 和 hrdD 编码的四个 σ 因子与大肠杆菌的 $σ^D$ 因子存在一个同源的结构域,对应于启动子−10 区的识别功能。链霉菌的另一个重要的 $σ^{whiG}$ 因子由基因 whiG 编码,它在孢子形成过程中起着重要作用,可能是一个主要的菌丝体分化控制开关。现已知道它与大肠杆菌的 $σ^{70}$ 和 $σ^{32}$ 因子具有同源性,但与枯草杆菌 $σ^D$ 因子同源性更高。此外,$σ^F$ 和 $σ^{hrdA}$ 等因子也都参与链霉菌气生菌丝生长和孢子生成的次级代谢反应。遗憾的是,链霉菌各种 σ 因子与结构复杂的启动子之间的对应关系及作用机制,目前尚不清楚。

总之,由启动子介导的转录启动是基因表达的一种重要调控形式,原核生物的 σ 因子和真核生物的转录因子(包括定位因子和装配因子)复合物,引导 RNA 聚合酶识别并结合在启动子上,从而触发基因表达的开关。

2.2　操纵子调控模型

2.2.1　操纵子基因表达调控的基本原理

原核生物与真核生物在基因顺序组织(即基因在 DNA 上的排列顺序)上的一个显著区别是前者结构基因成簇排列,它们共享一套启动子等基因表达调控元件;而后者的每个结构基因均有自己的调控系统,而且基因之间在 DNA 上的排列顺序呈离散型,并无功能上的明显相关性。原核生物细胞生物功能相关的结构基因成簇排列所组成的这种转录单位称为操纵子。

1. 操纵子的组成及功能

操纵子结构普遍存在于原核细菌及其噬菌体基因组中,其基本组成成分如下:①结构基因(G)。若干个(通常 3~8 个)生物功能相关的结构基因以相同的极性密集排列。②启动子(P)。一般情况下,一个操纵子中含有一个启动子,少数操纵子则含有双重甚至多重启动子,有时一个启动子位于所有结构基因的上游,而另一个启动子则位于某个结构基因的编码区内,控制其下游部分结构基因的表达。③终止子(T)。每个操纵子含有一个或多个能使转录不同程度终止的终止子结构,在多重终止子的情况下,它们或位于整个操纵子的末端,或分散在一些结构基因的下游,使得结构基因的转录产物分子比根据需要灵活变化。④操作子(O)。操作子由一个或多个 DNA 顺式调控元件组成,其功能是基因表达反式调控因子的结合区,这种蛋白- DNA 的二元复合物通过与启动子- RNA 聚合酶复合物的相互作用,对操纵子的开放或关闭进行调控。操作子通常定位于启动子附近区域,或在启动子上游,或在启动子下游,有时还穿插在启动子的内部。

操纵子中功能相关的结构基因的表达产物,协同完成一个生理生化过程,如糖或氨基酸的代谢、噬菌体诸多包装蛋白的生物合成等,这些结构基因在一套调控系统的作用下统一开放与关闭,维持合适精确的基因产物分子比,因此操纵子结构是原核生物最有效、最经济的基因表达调控模式。

2. 操纵子的调控网络模式

依据操纵子在原来无任何调节蛋白因子存在的情况下对新出现蛋白调节因子的响应机制,可将其分为负控制和正控制两大系统。在没有调节蛋白因子存在时,操纵子原本是开放的,调节蛋白因子的出现使该操纵子关闭,这种系统称为负控制系统,这种调节蛋白因子称为阻遏蛋白。负控制系统中阻遏蛋白的作用机制是统一的,或与操作子结合阻止 RNA 聚合酶启动转录;或与新合成的 mRNA 结合阻止核糖体启动翻译。所谓的正控制系统是指在没有调节蛋白因子存在时,操纵子原本是关闭的,加入一种调节蛋白因子后即可使该操纵子开放,这种调节蛋白因子称为激活蛋白。它与操作子和 RNA 聚合酶作用,协助转录的启动。

严格来讲,原核生物的操纵子是不可能绝对关闭的,上述所谓的关闭是指操纵子的开放(表达)水平在临界点以下。通常在一个细胞周期中,处于关闭状态的操纵子每个细胞只能转录 1~2 个 mRNA 分子。操纵子由关闭状态转入开放状态,意味着基因的表达水平在短时间内大幅度提高,但在提高程度上因操纵子的性质而异。负控制系统具有一个相对的安全机制,万一阻遏蛋白失活或其编码基因发生突变,则操纵子照样以常规速度表达基因,这种"宁多勿缺"的浪费机制,保证了细菌不会因缺乏必需的基因表达产物而突然致死。

根据操纵子对具有调控基因表达功能的小分子物质的响应机制,又可将其分为可诱导操纵子和可阻遏操纵子两大类。在可诱导操纵子中,小分子物质的出现使其由关闭状态进入开放状态,此过程叫作操纵子的诱导作用,这种小分子物质叫作诱异物;在可阻遏操纵子中,小分子的出现使其由开放状态转入关闭状态,这一过程叫作操纵子的阻遏作用,相应的小分子物质称为共阻遏物。在某些条件下,如调节蛋白编码基因突变时,可诱导操纵子会变得不可诱导;相反,另一些条件又能使可阻遏操纵子无法去阻遏,这种现象称为超阻遏。上述两类操纵子均有各自的生物学优势。相当多的糖代谢利用操纵子属于可诱导操纵子,糖本身就是诱导物,环境中一旦出现合适浓度的这种糖,操纵子便开放;而用于氨基酸合成的操纵子大多属于可阻遏操纵子,这样,环境中一旦出现这种氨基酸,即可作为其阻遏物而使操纵子关闭。

无论是正控制还是负控制,操纵子均可通过调节蛋白因子(阻遏蛋白或激活蛋白)与小分子物质(诱导物或共阻遏物)之间的相互作用达到诱导状态或阻遏状态,图 2-6 总结了四种简单操纵子的控制网络。诱导物以灭活阻遏蛋白或激活激活蛋白的方式对操纵子产生诱导作用,而共阻遏物则通过激活阻遏蛋白或灭活激活蛋白达到阻遏操纵子的目的。一方面,依据灭活调节蛋白因子所造成的遗传后果可以判定正负控制系统的性质,灭活阻遏蛋白造成操

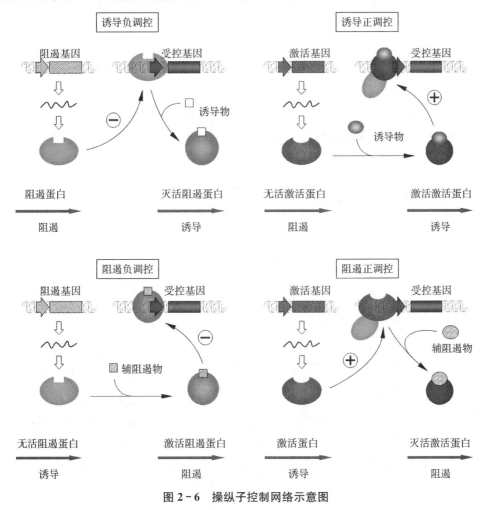

图 2-6　操纵子控制网络示意图

纵子隐性的组成型表达(去阻遏作用),这是负控制系统的特征;另一方面,任何灭活激活蛋白的突变均可导致隐性不可诱导状态或超阻遏状态,这是正控制系统的特征。

2.2.2 乳糖操纵子

乳糖操纵子模型是法国分子生物学家 Jacob 和 Monod 于 1961 年提出的,三年后人们又发现了启动子,从此操纵子作为原核生物基因表达调控的重要功能单元被确立。

1. 乳糖操纵子的结构及性质

细菌糖代谢途径中的酶系编码基因通常以操纵子结构单元进行协调控制,除此之外,一些与代谢途径相关的糖分子特异性运输蛋白的结构基因也参与操纵子的形成,在这一方面乳糖操纵子是一个典型的例子。乳糖操纵子由启动子、操作子、终止子等 DNA 顺式元件、编码反式调控因子的调控基因及三个结构基因组成,其顺序组织如图 2-7 所示。乳糖操纵子全长约 6kb[①],左端的调控基因 $lacI$ 拥有自己独立的启动子和终止子结构。$lacI$ 的下游邻近区域是启动子 P_{lac},启动子与操作子部分重叠,操作子 O_{lac} 向下游延伸至第一个结构基因 $lacZ$ 区的前 26bp,$lacZ$ 之后为另外两个结构基因 $lacY$ 和 $lacA$。$lacZ$ 编码的是 β-半乳糖苷酶,其活性形式为同源四聚体。该酶能以半乳糖苷类化合物为底物,催化两个不同的反应,其中之一是将半乳糖苷类化合物水解成组成它的单糖分子,例如将乳糖水解成为葡萄糖和半乳糖,后者又可继续代谢。$lacY$ 基因的产物是一种具有 β-半乳糖苷渗透酶活性的膜结合蛋白,其生物功能是将胞外的 β-半乳糖苷分子运输至胞内。$lacA$ 基因为 β-半乳糖苷乙酰转移酶,负责将乙酰辅酶 A 分子上的乙酰基团转给 β-半乳糖苷,但其生物学意义尚不清楚,可能与细菌识别 β-半乳糖苷及其结构类似物有关,因为有些 β-半乳糖苷结构类似物的组成成分对细菌有毒害作用。

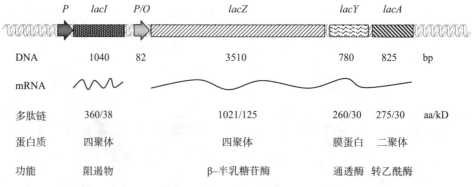

图 2-7 大肠杆菌乳糖操纵子的顺序组织

$lacZYA$ 三个结构基因的转录由 $lacI$ 基因合成的阻遏蛋白控制。$lacI$ 基因独立转录,且其产物是可扩散的,所以这个基因即使在 DNA 上的其他位置,也能控制 $lacZYA$ 结构基因的表达,它位于结构基因的上游邻近区域只是一种巧合。$lacI$ 基因的调节作用属于负控制系统,也就是说,如果细胞内不存在 LacI 的基因阻遏蛋白,lac 操纵子将是开放的。LacI 阻遏蛋

---

① 生物学中用来表示长度的单位,意为千碱基。

白也是一个同源四聚体,每个野生型细菌细胞中大约有 10 个分子,*lacI* 基因的转录速度则由 RNA 聚合酶与自身启动子的亲和性所控制。LacI 阻遏蛋白的生物学效应是特异性地与操作子 O_{lac} 结合,从而阻止 RNA 聚合酶在启动子区域启动转录。

2. 诱导物与阻遏蛋白的相互作用

如果大肠杆菌在无 β-半乳糖苷类物质(如乳糖)的环境条件下生长,则每个细菌细胞中的 β-半乳糖苷酶分子数不到五个,因为它此时不需要这种酶。但当相应的底物出现时,每个细菌会在几分钟的时间内合成 5 000 个酶分子,甚至 β-半乳糖苷酶的总量可达细菌所有可溶性蛋白质的 5%～10%。此时若设法除去底物,则该酶合成立刻停止,酶量重新恢复到原来的低水平,这种现象是由 β-半乳糖苷酶底物(诱导物)的诱导作用产生的。*lac* mRNA 极其不稳定,其半衰期大约只有 3min,一旦诱导物从系统中消失,操纵子的转录立即停止,随后不久已转录出的 mRNA 分子即被降解,细胞内酶分子总数自然会急剧减少。

诱导物对操纵子开放的诱导作用机制是它与 LacI 阻遏蛋白的高特异性结合(图 2 - 8)。在无诱导物存在时,操纵子不转录,因为此时阻遏蛋白呈活化状态结合在操纵子上;诱导物的出现使得阻遏蛋白由活化状态转为无活状态,并离开操纵子区域,也就是说,诱导物依靠其更高的亲和力与操作子竞争阻遏蛋白。由于 LacI 阻遏蛋白的合成与诱导物存在与否并无关

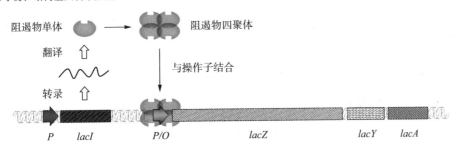

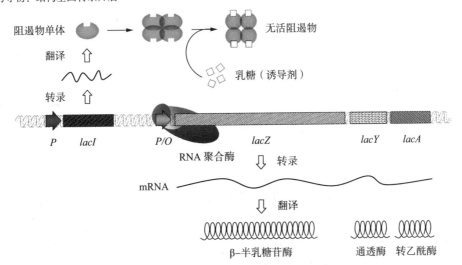

图 2 - 8　诱导物对操纵子开放的诱导作用机制

系,因此,阻遏蛋白通常是在与操纵子结合的状态下与诱导物遭遇的。换句话说,乳糖操纵子是在关闭的状态下为诱导物(乳糖)诱导开放的,而不是诱导物(乳糖)阻止阻遏蛋白关闭操纵子。如果乳糖操纵子在阻遏蛋白的作用下处于绝对关闭状态,那么细菌细胞膜上理应不存在 *lacY* 基因的产物 β-半乳糖苷渗透酶,同时也不存在既是底物又是诱导物的乳糖,更谈不上诱导作用了。事实上,即使在无诱导物存在的条件下,操纵子仍以一个基底水平表达三种乳糖代谢的酶(大约是诱导时的 0.1%),由这样的酶量所运输的乳糖足以起到诱导作用,何况底物乳糖虽是乳糖操纵子的有效诱导物,但绝不是唯一的诱导物,某些乳糖的结构类似物如异丙基-β-D-硫代半乳糖苷(IPTG)同样是乳糖操纵子的良好诱导物。

3. 阻遏蛋白与操作子的相互作用

阻遏蛋白与操作子的相互作用是蛋白质最为经典的序列特异性 DNA 结合反应模式。操作子拥有细菌调控蛋白的多重识别与结合位点(图 2-9),O_{lac} 的 26bp 区域横跨转录起始位点(从-5 到+21),以+11 为对称轴,两边各有 6bp 的典型对称序列(TGTGTG 和 AATTGT),其中靠近对称轴的两对对称序列在与阻遏蛋白的结合中起主要作用。操作子的这种回文结构与阻遏蛋白的四聚体对称性是相对应的,但突变实验结合表明,从+5 到+17 的 13bp 区域对突变更敏感,该区域并不是对称序列,这意味着操作子上的对称序列仅仅相当于阻遏蛋白的识别接触位点,而真正的结合位点偏向对称轴左侧的不完全对称区域。如果以 O_{lac} 对称轴左侧序列为模板,180°旋转复制右侧序列,则这种人工合成的绝对对称型操作子比野生型乳糖操作子的活性高 10 倍,这表明,序列对称性是乳糖操纵子高活性的要求,只不过操纵子中各位点在与阻遏蛋白相互作用时的精细分工不同而已。

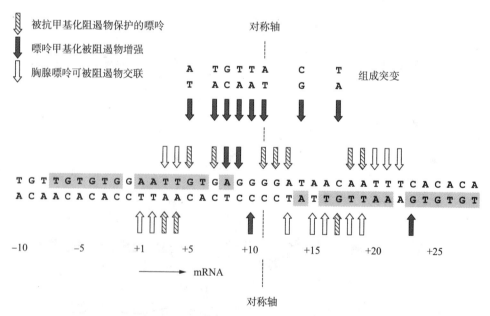

图 2-9 大肠杆菌 *lac* 操作子上的对称序列

阻遏蛋白具有与小分子诱导物和操纵子 DNA 区域结合的双重功能,必然存在着两种不同类型的结合结构区域。如果用胰蛋白酶处理阻遏蛋白,可以得到 1~59 残基的 N 端片段和 60~360 残基的 C 端片段,前者称为长头片段,因为它还可被胰蛋白酶降解成 1~51 残基的所谓短头片段。长头片段和短头片段都保留了与操作子结合的能力,而且与乳糖操纵子的结合方式也与完整的阻遏蛋白一样,只是结合的程度有所减弱。C 端片段称为抗胰蛋白酶核心,它保留了四聚体的形成能力以及与诱导物的结合活性,但失去了与操作子结合的功能。N 端片段的前 50 个残基构成手臂结构,从核心片段中伸出并与操作子结合。阻遏蛋白的第 50～第 80 残基组成铰链结构,将手臂与核心连为一体。

　　阻遏蛋白与操作子结合使操纵子处于关闭状态,其机制是阻止 RNA 聚合酶启动转录,但并不抑制 RNA 聚合酶与启动子的结合。事实上,阻遏蛋白的存在反而更有利于 RNA 聚合酶与阻遏蛋白以及启动子-操作子形成四元复合物,这种性质的直接效应是使 RNA 聚合酶在阻遏蛋白出现时,及时到达指定地点,完成启动转录前的一切准备工作,尽可能缩短诱导物的诱导时间,使操纵子处于一触即发的转录待命状态。然而阻遏蛋白与 RNA 聚合酶的这种协同作用是与乳糖启动子和操作子的特殊结构分不开的,在其他类型的操纵子中,这种作用机制未必普遍。

4. 乳糖操纵子的正调控作用

　　有些细菌操纵子特别是糖代谢操纵子中的启动子,在没有激活因子的协同作用时,是不能启动转录的,在某些情况下,激活因子的作用是弥补启动子保守序列的结构缺陷。对大肠杆菌而言,如果环境中同时存在葡萄糖和乳糖,则它优先代谢利用葡萄糖,同时关闭乳糖操纵子,这种现象称为代谢阻遏。其机制是葡萄糖通过降低细菌细胞中的 cAMP 浓度使代谢激活蛋白(CAP)转为失活状态,从而关闭相应的操纵子(图 2 - 10)。

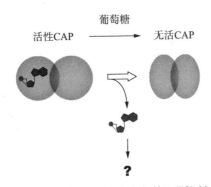

图 2 - 10　葡萄糖导致的代谢阻遏抑制

　　CAP 因子是一同源二聚体,单分子的 cAMP 与之结合并使其激活。每个 CAP 亚基含有一个 DNA 结合区和一个转录激活区,其中 DNA 结合区的定位因操纵子而异。在乳糖操纵子中,CAP 的结合位点位于启动子上游的附近,由大约 22bp 组成,其中含有一对保守的五聚体对称顺序(图 2 - 11),这是 CAP 的识别位点,而且这一位点具有双向性。许多操纵子中只有一个五聚体保守序列,但必定有相应的其他序列代替。理论上 CAP 可由两条途径激活转录:或者直接与 RNA 聚合酶作用,或者作用于 DNA,改变其结构以协助 RNA 聚合酶定位在启动子上,事实上这两种途径同时存在。RNA 聚合酶的 α 亚基是 CAP 的结合区,但 CAP 的双亚基是保证其中的一个亚基激活 RNA 聚合酶,另一个亚基作用于 DNA。CAP 与 RNA 聚合酶之间相互作用的精确效应依赖于 CAP 相对启动子区域的定位,对乳糖操纵子而言,CAP 的优势效应是提高 RNA 聚合酶与启动子形成复合物的启动速率。

转录 →

A A N T G T G A N N T N N N T C A N A T T N N
T T N A C A C T N N A N N N A G T N T A A N N

高度保守五聚体　　　　低度保守五聚体

图 2‑11　CAP 作用的 DNA 靶序列

2.2.3　半乳糖操纵子

与乳糖操纵子不同,半乳糖操纵子为单糖(半乳糖)代谢途径编码。当环境中缺少葡萄糖时,细菌可以代谢利用乳糖的分解产物半乳糖。半乳糖操纵子也由三个结构基因 *galK*、*galT*、*galE* 以及所属的 DNA 顺式调控元件组成,其结构及各基因产物的性质总结在图 2‑12 中。半乳糖操纵子的结构特征是拥有两套调控元件,包括两个相互重叠的启动子 P_{gal1} 和 P_{gal2}、两个与之相对应的转录起始位点 S1 和 S2 以及两个分离的操作子 O_E 和 O_I,此外半乳糖操纵子编码阻遏蛋白的调控基因 *galR* 与启动子‑操作子区域相距甚远。

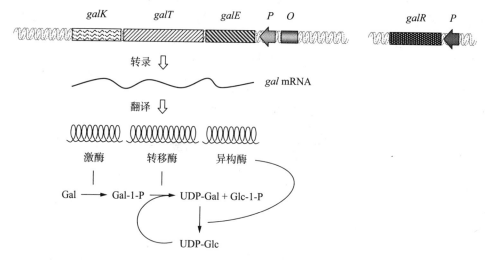

图 2‑12　大肠杆菌半乳糖操纵子的基因及其编码产物

启动子 P_{gal1} 和 P_{gal2} 都拥有各自的 Pribnow 盒,且功能是不同的,前者的转录启动活性依赖于被 cAMP 激活的 CAP。当环境中不存在葡萄糖时,细胞内高浓度的 cAMP 与 CAP 结合,结合型的 CAP(cAMP‑CAP)作用于相应的 DNA 位点上,导致 P_{gal1} 在 S1 转录起始位点上启动转录;同时 cAMP‑CAP 抑制 P_{gal2} 启动子在 S2 处的转录。只有在葡萄糖存在时,cAMP 的胞内游离浓度急剧下降,为保持解离平衡,cAMP 从 CAP 上脱落下来,导致 CAP 失活,此时由 P_{gal2} 介导 RNA 聚合酶在 S2 处启动转录。因此,葡萄糖并不能完全抑制半乳糖操纵子的开放,只有当 P_{gal1} 突变并且无葡萄糖时,或者 P_{gal2} 突变而葡萄糖存在时,才能真正阻止 *gal* 基因组的表达。半乳糖操纵子这种特殊的结构及性质是与半乳糖分解代谢和合成代谢的双重功能分不开的。首先,半乳糖在葡萄糖不存在时可代替葡萄糖作为细菌的有效碳源利用形式;其次,尿嘧啶核苷二磷酸半乳糖苷(UDP‑gal)是细菌细胞壁合成的一个重要前体,当环境中只有葡萄糖而无半乳糖存在时,细菌必须将尿嘧啶核苷二磷酸葡萄糖在半乳糖表异构酶的催化下转变成 UDP‐Gal,而该酶的编码基因 *galE* 只能在半乳糖操纵子开放时才能表达。因此,从细菌生理的角度上讲,葡萄糖不能大幅度抑制半乳糖操纵子的开放。双启动子结构的存在既保证了半乳糖缺少时细菌对 *galE* 基因产物的低水平需求,又能在半乳糖大量存在时大量供应细菌与半乳糖分解代谢有关的酶系。

在半乳糖操纵子中,CAP 的结合位点位于双启动子−23 至−50 的区域内,与启动子部分重叠。CAP 对两个启动子的作用效应及机制并不能相同,它对 P_{gal1} 的激活机制可能与在乳糖操纵子中一样,通过降低双螺旋的稳定性而促进开放性启动子复合物的形成。P_{gal2} 的抑制作用则是通过阻碍 RNA 聚合酶与启动子的结合而实现。

半乳糖操纵子含有两个相距甚远的操作子结构,O_E 位于两个启动子的上游大约−60bp处,而 O_1 则存在于 *galE* 基因内,两者相距 90bp。由于 O_E 距 CAP 结合位点较近,所以阻遏蛋白 GalR 与 O_E 结合后,可能会抑制 CAP 与其结合位点的结合,或者直接影响 CAP 对转录启动的促进作用。O_1 与阻遏蛋白的单独作用并不能有效地阻止操纵子的表达,但它的存在能够加强 O_E 对转录的阻遏作用。这种阻遏协同增强作用的机制尚不清楚,可能是由于两个操作子通过环状结构相互靠近,使得与它们结合的两个阻遏蛋白分子能够相互作用而强化阻遏。在阻遏蛋白与操作子结合状态下,P_{gal2} 往往也能启动转录,但一般只转录 20bp 便自动停止,这可能与 O_1 与 O_E 的相互作用有关。

2.2.4　阿拉伯糖操纵子

直接参与五碳糖阿拉伯糖代谢的基因有 7 个,其顺序组织分属 3 个操纵子,即 *araBAD*、*araE* 和 *araFG*,它们由一个共同的 *araC* 基因产物统一调控。这种由一个调控基因控制若干个操纵子的单位称为调控子。*araE* 和 *araFG* 的编码产物定位在细菌膜上,与阿拉伯糖的运输有关。*araBAD* 分别编码 L‐核酮糖激酶、L‐阿拉伯糖异构酶及 L‐核酮糖‐5‐磷酸‐4‐异构酶。该操纵子的组成及其性质总结在图 2‐13 中,其中 *araC* 基因与 *araBAD* 的转录方向

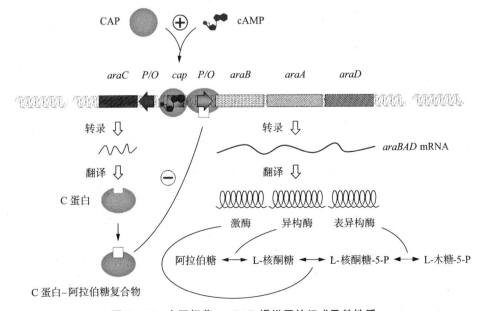

图 2‐13　大肠杆菌 *araBAD* 操纵子的组成及其性质

相反，它们均拥有各自的启动子 P_{araC} 和 P_{araBAD}。阿拉伯糖操纵子的整个控制系统可分为三部分：第一部分负责 $araC$ 基因的表达调控，由该基因所属启动子 P_{araC} 和操作子 $araO_1$ 组成，相对 $araC$ 的转录起始位点而言，$araO_1$ 在前，P_{araC} 在后，但两者大部分区域重叠；第二部分控制 $araBAD$ 基因的转录，由启动子 P_{araBAD}、操作子 $araO_2$ 及阿拉伯糖诱导型操作子 $araI$ 组成，其中 $araO_2$ 远离 P_{araBAD}，位于 -280 附近，即在基因 $araC$ 的前导序列中（对应于 mRNA 中的非翻译区）；第三部分是 $araC$ 和 $araBAD$ 的共享调控区，即 CAP 结合位点，它位于两个启动子之间。

阿拉伯糖操纵子的调控机制较为复杂。$araC$ 基因的编码产物 AraC 为一同源二聚体，它与 $araO_1$ 结合，强烈阻遏 $araC$ 基因的表达，形成典型的反馈抑制系统。当阿拉伯糖存在时，AraC 与之特异性作用形成糖结合型 AraC，后者虽然仍能阻遏 $araC$ 基因的转录，但强度有所减弱。结合型和游离型 AraC 对 $araC$ 的阻遏作用位点均在 $araO_1$ 区域内，由于它与启动子 P_{araC} 相互重叠，所以其阻遏作用的机制是妨碍 RNA 聚合酶与启动子 P_{araC} 的相互作用。

AraC 作用于 $araO_1$ 处也能对 $araBAD$ 基因的转录产生轻微的阻遏作用，但在 AraC 继续与 $araO_2$ 和 $araI$ 结合后，通过所形成的环状结构，AraC 再与 $araBAD$ 启动子上的蛋白因子（如 CAP、AraC 和 RNA 聚合酶）相互作用，从而形成有效的阻遏。当阿拉伯糖存在时，结合型的 AraC 取代了 $araI$ 上（-78 至 -40 区域内）的 AraC，使得 $araBAD$ 基因处于可激活状态，但此时若没有 cAMP-CAP 复合物，$araBAD$ 基因仍不能表达。

cAMP-CAP 是 $araBAD$ 和 $araC$ 表达的必需条件。对 $araBAD$ 来说，在没有 AraC 和阿拉伯糖时，cAMP-CAP 并不能激活转录，只有当 cAMP-CAP 与其作用靶部位（$-107\sim-78$）结合后，$araC$ 基因和处于可激活状态 $araBAD$ 才能被激活表达。当 $araC$ 表达过多时，AraC 或结合型 AraC 结合于操作子 $araO_1$，从而阻遏 $araC$ 的表达；若 $araBAD$ 表达过多时，足够数量的 AraBAD 快速代谢阿拉伯糖，使得细菌胞内结合型 AraC 浓度急剧下降甚至为零，这样 $araBAD$ 又从表达状态回到原来的关闭状态。结合型的 AraC 减弱对自身基因转录的阻遏作用，其目的是保证合成一定数量的 AraC 分子，使其与阿拉伯糖组成更多的结合型 AraC，最终使 $araBAD$ 快速进入可激活状态，这个过程是正控制系统，而 AraC 对自身基因的反馈抑制以及 $araBAD$ 基因过量表达导致其最终关闭则属于负控制系统，因此阿拉伯糖操纵子具有正负控制双重机制。

2.2.5　色氨酸操纵子

乳糖、半乳糖和阿拉伯糖操纵子均负责单糖或双糖的分解利用，而这些单糖及其结构类似物本身又是相应操纵子的开放诱导物，因此上述三种操纵子均属可诱导操纵子。细菌中还广泛存在着控制某些物质（如氨基酸等）生物合成的操纵子。若细胞内氨基酸浓度低于某一临界值时，这类操纵子开放，表达出相应的酶系，用于氨基酸的生物合成。当环境中存在外源氨基酸时，细胞内中足够数量的氨基酸便使操纵子关闭，这类可以被自身最终合成产物阻遏的操纵子称为可阻遏操作子，其中最为典型的是色氨酸操纵子。

色氨酸操纵子（trp）的基因顺序组织及其各结构基因的功能总结在图 2-14 中。它含有五个直接参与色氨酸生物合成的结构基因，其中 $trpE$ 和 $trpD$ 分别编码邻氨基苯甲酸合成酶的两个亚基；$trpC$ 的基因产物是吲哚甘油磷酸合成酶；$trpA$ 和 $trpB$ 分别为色氨酸合成酶的 α 和 β 两个亚基编码。在操作子 O_{trp} 和第一个结构基因 $trpE$ 之间有一段 162bp 的前导序列

(L),在最后一个结构基因 $trpA$ 的下游 300bp 区域内存在着两种性质不同的终止子结构(t 和 t'),与操作子 O_{trp} 作用的阻遏蛋白编码基因则位于启动子上游较远的区域内。

色氨酸生物合成的酶系合成以及酶活性均受色氨酸控制,色氨酸可以直接抑制已表达的邻氨基苯甲酸合成酶的活性,构成经典的产物反馈抑制网络。同时,色氨酸作为共阻遏物激活阻遏蛋白 TrpR,使之以活化形式结合在 O_{trp} 上,从而关闭整个操纵子。当细胞色氨酸浓度降至临界点以下时,阻遏蛋白释放色氨酸转为失活状态,并从 O_{trp} 移到 DNA 其他低亲和区,操纵子遂又开放。TrpR 是一同源四聚体阻遏蛋白,色氨酸的结合可使其与操作子 O_{trp} 的亲和力提高几个数量级。

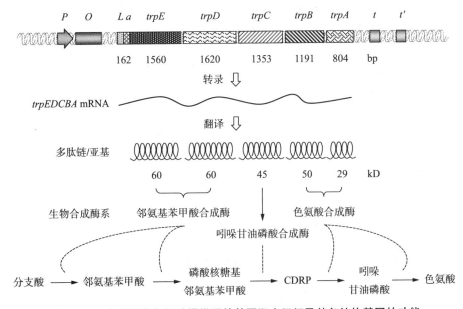

图 2-14　大肠杆菌色氨酸操纵子的基因顺序组织及其各结构基因的功能

色氨酸阻遏蛋白 TrpR 可以同时控制三组基因的操作子:① $trpEDBCA$ 结构基因的操作子 $O_{trpEDBCA}$。该操作子位于启动子 P_{trp} 的内部,因此被色氨酸激活的 TrpR 与操作子结合可完全排斥 RNA 聚合酶与启动子的相互作用;② $aroH$ 结构基因的操作子 O_{aroH}。$aroH$ 基因的产物是芳香族氨基酸生物合成共有途径中催化第一个反应的三个酶之一;③ $trpR$ 调控基因自身的操作子 O_{trpR}。当细胞内 TrpR 阻遏蛋白表达积累到一定程度时,它便作用于自身的操作子上,反馈抑制其基因的表达,将细胞内阻遏蛋白的浓度维持在一定的水平上。上述三个操作子中均含有一段 21bp 的保守序列,这是阻遏蛋白在 DNA 上的特异性结合位点,然而这些保守序列与相应启动子的相对位置并不相同。

2.2.6　λ 噬菌体的操纵子

λ 噬菌体是一种以大肠杆菌为宿主的温和型噬菌体,它感染了大肠杆菌后,通过极其精确的基因表达调控机制选择裂解周期或溶原周期。裂解状态一旦确立,噬菌体 DNA 在宿主细胞内大量复制,然后表达编码噬菌体头部和尾部包装蛋白的结构基因,再由 A 和 Nul 等基因产物将环状 λDNA 在其 cos 区切断并包装到噬菌体颗粒中,最后借助于溶菌酶基因(S、R、Rz)表达产物裂解被感染的宿主细胞,释放出大约 100 个后代噬菌体颗粒,从而完成 λ 噬菌体的整个生活周期(详见 3.2.2 节)。在溶原周期中,λ噬菌体 DNA 通过位点特异性重组机制整合在大肠杆菌染色体 DNA 的特定位点上,作为宿主菌基因组的一部分参与 DNA 复制并遗传。在某些内源和外源条件作用下,λ噬菌体 DNA 还能从宿主基因组上被切除而呈现游离形式,从而完成噬菌体从溶原状态向溶菌状态的转变。λ噬菌体溶原溶菌状态的选择和转换以及两种状态的进程都是由噬菌体基因组严格控制的。

λDNA 总长 48 514bp,成熟的噬菌体颗粒含有一个拷贝的双链线状 DNA 分子,其两端各为一个 12 碱基大小的单链序列,且两者碱基互补,称为 cos 位点。λDNA 按基因组功能共分六大区域,即头部编码区、尾部编码区、重组区、控制区、复制区和裂解区,它们分属四个操纵子结构:阻遏蛋白操纵子、早期左向操纵子、早期右向操纵子和晚期右向操纵子。控制区的基因顺序组织如图 2-15 所示。阻遏蛋白操纵子只含有一个结构基因(cI 基因),但却拥有两个性质不同的启动子 P_{RM}(阻遏蛋白维持溶原状态)和 P_{RE}(阻蛋白建立溶原状态),前者与宿主RNA 聚合酶作用时还受到早期右向操纵子中的操作子 O_R 的控制。

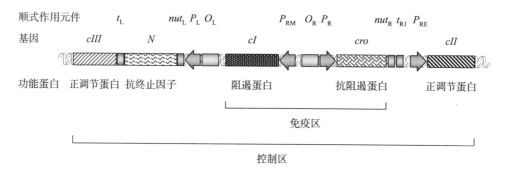

图 2-15 λDNA 控制区的基因顺序组织

cI 基因编码 CI 阻遏蛋白,后者分别作用于早期左向操纵子和早期右向操纵子中的操作子 O_L 和 O_R,阻止两个操纵子的转录启动。早期左向操纵子由九个基因组成,它们中的七个基因编码与重组有关的蛋白质,负责 λDNA 在宿主基因组中的位点特异性整合反应,另外两个基因 $cIII$ 和 N 则与噬菌体的溶菌途径有关。该操纵子所属的启动子 P_L 和操作子 O_L 部分重叠。早期右向操纵子由八个基因组成,其中包括三个编码调控蛋白因子的基因 cro、cII 和 Q,以及两个噬菌体 DNA 复制基因 O 和 P。与 P_L 和 O_L 相同,该操纵子中的启动子 P_R 和操作子 O_R 在 DNA 序列上也部分重叠。晚期右向操纵子最为庞大,它包括十个头部蛋白编码基因、十一个尾部蛋白编码基因($A \sim J$)及三个负责裂解宿主细胞的溶菌酶类基因 S、R 和 Rz,其所需启动子为 $P_{R'}$。λ噬菌体侵染大肠杆菌后不久,其线形 DNA 分子的两个 cos 端点在宿主 DNA 连接酶的作用下黏合在一起,形成环状结构,使得原来位于线形 DNA 分子右端的裂解基因 S、R 和 Rz 与左端的头部尾部编码基因 $A \sim J$ 组成结构连续的晚期操纵子。上述四个操纵子各司其职,其转录次序以及转录产物的性质均被严格控制。

λDNA 在宿主细胞环化后,由于 DNA 分子上没有任何调控蛋白因子存在,因此宿主的RNA 聚合酶便分别作用于 P_L 和 P_R,由 P_L 转录出的 mRNA L1 终止于 t_{L1} 处,由其合成终止蛋白因子 pN。由 P_R 转录出的 mRNA R1 则终止于 t_{R1} 处,由其产生调控蛋白因子 Cro。基因 N 和 cro 是 λDNA 上最早表达的两个基因,故称为早早期基因。新合成的 pN 通过其独特的抗终止作用,使得宿主 RNA 聚合酶越过 t_L 和 t_R 终止子,分别将转录延伸至迟早期基因 $cIII$、cII、O 和 P。Cro 调控蛋白因子具有双重功能,它分别作用于 O_L 和 O_R,阻止 P_L 和 P_R 启动早期左向操纵子和早期右向操纵子的转录；同时，也是由于 Cro 与 O_R 结合，又使得 P_{RM} 介导的阻遏蛋白 cI 编码基因的转录无法进行。至此，λ 噬菌体在宿主细胞内已有节制地合成了早早期基因和迟早期基因的产物，它们中的一部分（如 CII 和 CIII 蛋白因子）是噬菌体建立和维持溶原状态所必需的，而另一部分（如 pN、pQ、O 和 P）又是启动溶菌途径的功能因子，也就是说，早期左向操纵子、早期右向操纵子的有限度开放是噬菌体溶原与溶菌两种循环的共同途径。

位于 P_L 和 P_R 两个启动子之间的阻遏蛋白操纵子与 λ 噬菌体溶原状态的确立与维持密切相关。cI 基因突变的 λ 噬菌体在生长着大肠杆菌的固体培养基上总是形成清晰的噬菌斑，该基因由此得名。由 P_{RM} 启动的 cI 基因转录起始位点与起始密码子 AUG 重叠，即转录产物 mRNA 上没有核糖体结合位点，因此 cI 基因的表达量很低。低水平的 CI 阻遏蛋白分别与 O_L 和 O_R 两个操作子结合，但效果各异（图 2-16）。CI 阻遏蛋白与 O_L 结合关闭早期左向操作子。而在 O_R 处，CI 的结合一方面阻止早期右向操纵子的表达，另一方面又促进宿主 RNA 聚合酶与 P_{RM} 作用，使得 cI 基因进一步转录，也就是说，只有当 CI 阻遏蛋白结合在 O_R 上，RNA 聚合酶才能有效地启动由 P_{RM} 介导的 cI 基因转录，在这里 CI 蛋白是自身基因的正调控因子，两者构成一个溶原维持的正调控网络。CI 通过阻止两个早期操纵子的转录，既关闭了溶菌途径，又维持了自身在宿主细胞中的一定水平，从而使溶原状态得以建立并维持稳定。

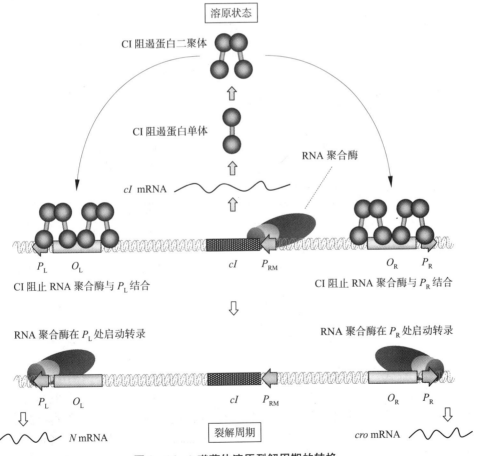

图 2-16　λ 噬菌体溶原裂解周期的转换

　　Cro蛋白因子是早早期基因 *cro* 的表达产物,实际上它也是一种阻遏蛋白,作用位点也是 O_R 和 O_L,与 CI 阻遏蛋白相同。Cro 与操纵子的结合能关闭两个早期操纵子,但同时也阻止了启动子 P_{RM} 的转录启动,这一点与 CI 阻遏蛋白的作用正好相反。Cro 蛋白的这个功能扰乱了以 CI 阻遏蛋白为中心的溶原维持网络的形成,进而抑止噬菌体溶原体状态的维持。*cro* 突变体通常是建立溶原状态而不是进入溶菌途径,因为它们丧失了阻止阻遏蛋白表达的控制能力。

　　因此,决定 λ 噬菌体建立溶原状态或进入溶菌途径的开关是 CI 或 Cro 对操作子 O_L 和 O_R 有利位置的占领。从基因表达的是时序上来看,Cro 的合成远早于 CI,而且如果没有 CII 和 CIII 蛋白的协助,*cI* 基因根本就不可能表达。然而,CI 阻遏蛋白对 O_L 和 O_R 的亲和力比 Cro 蛋白约强 8 倍,如果 CI 和 Cro 两种蛋白同时存在,则 Cro 必须以分子数的绝对优势才能取得竞争的胜利,因此,拨动噬菌体溶原溶菌开关的分子实质上是 CII 蛋白。如果 CII 蛋白有足够的活性,则 P_{RE} 启动 *cI* 基因转录,合成的 CI 分子通过其正控制作用使得 P_{RM} 更有效地表达 *cI* 基因;反之,Cro 蛋白便倚仗其数量优势占据 O_L 和 O_R,使噬菌体顺利进入溶菌途径。由此可见,任何有利于 *cI* 基因表达并使其产物稳定的因素均可导致 λ 噬菌体建立和维持溶原状态,这些因素包括营养枯竭、感染复数等。

　　操纵子调控模型的主要特征是将若干功能相关的结构基因纳入一个统一的控制区域中,这个控制区域内的各调控基因编码产物作用于相应的 DNA 顺式调控元件上,通过影响启动子的转录启动效率而对结构基因进行精细的调控作用。因此,由 σ 因子辅助 RNA 聚合酶对启动子的选择以及由调控区域对启动子转录启动的控制,是原核生物基因表达调控的基本形式。

2.3　感受应答调控模型

　　真核生物是由高度分化的细胞类群组成的,不同类型的细胞在不同的细胞周期中表达一套不同组合的基因,并产生特定的生物表型。真核生物通常采用两种方式精确控制基因的组合表达:一是构成基因的重复结构,不同类型的细胞选择性表达重复基因的特定拷贝,并将此基因拷贝置于细胞的特异性表达控制网络中;二是形成单一拷贝基因的复合控制,参与真核生物表达调控的转录调控蛋白因子经内源或外源信号分子诱导激活后,特异性地与单拷贝基因上游的相应顺式调控元件结合,进而以某种方式大幅度提升转录启动频率。这就是所谓的感受应答调控模型,亦称为 Britten-Davidson 模型,它是真核生物基因表达调控的基本特征。

2.3.1　感受应答调控模型的基本原理

　　感受应答调控模式的基本单元如图 2-17 所示。在结构基因所属的启动子-增强子或远距离上游区域内,含有一个或多个应答元件(Response Elements,简称 RE),它可为具有活性的转录调控蛋白因子识别并结合。编码转录调控蛋白因子的调节基因通常远离结构基因,而且在调节基因的上游还含有一个或多个感受位点(Sensor Site,简称 SS),后者负责接收细胞内外信号分子的信息传递。调节基因通过感受位点对由细胞信号传导途径产生的信号分子做出响应,以及转录调控因子依靠应答元件对结构基因转录进行调控,构成了真核生物感受应答调控模式的两个基本要素。依据感受位点、调节基因、应答元件以及结构基因的排列组合,上述模型可以分解为以下四种基本点形式(图 2 - 18)。

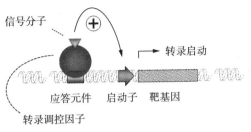

图 2 - 17　真核生物基因转录调控模型

(1) 单调节基因-单结构基因模式。结构基因只含有一种应答元件,它对应于一种调节基因编码的转录调控因子,但该调节基因的表达既可只受一种信号分子的诱导,又可通过多重感受位点受控于多种信号分子。如果这些信号分子来自不同的细胞类型,或者在同一类型细胞的不同时段产生,则构成了对结构基因时空特异性表达的控制。

(2) 单调节基因-多结构基因模式。在真核生物中为数不少的单拷贝结构基因含有相同的应答元件,此时由单一调节基因产生的转录调控因子经激活后,可以同时控制一组结构基因的表达。与原核生物中的操纵子调控机制相似,这组结构基因的编码产物往往与某一生物性状或代谢途径有关,真核生物对外界环境温度升高所产生的热休克响应便是一个例子。细胞中大约有 20 个参与热休克反应的结构基因的表达都受控于一个特定激活的转录调控因子,但这种调控模式与原核生物操纵子不同的是,所有的结构基因并不形成一个统一的转录单元,事实上它们在 DNA 上分散排列,或者存在于不同的染色体上甚至不同类型的细胞中,另外其调控基因受到单一或多重感受位点的控制。

(3) 多调节基因-单结构基因模式。如果一个结构基因拥有几个不同的应答元件,每个应答元件为一个特异性的激活型转录调控因子识别,则该结构基因就可能在不同类型的细胞中以不同的时序表达。例如,人的金属硫蛋白基因 MT 在其启动子-增强子区域内,含有多达四种不同的应答元件,因而其表达也受控于四种不同的转录调控因子,而且相应的调节基因自身通过其单一或复合感受位点又为多种信号分子所诱导。

(4) 多调节基因-多结构基因模式。这种模式实际上是一种多元复合控制机制,即一组调节基因联合控制几个功能相关的结构基因的表达。在接收了特定信号分子的刺激后,一个感受位点可以同时产生几种激活型转录调控因子,进而同时激活几个不同的结构基因。而每种转录调控因子所控制的一组结构基因的数目也可以不同,例如转录调控因子 TRF1控制结构基因 A 和 B 表达,TRF2 控制结构基因 B 和 C 表达,TRF3 控制 A 和 C 表达等,由此构成多种结构基因组合的激活,更为复杂的是每个调节基因又可能被多重信号分子协同控制。

上述模式表明,真核生物基因表达的协同控制是多级别的,一个特定的基因理论上可以与其他任何基因协同表达,而真核生物中多重调节基因和多重应答元件的存在便是这种全方位基因协同表达的分子基础。真核生物不同类型细胞间的信号传导以及细胞内信号分子的级联传递,通过调节基因及其感受位点的偶联,激活众多结构基因的有序协同表达,最终实现生物基因组一维信息编码蓝图的组织特异性和时序特异性表达。

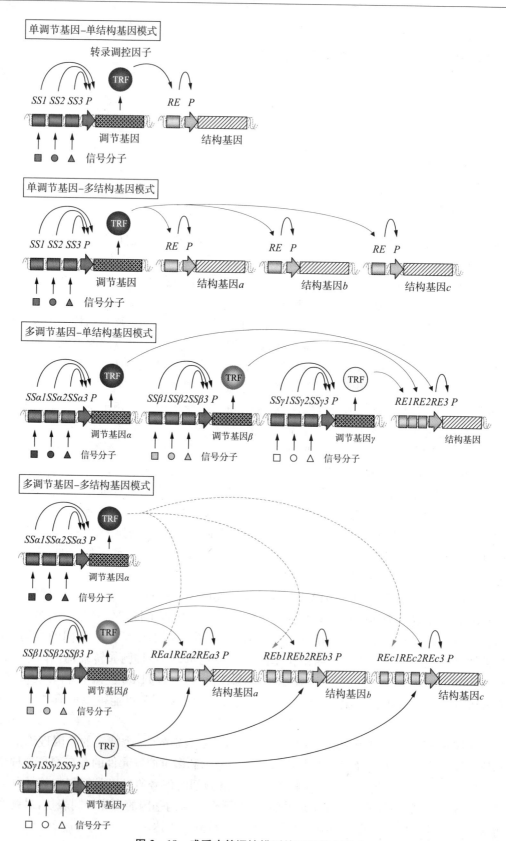

图 2 – 18　感受应答调控模型的四种基本形式

2.3.2　真核生物转录调控元件的相互作用

1. 应答元件与转录调控因子对应关系

真核生物结构基因的应答元件具有与启动子或增强子上游调控元件相同的基本特征,它们含有短小的保守序列,存在于不同基因中的应答元件关系密切,但在序列上并不完全相同。应答元件与转录起始位点的距离不固定,但通常位于转录起始位点上游 200bp 以内。一般地,单个应答元件已足以承担应答调控任务,但有些结构基因却拥有多个相同或不同的应答元件。应答元件的基本功能是通过蛋白质与 DNA 的特异性结合将可诱导性的转录调控因子激活形式吸引至启动子-增强子区域,以便转录调控因子在激活条件下实施对转录的正控制作用。真核生物中最为典型的应答元件及其与转录调控因子的对应关系列在表 2-5 中。

表 2-5　转录调控因子及其各类应答元件的性质

调控系统	应答元件	保守序列	DNA 结合区长度/bp	因子	相对分子质量
热休克	HSE	CNNGAANNTCCNNG	27	HSTF	9.3×10^4
糖皮质激素	GRE	TGGTACAAATGTTCT	20	受体	9.4×10^4
佛波醇	TRE	TGACTCA	22	AP1	3.9×10^4
血清	SRE	CCATATTAGG	20	SRF	5.2×10^4

热休克响应事件在原核生物和真核生物中普遍存在,它往往涉及基因表达的多重控制。环境温度的升高一方面关闭一些基因的表达,同时又启动热休克基因组的转录,甚至还会导致某些 mRNA 分子翻译活性的改变。真核生物和原核生物的热休克基因表达调控模式并不相同,在细菌中,热休克基因拥有另一种-10 区特征的启动子,其表达依赖于新因子的合成,但在真核生物中,热休克基因含有一个通用的保守序列 HSE,它与转录起始位点的距离在不同的热休克基因中变化较大,而且只为一种特定的热休克转录调控 σ 因子 HSTF 所识别。HSTF 在激活(磷酸化)之后,才能促进含有 HSE 应答元件的热休克基因组的转录启动。黑腹果蝇的所有热休克基因都含有多个 HSE 拷贝,HSTF 与其中一个 HSE 结合能促进另一个 HSTF 分子作用于其他的 HSE 元件上。更为重要的是 HSE 和 HSTF 在进化过程中相当保守,来自高等哺乳动物和海胆的 HSE 和 HSTF 均能激活黑腹果蝇热休克基因的转录。果蝇和酵母两者的 HSTF 也具有很大的同源性,它们都识别相同的 HSE。当酵母细胞处于休克状态时,其 HSTF 蛋白因子迅速被磷酸化,这种修饰作用是 HSTF 蛋白激活的一种方式。

2. 转录调控因子的作用机理

各种转录调控因子尽管其氨基酸残基序列不同,但都含有两大结构区域,即 DNA 结合功能域和转录激活功能域,两者之间由一伸展性良好的长臂连接。DNA 结合功能域识别相应的应答元件序列并与之结合后,转录激活功能域借助长臂的伸缩作用于转录基本因子进而激活转录启动。

酵母的转录激活因子 GAL4 是最为典型的转录调控因子,它控制半乳糖代谢基因组的表达,其识别位点为相当于应答元件的酵母上游激活序列 UAS$_G$。GAL4 蛋白因子能同时与四

个 UAS_G 位点结合,每个位点均由 17bp 长的回文保守序列组成。该蛋白有三个功能:DNA
结合,转录激活以及与另一个调控蛋白因子 GAL80 相互作用,对上述三种功能负责的功能域
线性排列在蛋白的氨基酸残基序列上。GAL80 是半乳糖的结合蛋白,半乳糖缺乏时,它与
GAL4 结合,阻止后者对 *GAL* 基因的转录激活作用。半乳糖对 *GAL* 基因表达的诱导作用是
通过从 GAL4 上释放 GAL80 而实现的。转录调控因子对应答元件的结合是激活转录的必要
条件,但是转录的激活作用并不依赖于特殊的 DNA 结合功能域,也就是说,一个转录调控因
子中的结合功能域与激活功能两者并没有必然的联系,图 2 - 19 中设计的实验结果证明了这
一点。原核细菌的阻遏蛋白 LexA 在其 N 端含有一个识别特定操作子的 DNA 结构功能域,
LexA 在这个操作子上阻遏邻近启动子的转录启动活性,若将为此功能域编码的 DNA 序列
取代酵母 *GAL4* 基因的相应部分,所构建的杂合基因在酵母细胞中表达出具有 LexA 型
DNA 结合功能域以及 GAL4 型转录功能域的杂合蛋白,它不再激活携有 UAS 应答元件的结
构基因,但却能激活含有 LexA 特异性操作子的结构基因。

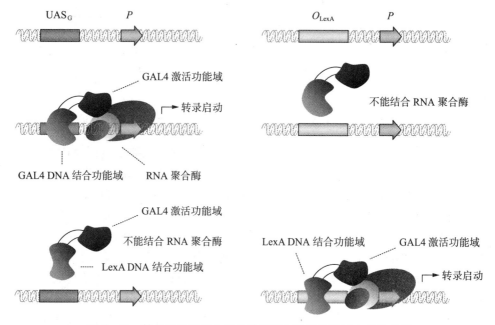

图 2 - 19　转录调控因子中结合功能域和激活功能域之间的关系

　　以上例子表明,GAL4 中的 DNA 结合功能域仅仅起着拴马柱的作用,它们以不同的方式
保证转录激活功能域贴近转录起始复合物,继而与之相互作用。远离启动子和转录起始复合
物的增强子或其他上游启动子组成元件能够长距离激活结构基因的转录启动,其作用机制也
大抵如此。

　　包括转录调控因子在内的上游转录激活因子采用多种方式促进转录启动,但其最基本的
特征是激活蛋白因子与基本转录因子之间的相互作用,其中 TFⅡD 和 TFⅡE 是常见的激活
靶蛋白。酵母转录激活因子 GAL4 和 GCN4 的转录激活功能域带有多重负电荷,被称为酸性
激活因子,减少酸性氨基酸或增加碱性氨基酸残基的蛋白突变体都显示出较低的转录激活作
用。酸性蛋白激活因子的功能是提高转录因子 TFⅡB 进入转录起始复合物的能力,而这个
过程通常又是转录起始物装配的限速步骤。

2.3.3　真核生物转录调控因子的激活方式

转录调控因子由调节基因编码,其表达依赖于感受位点与信号分子的相互作用,但相当一部分转录调控因子在合成之后并不能直接作用于相关结构基因的应答元件,必须经过特定的修饰程序才能形成活性状态,因此诱导和激活是转录调控因子活性产生的两大要素。有些转录调控因子是组织特异性表达的,只在特定类型的细胞中合成,它们通常在表达之后即具有调控功能,不需要任何特殊的激活程序,这种类型的转录调控因子大都属于同源异型蛋白质。同源异型蛋白家族首先在果蝇体内被鉴定,因其编码基因位于果蝇染色体的同源异型遗传位点(homeotic loci)并参与果蝇早期发育途径的调控,由此而得名。这个蛋白家族的结构特征是含有一个由 60 个氨基酸残基组成的同源异型功能域(HD),为其编码的相应 DNA 序列称为同质异型盒(HB)。HD 本质上是一种 DNA 结合功能域,60 个氨基酸残基组成 3 个 α-螺旋结构,直接参与 DNA 顺式元件的识别和结合作用。同质异型蛋白广泛存在于几乎所有的真核生物尤其是动物细胞中,HD 作为 DNA 结合功能域与多种形式的转录激活功能域组合形成各种转录调控因子。真核生物转录调控因子的激活方式主要有以下 4 种类型。

(1) 磷酸化与去磷酸化激活。有些转录调控因子的激活方式是蛋白的磷酸化修饰,如作用于热休克应答元件 HSE 的热休克转录调控因子就是在其磷酸化之后才转为活性状态的。另一些转录调控因子(如 AP1 等)则通过去磷酸化而被激活。AP1 是一种由 c-Jun 和 c-Fos 组成的异源二聚体,两个亚基分别由原癌基因 c-jun 和 c-fos 编码。Jun 和 Fos 均含有组成亮氨酸拉链结构(leucine zipper)的典型氨基酸残基保守序列,这个序列包括 4～5 个亮氨酸残基,各相距 7 个氨基酸残基,其邻近另有一段由 30 个富含碱性氨基酸残基组成的序列(共 60 个氨基酸残基)。在 2 个具有这种保守序列的蛋白质相互结合后,便可形成一条由亮氨酸残基之间的疏水作用形成的拉链,而其邻近的碱性氨基酸残基区域正好与 DNA 的磷酸骨架结合,构成另一种形式的 DNA 结合功能域。Jun 亚基本身也可以形成 Jun/Jun 同源二聚体,但其与 DNA 的亲和力比 Jun/Fos 异源二聚体小 10 倍。Fos 亚基不能形成同源二聚体,它是一种核内磷蛋白,当 Fos 亚基与 Jun 亚基相遇时,便使 Jun 亚基磷酸化,从而封闭 AP1 中的转录激活功能域,相反,任何能使 Jun 亚基脱磷酸化的因子均可激活 AP1 的转录调控作用。

(2) 配体结合激活。配体与新合成的转录调控因子结合,可激活或灭活之,这种效应既可影响转录调控因子的定位以及从核质至核内的运输,又可直接影响它与 DNA 的特异性结合能力。被配体激活的转录调控因子大多属于甾体激素的受体蛋白,它们含有三大功能域,N 端的转录激活功能域序列较为离散,C 端的激素结合功能域保守性适中,而位于蛋白分子中段的 DNA 结合功能域序列保守性最强,反映了这些转录调控因子与 DNA 应答元件结合的统一性。事实上,这类转录调控因子的活性状态都作用于同一 DNA 应答元件 GRE。

(3) 抑制剂释放激活。属于这种激活机制的转录调控因子通常在许多类型的细胞中均有表达,但其活性在细胞质中被某种蛋白抑制剂所封闭,而在特定类型的细胞中,转录调控因子通过释放与之结合的抑制剂而转为激活状态。NF-κB 蛋白因子是最为典型的例子,它是一种异源二聚体,存在于多种细胞中,并与一个具有调节作用的抑制剂蛋白因子 I-κB 组成无活性的蛋白复合物 NF-κB/I-κB。在 B-淋巴细胞中,I-κB 抑制因子被磷酸化,同时释放出 NF-κB,游离型的 NF-κB 转录调控因子从胞质转至核内,并特异性地与免疫球蛋白 κ 轻链编码基因所属的κB应答元件结合,导致该基因表达。许多类型的细胞转导信号分子均能激活 NF-κB,促进含有κB结合位点的众多基因的转录启动,这些基因与动物体的细胞生长及组织发育密切相关。

(4)亚基置换激活。绝大多数的转录调控因子具有多聚体结构,有些异源二聚体转录调控因子的亚基组分经常发生变化。A亚基与B亚基组成的蛋白因子也许是无活性的,但在新合成的C亚基与A亚基结合后,便形成活性状态。这种类型的转录调控因子大都属于所谓的 HLH 蛋白,其各亚基的特征结构是由 40~50 个氨基酸残基组成的亚基结合功能域,其中包含两个α-螺旋及长度可变的连接区,两个亚基处于α-螺旋表面上的疏水氨基酸残基相互作用,形成二聚体结构。在 HLH 功能域的邻近区域,通常富含碱性氨基酸碱基,它们负责与DNA 的磷酸骨架结合。

2.4　RNA 结构调控模型

作为基因表达的一级产物,RNA 分子在真核生物和原核生物中为基因表达调控的实现提供了多种模式和途径。其基本原理是 RNA 在外界环境因素的驱动下,或借助于分子内的碱基配对形成特殊二级结构的多种空间构象,进而控制转录的终止和 RNA 分子的降解;或通过分子间的相互作用导致另一种 RNA 分子的灭活。与蛋白质分子变构协同作用的调控机制相对应,RNA 分子这种具有调控功能的空间构象转换过程实际上就是核酸的变构协同调控机制,RNA 分子内某些位点之间的相互作用直接影响另一些位点的结构与功能。这种形成特殊构象的 RNA 区域所对应的 DNA 编码序列,则有别于启动子、操作子或增强子等能直接与蛋白因子识别和作用的 DNA 顺式调控元件,属于另一类 DNA 调控元件。

2.4.1　终止子的工作原理

转录启动后,RNA 聚合酶沿着 DNA 链移动,持续合成 RNA 链直至遇到转录终止信号,此时 RNA 聚合酶停止核苷酸与新生 RNA 链分子的聚合反应,并从 DNA 模板上释放出完整的转录产物。终止反应必须破坏 RNA 链与 DNA 链之间所有的氢键,以便 DNA 双螺旋结构的复原。人们通过比较许多原核生物 RNA 转录终止位点附近的序列,发现终止信号存在于已经转录出的序列中,这种为转录提供终止信号的 RNA 序列称为终止子结构,其相应的DNA 编码序列则为终止子(terminator)。大肠杆菌的终止子结构可分为两类:一类是除了RNA 聚合酶核心酶之外不再需要其他蛋白辅助因子便可在特殊的 RNA 结构区域内实现终止作用,这个区域称为本征终止子结构或本征终止子(intrinsic terminator);另一类的终止作用依赖于专一的蛋白质辅助因子(ρ因子)的存在,因此称为ρ因子依赖型终止子结构或依赖终止子。

本征终止子结构具有两大特征(图 2-20):发夹结构和大约由六个 U 组成的尾部结构,两者均为终止反应所必需。形成发夹结构的 RNA 区域中含有一个回文序列,长约 7~20bp,两个反向重复顺序以及两者之间的不配对序列分别构成发夹的茎环结构。茎的长度是可变的,通常含有丰富的 GC 碱基对。所有 RNA 中的发夹结构均可导致 RNA 聚合酶延缓或暂时停止 RNA 的合成,不同的终止子结构造成转录延缓的时间长短差异很大,一般地,茎环结构的茎部 GC 含量越高,转录延缓时间就越长,一个典型的终止子可持续大约 60s 的延缓作用。

然而发夹结构本身并不足以导致转录最后终止,因为 RNA 分子存在着大量的二级结构,发夹结构所造成的转录延缓或暂停作用只是为最后终止创造了一个有利条件,紧邻发夹结构下游的寡聚尿嘧啶核苷酸(U)尾部结构才是真正的转录终止信号。处于暂停状态的 RNA 聚合酶一旦遇到转录终止信号,便从 DNA 模板上解离下来,因为在由新转录出的寡聚 U 链与其 DNA 模板链组成的 RNA - DNA 杂合双链中,维系碱基互补(rU - dA)的氢键数最少,打破这种双链结构所需的能量也最少。新生 RNA 分子的释放导致 RNA - DNA - RNA 聚合酶三元复合物的解体,RNA 聚合酶从 DNA 链上剥落下来,转录随即终止。终止子结构中寡聚 U 区域所对应的 DNA 序列为 AT 丰富区,由此可见,DNA 上的 AT 丰富区对转录的启动和终止都是十分重要的。组成终止子结构的 RNA 序列直接影响转录终止的效率,然而即便是具有典型发夹结构及寡聚 U 区的本征终止子,在外体终止转录的效率也有很大差异,从 2% 至 90% 不等,因此在细胞内必然还存在着其他未知因素影响转录的终止反应。

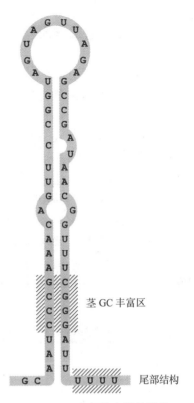

图 2 - 20　本征终止子的结构

有些基因作为模板在体外进行转录时,并不发生有效的终止反应,RNA 聚合酶只在终止子结构处暂停,但不能最终阻止 RNA 的合成。若将蛋白 ρ 因子加入体外转录系统,RNA 聚合酶才能完全终止反应,此时所产生的 RNA 分子均具有统一的 3′ 末端序列,这就是所谓的 ρ 因子依赖型终止作用,相应的终止子结构对 ρ 因子的作用具有特异性。ρ 因子是大肠杆菌细胞内的一种相对分子质量为 4.6×10^4 的必需蛋白质,它具有 RNA 依赖型的 ATP 酶活性,其活性状态呈六聚体。ρ 因子通常与终止子结构上游的某一特异性位点结合,然后沿着 RNA 链向下游前进,由于其速度快于 RNA 聚合酶在 DNA 模板上的移动速度,故当 RNA 聚合酶到达终止子区域并处于暂停状态时,ρ 因子也赶到此处。随后它便利用其 ATP 酶活性水解 ATP,将释放的能量用于解开 RNA - DNA 杂合双链,同时随 RNA 聚合酶一起从 DNA 链和 RNA 链上离解下来,转录终止发生。但大肠杆菌基因组中依赖型终止子并不占多数,目前已知的 ρ 因子依赖型终止子结构绝大部分来自噬菌体。ρ 因子依赖型终止子也能形成茎环结构,但其茎部 GC 含量较低,因而 RNA 聚合酶在此处的暂停时间较短,而且茎环结构下游通常缺少寡聚 U 区,使得 RNA 聚合酶必须在 ρ 因子的协助下才能有效地终止转录。事实上即便是本征启动子结构,ρ 因子的存在也能使转录终止更为有效。

对于真核生物转录的终止机制了解甚少,其主要原因是难以确定原始转录物的 3′ 端序列,因为绝大多数真核生物基因在转录后迅速进入 RNA 前体的加工工序。RNA 聚合酶Ⅰ和Ⅲ的转录终止模式类似于细菌的 RNA 聚合酶,但 RNA 聚合酶Ⅱ是否也依照这个模式还不清楚。

2.4.2　衰减子的工作原理

有些原核生物的操纵子除借助于诱导-阻遏系统对所属结构基因的表达进行粗放型调控外,还存在一个精细调节装置——衰减子(attenuator)。它利用原核细菌转录与翻译偶联的特性,依靠自身巧妙的特征序列以及相对应的 RNA 二级结构,对基因转录进行开关式的微调作用,这种效应称为衰减作用,其目的是保证细菌在相关操纵子处于阻遏状态下仍能以一个基底水平合成氨基酸、核苷酸或抗生素。衰减作用最早发现于细菌的色氨酸操纵子中,并且进行了详细的研究,以此为例介绍衰减子的结构与工作原理。

在大肠杆菌色氨酸操纵子中,衰减子位于操作子与第一个结构基因 $trpE$ 之间,其结构组成如图 2-21 所示。在 $trpE$ 上游的 mRNA 前导序列中有一个编码 14 个氨基酸残基的开放阅读框架,其上游是核糖体结合位点(SD)序列,下游相隔 42 个碱基存在一个典型的本征终止子结构(28 个碱基)。与前导序列、终止子结构及间隔区相对应的 DNA 序列称为衰减子,大肠杆菌和沙门氏杆菌的色氨酸操纵子都含有这种结构。

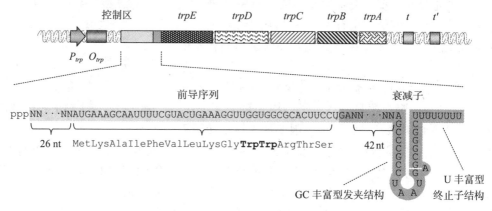

图 2-21　大肠杆菌色氨酸操纵子的前导序列

色氨酸操纵子的转录是否在衰减子处终止,取决于细胞内色氨酸的浓度。当色氨酸以较高的浓度存在时,90％的转录反应在衰减子中的终止子结构处终止,也就是说,衰减子只允许10％的 RNA 聚合酶通过;若细胞内的色氨酸低于某一临界值时,几乎所有的 RNA 聚合酶分子均能通过衰减子持续转录结构基因。由于阻遏状态下的色氨酸操纵子表达程度是去阻遏状态的 1/70,而此时的 RNA 聚合酶又被操作子下游的衰减子拦截 90％,因此衰减作用可将色氨酸操纵子的表达程度控制在开放状态时的 1/700 以下。

衰减子转录产物内部含有 4 个区段(1～4 区)的序列构成 3 对反向重复序列,且每一个区均可与其相邻的区域互补。如图 2-22 所示,如果 1 区与 2 区互补,则 3 区只能与 4 区配对,形成完整的终止子结构;如果 1 区因故不能与 2 区互补,则 2 区就与 3 区配对,这时终止子区域是一条单链,不能形成终止子结构。由于各区参与配对的碱基组成及数目均不相同,因此在通常情况下,各区互补的优势顺序为:1 区与 2 区互补＞2 区与 3 区互补＞3 区与 4 区互补。显而易见,形成怎样的二级结构取决于 1 区是否能与 2 区配对,同时也决定了终止子结构能否形成。

色氨酸匮乏时，核糖体停在色氨酸密码子处；2 区与 3 区互补，转录持续进行：

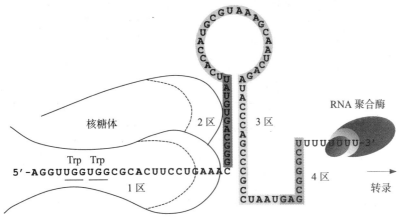

色氨酸充裕时，核糖体的前移阻止 2 区与 3 区互补；从而促使 3 区与 4 区互补，转录遂终止：

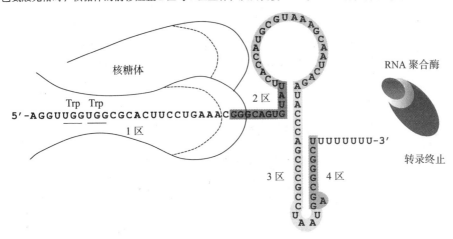

图 2 - 22　衰减子结构实现衰减作用的机理

　　衰减子结构本身不能够实现衰减作用，必须依赖于核糖体与前导序列的结合，因此衰减作用实质上是通过翻译手段调控基因的转录。衰减子的前导序列中含有两个相连的色氨酸密码子，在大肠杆菌的蛋白质中，色氨酸残基出现的频率并不高，两个色氨酸密码子相伴出现必定不是巧合。当细胞中色氨酸大量存在时，核糖体合成前导肽链，并在 mRNA 上的 UGA 密码子处停下来。如图 2 - 22 所示，此时核糖体占据了 1 区和 2 区的一部分，这使得 2 区不能有效地与 3 区互补，因而 3 区便与 4 区配对形成终止子的发夹结构，最终导致刚路过该区域的 RNA 聚合酶终止转录。当色氨酸饥饿时，核糖体被迫停留在两个色氨酸密码子处，这里只是 1 区的一部分，核糖体的存在阻止 1 区与 2 区互补，并使 2 区与 3 区形成二级结构，4 区单独便不能形成终止子结构，于是转录继续进行下去。保证衰减子对转录进行调控作用的关键因素是两个色氨酸密码子的准确定位，单个色氨酸密码子或两个分隔开来的密码子均不能实现上述衰减作用。此外，核糖体与 RNA 聚合酶的相对移动速度也至关重要，当核糖体停在两个色氨酸密码子上时，RNA 聚合酶应当尚未或者刚好转录出 4 区，否则即便是形成终止子结构，对远去的 RNA 聚合酶也无可奈何。这种精确的时序控制机制是 RNA 聚合酶是在转录到＋90 处时会暂停一次，以使核糖体紧随其后。

除了色氨酸操作纵子外，至少还有 5 种氨基酸生物合成的操纵子含有衰减子结构，它们均含有编码前导肽的开放阅读框架及本征终止子结构，而且在前导序列中排列着更多连续的相应氨基酸的密码子。例如在组氨酸操纵子的 16 个氨基酸残基组成的前导肽中，拥有 7 个连续的组氨酸残基；苯丙氨酸操纵子前导序列中的 15 个密码子就有 7 个苯丙氨酸的密码子。在某些操纵子中，一个衰减子结构可以同时对多种氨基酸缺乏做出反应，例如苏氨酸操纵子中的衰减子对苏氨酸和异亮氨酸均敏感，而异亮氨酸操纵子中的衰减子则同时对异亮氨酸、缬氨酸和亮氨酸饥饿做出反应。这种特殊结构的目的是显而易见的，因为苏氨酸和异亮氨酸、缬氨酸和亮氨酸的生物合成都需要共同的前体。

2.4.3　反义子的工作原理

生物体中广泛存在着一些具有特定 RNA 和 DNA 互补序列的小分子 RNA，它们通过特异性的碱基互补方式控制基因的表达，这类小分子 RNA 称为反义 RNA（antisense RNA），为反义 RNA 编码的 DNA 则称为反义子。反义子本身的转录可为某些蛋白因子激活而正调控，亦可通过另一些蛋白因子对反义 RNA 的降解而负调控。反义 RNA 最早发现于原核生物，1986 年 Williams 发现真核生物中也存在天然的反义 RNA。不同的反义 RNA 基本功能和作用方式不尽相同，它们控制噬菌体溶原和溶菌状态的转换、转座子 Tn10 的转座、质粒的复制以及某些蛋白质的生物合成。反义 RNA 可以从复制、转录和翻译三种水平上对基因表达发挥调控作用，其中尤以对蛋白质生物合成的抑制最为普遍。

1. 反义 RNA 在 DNA 复制中的调控作用

反义 RNA 可通过直接抑制和间接抑制两种方式控制 DNA 的复制。作为 DNA 复制的抑制因子，反义 RNA 与引物 RNA 的前体互补，进而控制 DNA 的复制频率。例如，在大肠杆菌 ColE1 质粒 DNA 复制起始之前，先由距复制起始位点－555bp 处的转录起始位点转录出一段 RNA－Ⅱ，当转录进行至复制起始位点时，已转录出的 RNA 链自动折叠，并与 DNA 模板结合，然后由 RNaseH 切断杂合分子中的 RNA－Ⅱ，形成由 555 个碱基组成的 RNA 引物，供质粒 DNA 复制启动之需。然而在距复制起始位点－445bp 处，另一条 DNA 模板链同时又可反向转录出一个由 108 个碱基组成的反义 RNA－Ⅰ，它与 RNA－Ⅱ引物的 5′端区域正好互补并形成 RNA 双链结构。这种新产生的 RNA 二级结构能抑制 RNaseH 裂解 RNA－Ⅰ，阻断引物 RNA－Ⅱ与 DNA 模板链结合，从而使质粒 DNA 复制无法启动（图 2－23）。在金黄色葡萄球菌野生型质粒

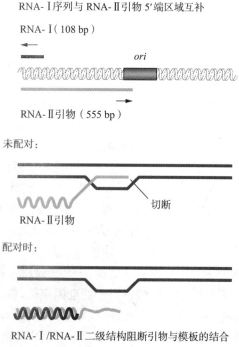

RNA-Ⅰ序列与 RNA-Ⅱ引物 5′端区域互补

RNA-Ⅰ（108 bp）

ori

RNA-Ⅱ引物（555 bp）

未配对：

切断

RNA-Ⅱ引物

配对时：

RNA-Ⅰ/RNA-Ⅱ二级结构阻断引物与模板的结合

图 2－23　反义 RNA 控制 DNA 复制的机制

pT181 中,同样存在着反义 RNA 通过与引物 RNA 相互作用而间接抑制 DNA 复制的类似机制。

反义 RNA 还可以通过阻断复制激活蛋白因子的合成而间接抑制 DNA 复制的启动。大肠杆菌质粒 R1 的复制需要其自身编码的蛋白因子 RepA 结合于复制起始位点 oriR1 上。由 P_{repA} 启动子介导的 repA 基因转录受到两个因素的影响:位于 repA 基因上游的基因 copB 编码产物 CopB 作为阻遏蛋白与 P_{repA} 启动子结合,抑制其转录的启动;由 P_{copA} 启动子介导的 copA 反义 RNA 与 repA 的前导 RNA 链互补,阻断 repA 基因的表达。这两种因素以不同的力度对质粒 DNA 的复制启动实施间接负调控作用。

2. 反义 RNA 在 DNA 转录及 RNA 前体转录后加工中的调控作用

在转录水平上,反义 RNA 可与 mRNA 5′末端互补而阻止转录的延伸。例如,大肠杆菌的 tic RNA(transcriptic inhibitory complementary RNA)可与 cAMP 受体蛋白的 mRNA 互补结合,形成特殊的二级结构而终止转录。此外,在真核生物细胞中发现的大量反义 RNA,或结合于 mRNA 前体的 5′端区域,影响其加帽反应;或作用于 mRNA 的 polyA 区域,抑制 mRNA 的成熟及其向细胞质的运输;或互补于 mRNA 前体外显子与内含子的交界处,阻断其剪切过程。

3. 反义 RNA 在 mRNA 翻译中的调控作用

反义 RNA 更为重要的调控功能表现在翻译水平上。原核生物有关方面的研究已经明确,反义 RNA 对翻译的调控作用有两种方式:一是与 mRNA 5′端 SD 序列结合,改变其空间构象,影响 mRNA 分子在核糖体上的准确定位;二是与 mRNA 5′端编码区(主要是起始密码子 AUG)结合,直接抑制翻译的起始。

图 2-24 是反义 RNA 直接抑制大肠杆菌 ompF 基因 mRNA 翻译的作用机制示意图。大肠杆菌两个分离排列的基因 ompC 和 ompF 分别编码两种外膜蛋白 OmpC 和 OmpF,这两个基因的表达由环境渗透压控制,而其表达产物又对渗透压的变化做出相应的应答反应,另一个基因 envZ 的编码产物则作为环境渗透压信号的作用受体发挥感受器的功能。当环境渗透压增加时,EnvZ 激活另一种蛋白质 OmpR,后者是一种基因表达的正调控因子,它分别激活结构基因 ompC 和调控基因 micF 的转录。micF 的产物是一个 174 碱基的反义 RNA,又称为 mic RNA(mRNA-interfering-complememtary RNA),它与 ompF mRNA 的 5′端区域(包括 SD 序列)互补并与之结合。所形成的 RNA 双链结构一方面直接影响核糖体的定位作用,同时又增加了 mRNA 对相应核酸酶的敏感性,导致新生的 mRNA 迅速降解。因此总的效应是,环境渗透压的增加诱导反义 RNA(micF-RNA)的合成,后者阻断 OmpF 的生物合成,而 OmpC 的表达以及 OmpF 蛋白的减少促使大肠杆菌细胞发生一系列的生理反应,从而保护自身不受环境高渗透压的危害。

基于反义 RNA 能在相当大的范围内特异性地抑制基因的表达,只要将一个不含启动子的克隆基因或其 3′端片段以相反的方向与某个启动子拼接在一起,人工构建反义子结构,并将之通过载体导入细胞中,就可使细胞合成特异性的反义 RNA,进而灭活染色体上相关基因的生物功能。利用反义子或反义 RNA 还可专一性地阻断病毒在宿主细胞中的增殖周期,或者抑制癌基因的表达,因而有可能开发成为优秀的抗病毒或抗癌药物。上述战略称为反义技术,目前越来越受到人们的关注。

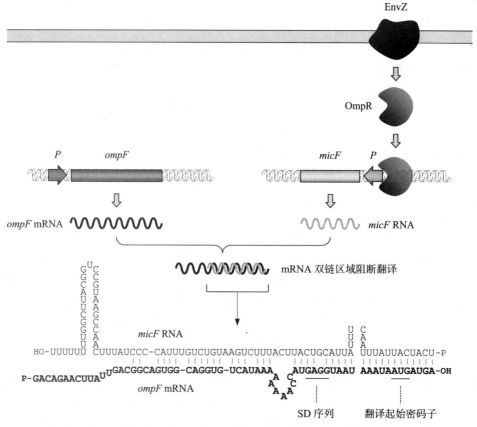

图 2-24　反义 RNA 直接抑制大肠杆菌 *ompF* 基因 mRNA 翻译的作用机制

2.5　RNA 剪切编辑调控模型

　　由于内含子存在所造成的基因编码区域的不连续性是真核生物基因顺序组织的基本特征,高等真核生物的绝大多数基因含有内含子结构,尽管低等真核生物含有内含子的基因只占较小的部分,而原核生物几乎不含有这种不连续的基因,但这些基因通常是在进化过程中逐步丢失了相应的内含子区域。哺乳动物的结构基因平均大小约为 16kb,含有 7～8 个外显子,而经剪切后的 mRNA 平均长度仅约为 2.2kb。刚从基因上转录下来的 RNA 分子称为核内不均一性 RNA(hnRNA),它们极不稳定,通常与为数众多的核内蛋白质构成核糖核蛋白颗粒(hnRNP),后者在核内经剪切(内含子切除)和修饰(RNA 5′端加帽和 3′端续尾)多步加工工序后,形成成熟的 mRNA 分子,并穿过核孔被运输至细胞质,进行有效的翻译。RNA 的整个成熟过程,尤其是 RNA 的剪切环节是基因表达调控的另一种形式。

　　RNA 的正常剪切基本上具有三种类型,它们分别对应于不同性质的基因及其所含内含子的结构(表 2-6),整个 RNA 剪切过程包含位点特异性断裂和联结两个基本步骤。

　　真核生物细胞高度分化的重要表现形式是蛋白质合成的特异性和多样性,其分子机制有两个:一是多基因家族中的各成员在特定组织细胞的不同发育阶段,由特定的生理条件选择性表达;二是同一个基因在不同细胞甚至同一细胞中合成多种结构和功能并不完全相同的蛋白质。大多数真核基因的转录物通常只能被剪切成一种 mRNA 结构,并对应于一种蛋白质,但有些基因的转录物借助于 mRNA 前体的选择性剪切(即异常剪切模式),可形成多种成熟的 RNA 结构,从而导致多种蛋白质的产生。

表 2-6　RNA 的正常剪切模式

内含子类型	相关基因性质	剪切联结反应机理	反应催化方式	剪切联结位点保守序列
核内内含子	蛋白质编码基因	两次转酯化反应	核内小分子核糖核蛋白颗粒	GT········AT
线粒体　Ⅰ型	线粒体、叶绿体基因	两次转酯化反应	RNA 分子自催化	CTCTCT···NN
内含子　Ⅱ型	rRNA 基因	两次转酯化反应		GT········AT
tRNA 内含子	tRNA 基因	内切反应,连接反应	RNA 内切酶,RNA 连接酶	无

mRNA 前体多样性剪切的分子机制是剪切位点的特异性选择。在某种情况下,内含子会成为漏网之鱼而存在于成熟的 mRNA 中;而在另外一些情况下,外显子会随其邻近的内含子一同被除去。有时在 mRNA 前体剪切过程中,外显子不但会缺失,甚至也可能被加入或取代。mRNA 前体的选择性剪切既是真核生物基因组织特异性表达调控的一种机制,这个过程本身又受到诸多因素的控制,其中包括基因转录起始位点或(和)终止位点的变更,以及剪切器以外的特殊因子对某些剪切位点的封闭或(和)对 mRNA 前体空间构象的影响。

mRNA 前体的选择性剪切可使 DNA 上的编码信息有选择性地转移至成熟的 mRNA 分子中,但它不能更改编码信息。生物体可以通过随机性突变和程序性修饰两种基本方式在 DNA 水平上改变基因的编码序列,尽管两者的表现形式是相似的,包括基因重排、缺失、扩增和插入等机制,但前者是环境因素作用于 DNA 的随机事件,而后者则是生物细胞为维持某种生理过程必须发生的程序性变化。在哺乳类动物和鸟类动物的 B 淋巴细胞中,免疫球蛋白编码基因在转录前发生程序性基因重排,并伴随着足以产生新编码信息的碱基插入反应,这种新产生的编码信息通过 mRNA 传递,最终导致新型抗体蛋白质的合成。除此之外,生物体还可以借助于 RNA 编辑过程在 mRNA 水平上程序性地更改编码序列,使得成熟 mRNA 携带的生物信息并不完全等同于它的 DNA 模板。RNA 编辑的发生大多由特定基因程序性控制,基本上采取两种方式:一是单个碱基的更换;二是多位点广泛范围的碱基缺失或插入。

2.6　基因工程的支撑技术

2.6.1　核酸凝胶电泳技术

以淀粉胶、琼脂或琼脂糖凝胶、聚丙烯酰胺凝胶等作为支持介质的区带电泳法称为凝胶电泳。根据核酸的解离性质,在中性或偏碱性的缓冲液中核酸解离成负离子,因此在一定的电场中会向正极(阳极)方向迁移。不同大小和构象的核酸分子的电荷密度大致相同,在无支持介质的泳动时,各核酸分子的迁移率区别很小,难以分开。常用琼脂糖(agarose)凝胶或聚丙烯酰胺(polyacrylamide)凝胶作为电泳支持介质,不同浓度的凝胶形成不同大小的网孔,具有分子筛效应,使得分子大小和

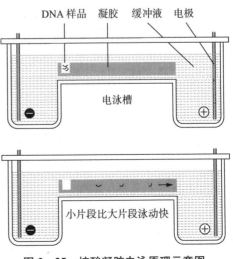

图 2-25　核酸凝胶电泳原理示意图

构象不同的核酸分子泳动率出现较大差异，达到分离的目的(图 2-25)。核酸凝胶电泳是基因工程中最基本的技术，是核酸探针、核酸扩增和序列分析等技术不可或缺的组成部分。

根据分离的核酸大小及类型的不同，核酸电泳主要分为琼脂糖凝胶电泳和聚丙烯酰胺凝胶电泳两类。一般的核酸检测只需要选择琼脂糖凝胶电泳，其分辨率在 200bp～50kb 之间；如果需要分辨率高的电泳，特别是只有几个碱基对的差别，应该选择聚丙烯酰胺凝胶电泳；对普通电泳不能分开的大型 DNA 链应该使用脉冲凝胶电泳。用低浓度的荧光嵌入染料溴化乙锭(Ethidium Bromide，简称 EB)进行染色，可直接在紫外灯下确定 DNA 在凝胶中的位置。

1. 琼脂糖凝胶电泳

琼脂糖是由琼脂分离制备的链状多糖，由 α-1,3 和 β-1,4 糖苷键连接的吡喃型 β-D-半乳糖和 3,6-脱水吡喃型 α-L-半乳糖组成，形成相对分子质量为 $10^4～10^5$ 的长链。琼脂糖加热溶解后分子呈随机线团状分布，当温度降低时链间糖分子上的羟基通过氢键盘绕形成绳状琼脂糖束，后者随着琼脂糖浓度不同形成不同大小的孔径。目前多用琼脂糖为电泳支持物进行平板电泳，它有如下优点：

(1)琼脂糖凝胶电泳操作简单，电泳速度快，样品不需事先处理就可以进行电泳。

(2)琼脂糖凝胶结构均匀，含水量大(约占 98%～99%)，近似自由电泳，样品扩散较自由，对样品吸附极微，因此电泳图谱清晰，分辨率高，重复性好。

(3)琼脂糖透明无紫外吸收，电泳过程和结果可直接用紫外光灯检测及定量测定。

(4)电泳后区带易染色，样品较易回收，便于定量测定。制成干膜可长期保存。

目前，琼脂糖凝胶电泳常用于分离、鉴定核酸，如 DNA 鉴定、DNA 限制性核酸内切酶图谱制作等。由于这种方法操作方便，设备简单，需样品量少，分辨能力强，已成为基因工程研究中常用实验方法之一。琼脂糖凝胶电泳也常用于分离蛋白质和同工酶。将琼脂糖电泳与免疫化学相结合，发展成免疫电泳技术，能鉴别其他方法不能鉴别的复杂体系，由于建立了超微量技术，0.1μg 蛋白质就可检出。由于琼脂糖凝胶是通过氢键的作用，因此过酸或过碱等破坏氢键形成的方法常用于凝胶的再溶解，像 $NaClO_4$ 能用于凝胶的裂解，一般的凝胶回收试剂盒利用的也是这一原理。

随着实验技术的发展，针对不同用途开发了各种类型的琼脂糖，如低熔点琼脂糖、高强度琼脂糖、脉冲场电泳琼脂糖、高分辨率低熔点琼脂糖等。表 2-7 列出了不同类型、不同浓度琼脂糖对 DNA 片段的线性分离范围。

表 2-7　不同类型琼脂糖分离 DNA 片段大小的范围

琼脂糖浓度/%	标准琼脂糖	高强度琼脂糖	低熔点琼脂糖	低黏度、低熔点琼脂糖
0.5	700bp～25kb			
0.8	500bp～15kb	800bp～10kb	800bp～10kb	
1.0	250bp～12kb	400bp～8kb	400bp～8kb	
1.2	150bp～6kb	300bp～7kb	300bp～7kb	
1.5	80bp～4kb	200bp～4kb	200bp～4kb	
2.0		100bp～3kb	100bp～3kb	
3.0			500bp～1kb	500bp～1kb
4.0				100bp～500bp
6.0				10bp～100bp

观察琼脂糖凝胶中核酸样品最经典、常用的方法是利用荧光染料溴化乙锭进行染色。溴化乙锭含有一个可以嵌入核酸堆积碱基之间的三环平面结构,它与核酸链的结合几乎没有碱基序列特异性,在高离子强度的饱和溶液中,大约每 2.5 个碱基插入一个溴化乙锭分子。在紫外光照射下,由于溴化乙锭 - DNA 复合物的橙色荧光产率比没有结合 DNA 的染料高出 $20\sim30$ 倍,所以,可以检测到少至 10ng 的 DNA 条带。

溴化乙锭因其廉价且灵敏度高,使用简单方便,作为琼脂糖核酸电泳的染色剂一直沿用至今。但是溴化乙锭是一种强的诱变剂,并有中度毒性,因此使用安全性一直是令人担忧的问题。为此,自 20 世纪 90 年代以来相继出现了多种可代替溴化乙锭的新型核酸染料,如 SYBR 系列染料(SYBR Safe、SYBR Gold、SYBR Green Ⅰ 和 SYBR Green Ⅱ)、UltraPower、Ecodye、Goldview、GeneFinder、GelRed 和 GelGreen 等。这些核酸染料的开发通常考虑其安全性、灵敏度、稳定性、适用性等方面,各实验室可根据自身情况进行选择。

2. 聚丙烯酰胺凝胶电泳

聚丙烯酰胺凝胶通过丙烯酰胺单体、链聚合催化剂 N,N,N',N'-四甲基乙二胺(TEMED)和过硫酸铵以及交联剂 N,N'-亚甲双丙烯酰胺之间的化学反应而形成。丙烯酰胺单体在催化剂作用下产生聚合反应形成长链,长链经交联剂作用交叉连接形成凝胶,其孔径由链长和交联度决定。链长取决于丙烯酰胺的浓度,调节丙烯酰胺和交联剂的浓度比例,可改变聚合物的交联度。

聚丙烯酰胺凝胶电泳可根据电泳样品的电荷、分子大小及形状的差别达到分离目的,兼具分子筛和静电效应,分辨力强于琼脂糖凝胶电泳。聚丙烯酰胺凝胶电泳可用于分析和制备小于 1kb 长度的 DNA 片段,最高分辨率可达 1bp;也用于分离寡核苷酸,如在引物的纯化中常用此种凝胶进行纯化(即 PAGE 纯化)。表 2-8 列出了 DNA 在聚丙烯酰胺凝胶中的有效分离范围。聚丙烯胺凝胶多用垂直平板电泳,其核酸带的染色常用溴化乙锭法和银染法。

表 2-8 DNA 在聚丙烯酰胺凝胶中的有效分离范围

丙烯酰胺浓度/%	有效分离范围/bp
3.5	$100\sim1000$
5.0	$80\sim500$
8.0	$60\sim400$
12.0	$40\sim200$
20.0	$10\sim100$

2.6.2 核酸分子杂交技术

核酸杂交技术基本上是从 Hall 等 1961 年的工作开始的,探针与靶序列在溶液中杂交,通过平衡密度梯度离心分离杂交体。该法很慢、费力且不精确,但它开拓了核酸杂交技术的研究。分子杂交是核酸研究中一项最基本的实验技术。其基本原理是应用核酸分子的变性和复性的性质,使来源不同的 DNA(或 RNA)片段变性后,合并在一处进行复性,只要这些核酸分子的核苷酸序列含有可以形成碱基互补配对的片段,复性也会发生于不同来源的核酸链之间,形成所谓的杂化双链,这个过程称为杂交。杂交的双方是待测核酸序列及探针

(probe),待测核酸序列可以是克隆的基因片段,也可以是未克隆化的基因组 DNA 和细胞总 RNA。杂交双链可以在 DNA 链与 DNA 链之间,也可在 RNA 链与 DNA 链之间形成。核酸探针是指用放射性核素、生物素或其他活性物质标记的,能与特定的核酸序列发生特异性互补的已知 DNA 或 RNA 片段。根据探针的核酸性质不同又可分为 DNA 探针、RNA 探针、cDNA 探针、cRNA 探针及寡核苷酸探针等,DNA 探针还有单链和双链之分。RNA 探针和 cDNA 探针具有 DNA 探针所不能比拟的高杂交效率,但 RNA 探针也存在易于降解和标记方法复杂等缺点。

由于核酸分子杂交的高度特异性及检测方法的灵敏性,它已成为分子生物学中最常用的基本技术,被广泛应用于基因克隆的筛选、酶切图谱的制作、基因序列的定量和定性分析及基因突变的检测等。

随着基因工程技术的发展,新的核酸分子杂交技术不断出现和完善,核酸分子杂交可按作用环境大致分为固相杂交和液相杂交两种类型。液相杂交是一种研究最早且操作简便的杂交类型,所参加反应的两条核酸链都游离在溶液中,由于杂交后过量的未杂交探针在溶液中除去较为困难和误差较高,所以不如固相杂交那么普遍。近几年由于杂交检测技术的不断改进,商业性基因探针诊断盒的试剂应用,推动了液相杂交技术的迅速发展。固相杂交是将参加反应的一条核酸链先固定在支持物上,一条反应核酸链游离在溶液中,固体支持物有硝酸纤维素滤膜、尼龙膜、乳胶颗粒、磁珠和微孔板等。在固相杂交中,未杂交的游离片段易于漂洗除去,膜上留下的杂交物容易检测和能防止靶 DNA 自我复制等优点,所以比较常用。常用的固相杂交类型有:Southern 印迹杂交(Southern blot)、Northern 印迹杂交(Northern blot)、斑点印迹杂交(Dot blot)、菌落原位杂交(Colony insitu hybridization)等。下面简单介绍上述 4 种核酸分子的杂交方法。

1. Southern 印迹杂交

Southern 印迹杂交是 1975 年由英国 Southern 首先创建,因此而得名。利用 Southern 杂交可进行克隆基因的酶切、图谱分析、基因组中某一基因的定性及定量分析、基因突变分析及限制性片断长度多态性分析(RFLP)等。

Southern 杂交的基本原理是具有一定同源性的两条核酸单链在一定的条件下,可按碱基互补的原则特异性地杂交形成双链。一般利用琼脂糖凝胶电泳分离经限制性内切酶消化的 DNA 片段,将胶上的 DNA 变性并原位转移至尼龙膜或其他固相支持物上,经干烤或紫外线照射固定,再与相对应结构的标记探针进行杂交,用放射自显影或酶反应显色,从而检测特定 DNA 分子的含量。因此该技术包括两个主要过程:一是将待测定核酸分子通过一定的方法转移并结合到一定的固相支持物(如硝酸纤维素膜或尼龙膜)上,即印迹(图 2-26);二是固定于膜上的核酸与标记探针在一定的温度和离子强度下退火,即分子杂交过程。早期的 Southern 印迹是将凝胶中的 DNA 变性后,经毛细管的虹吸作用,转移到硝酸纤维膜上,现已发展了电转移法、真空转移法等多种方法。

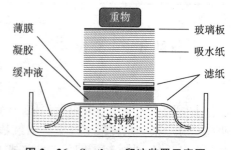

图 2-26　Southern 印迹装置示意图

用于 Southern 杂交的探针可以是纯化的 DNA 片段或寡核苷酸片段。探针可以用放射性物质标记或地高辛标记。人工合成的寡核苷酸可以用 T4 多聚核苷酸激酶进行末端标记。探针标记的方法有随机引物法、切口平移法和末端标记法(参见 2.6.2 节)。

2. Northern 印迹杂交

Northern 印迹杂交的总体过程与 Southern 杂交相似,只不过在印迹过程中转移的是 RNA 而不是 DNA,这种将 RNA 样品从凝胶转移滤膜的方法,其设计者为之起了一个与 Southern blot 对应的名称即 Northern blot。Northern 杂交主要用来检测细胞或组织样品中是否存在与探针同源的 mRNA 分子,从而判断在转录水平上某基因是否表达,在有合适对照的情况下,通过杂交信号的强弱可比较基因表达的强弱;也可以检测到细胞在生长发育特定阶段或者胁迫或病理环境下特定基因表达情况;还可用来检测目的基因是否具有可变剪切产物或者重复序列。

Northern 杂交首先需要从组织或细胞中提取总 RNA,或者再经过寡聚(dT)纯化柱进行分离纯化得到 mRNA。然后 RNA 样本经过电泳依据相对分子质量的大小对被分离,最为常用的电泳胶是含有甲醛的琼脂糖凝胶,甲醛可以减少 RNA 的二级结构,电泳完成后的胶可经过 EB 染色后在紫外下检测 RNA 的质量。而对小分子的 RNA 或者 microRNA 一般采用聚丙烯酰胺变性胶电泳。RNA 电泳中可以依据核糖体 RNA 的大小大致判断条带的大小。随后凝胶上的 RNA 分子被转移到膜上,转膜的缓冲液含有甲酰胺,它可以降低 RNA 样本与探针的退火温度,因而可以减少高温环境对 RNA 降解。RNA 分子被转移到膜上后须经过烘烤或者紫外交联的方法加以固定。被标记的探针与 RNA 杂交,经过信号显示后表明待检测基因的表达。

3. 斑点印迹杂交

斑点印迹杂交是分子杂交中最简单的一种,直接将 DNA 或 RNA 分子变性后以斑点的形式固定在硝酸纤维素膜(或尼龙膜、NC 膜)上,用已标记的探针进行杂交,洗膜除去未接合的探针后显影或显色,判断是否有杂交及其杂交强度,主要用于基因缺失或拷贝数改变的检测。该方法耗时短,可做半定量分析,一张膜上可同时检测多个样品,其杂交的信号比菌落杂交和噬菌斑杂交受到蛋白质等细胞成分的干扰小,其结果的可靠性更强。

4. 菌落原位杂交

菌落原位杂交是将细菌菌落影印到滤膜上,或将菌种点种在滤膜上然后再长出可见的菌落,对滤膜上的菌体进行原位裂解使 DNA 释放出来,并使之固定在滤膜上。然后通过分子杂交,判断哪个或哪些菌落含有与探针同源的 DNA。菌落原位杂交主要用来从用质粒或 Cosmid 构建的基因文库中寻找阳性克隆子,在得到阳性克隆子后,再通过 Southern 杂交进一步验证。通过这种方法在一张直径为 9cm 的滤膜上,可检测成几百到一千甚至上万个菌落,达到高通量筛选的目的。

图 2-27 显示了菌落原位杂交的大致过程:①将硝酸纤维素薄膜剪成比平板稍小的圆片,并覆盖在菌落密度适中的平板上,37℃培养 1～2h,此时薄膜上已沾有足够量的菌体,用针在膜上不对称地扎三个孔,同时在平板上做出相应的标记;②用镊子将薄膜轻轻揭起,吸附菌体的一面朝上放置在预先被强碱溶液浸湿的普通滤纸上;③10min 后,将薄膜转移至预先被中性缓冲液浸湿的普通滤纸上,中和 NaOH 溶液。强碱可以裂解细菌,释放细胞内含物,降

解 RNA，并使蛋白和 DNA 变性。硝酸纤维素薄膜与单链 DNA 或 RNA 的吸附作用比双链核酸和蛋白质要强得多；④将薄膜转移到清洗缓冲液中短暂浸泡 3min，以洗去菌体碎片和蛋白质；⑤取出薄膜，在普通滤纸上晾干，于 80℃下干燥 1～2h，在此高温下单链 DNA 已牢固地结合在硝酸纤维素薄膜上；⑥将薄膜先浸入含鱼精子 DNA 单链的溶液中进行预杂交（以封闭薄膜上未被占据的位点），然后再将薄膜浸入探针溶液中，在合适的温度和离子强度条件下进行杂交反应。离子强度和温度的选择取决于探针的长度以及与目的基因的同源程度，一般温度越高、离子强度越大，杂交反应越不易进行。因此对于同源性高并具有足够长度的探针通常在高离子强度和高温的条件下进行杂交，这样可以大幅度降低非特异性杂交的本底；⑦杂交反应结束后，用离子浓度稍低的溶液清洗薄膜 3 遍，除去未特异性杂交的探针，晾干；⑧将薄膜与 X 光胶片压紧置于暗箱内曝光，由胶片上感光斑点的位置，在原始平板上挑出相应的菌落。如果原始平板上的菌落较密，不能准确地挑出期望重组子，可用无菌牙签将相应位置上的菌落挑在少量的液体培养基中，经悬浮稀释后涂板培养，待长出菌落后，再进行一轮杂交，即可获得期望重组子。

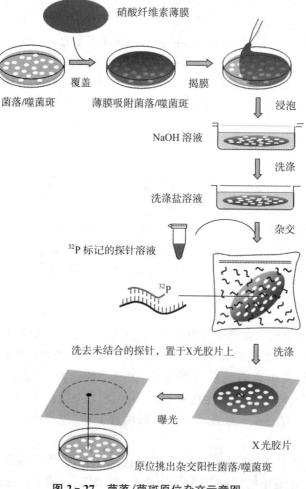

图 2-27　菌落/噬菌斑原位杂交示意图

上述程序用于噬菌斑筛选则更为简单，因为每个噬菌斑中含有足够数量的噬菌体颗粒甚至未包装的重组 DNA，可以免去 37℃扩增培养，而且由于噬菌体结构简单，不会产生菌体碎片对杂交的影响,检测灵敏度高于菌落原位杂交。

用于菌落或噬菌斑原位杂交的探针必须是单链结构,其长度以及与目的基因之间的序列同源性是杂交实验成败的关键,尽管有时探针只有 20 个碱基或更小,但一般来说,最佳的探针长度范围为 100~1 000bp,另外探针内部不能含有大面积的互补序列,否则会直接影响探针与 DNA 靶序列的杂交。探针的获取有下列多种方法:

(1) 目的基因的同源序列。例如,利用现有的目的基因片段为探针,筛选含有完整目的基因的重组子;或者利用某一 DNA 片段为探针,寻找与其连锁在一起的上下游 DNA 序列,这是染色体走读法和染色体跳跃法的基本战略;有时还可以用一种生物的某个基因作为探针,去克隆筛选另一种生物的相同或相似基因,而且两个基因的同源性越高,成功的可能性就越大。一般来说,探针与目的基因的同源性大于 80%,就能通过杂交较为顺利地找到靶序列。

(2) cDNA。如果实验室中拥有目的基因的 mRNA,则可通过逆转录酶将其反转录成单链 cDNA,以 cDNA 为探针无论在长度还是在同源性上都是较为理想的。

(3) 人工合成。在既无目的基因的同源 DNA 序列又无 mRNA 的条件下,如果知道目的基因编码产物的六个氨基酸连续序列,则可根据遗传密码表将这一短小氨基酸序列演绎为相应的基因编码序列,然后按此序列人工合成单链探针,然而这种方法有时并不那么简单,因为密码子具有简并性。在图 2-28 所给的例子中,Cys、Asp、Glu 各有两个简并密码子,为了保证探针序列与目的基因编码序列的一致性,必须合成八种不同序列的十八聚体,它们中必有一种序列与目的基因的相应序列完全同源。在筛选时,将这八种探针分别杂交同一薄膜。另一种方法是根据生物体密码子的使用频率,选择地确定一个更长(如二十七聚体)的"假定探针"序列,尽管它并不一定与目的基因序列完全同源,但由于它具有足够的长度,在杂交过程中,即使有几对碱基不能配对,也能较为准确地找到期望重组子。然而,如果已知的氨基酸序列过短,或者具有简并密码子的氨基酸过多,则按上述思路设计的"假定探针"往往不能奏效。

已知蛋白部分序列　　　*N* ---Trp---Met---Cys---Asp---Trp---Glu--- *C*

靶基因编码序列　　　5'-N-N-N-T-G-G-A-T-G-T-G-T-G-A-T-T-G-G-G-A-G-N-N-N-3'

设计合成探针序　　　5' T-G-G-A-T-G-T-G-T-G-A-T-T-G-G-G-A-G　3' 全杂交

　　　　　　　　　　5' T-G-G-A-T-G-T-G-T-G-A-T-T-G-G-G-A-A　3' 部分杂交

　　　　　　　　　　5' T-G-G-A-T-G-T-G-T-G-A-C-T-G-G-G-A-G　3'

　　　　　　　　　　5' T-G-G-A-T-G-T-G-T-G-A-C-T-G-G-G-A-A　3'

　　　　　　　　　　5' T-G-G-A-T-G-T-G-C-G-A-T-T-G-G-G-A-G　3'

　　　　　　　　　　5' T-G-G-A-T-G-T-G-C-G-A-T-T-G-G-G-A-A　3'

　　　　　　　　　　5' T-G-G-A-T-G-T-G-C-G-A-C-T-G-G-G-A-G　3'

　　　　　　　　　　5' T-G-G-A-T-G-T-G-C-G-A-C-T-G-G-G-A-A　3'

图 2-28　随机探针设计原理

有时,对目的基因编码产物的氨基酸序列一无所知,但这个基因产物所属家族的其他成员之间具有一段较为保守的氨基酸序列,并且这个序列已知,则可以此序列为蓝本设计探针。例如,原核细菌中对大环内酯类抗生素具有抗性作用的 rRNA 甲基转移酶是一个大家族,其成员均含有一段保守序列:Gly-Gln-Aln-Phe-Leu,以此序列设计出的十五聚体探针可用于寻找其他细菌来源的 rRNA 甲基转移酶基因。

探针在杂交后是通过其分子中的放射性同位素或荧光基团进行定位示踪的,放射性的强弱直接关系到杂交反应的灵敏度,从理论上来说,单位长度的探针标记的同位素越多,杂交反应灵敏度就越高。探针标记有下列几种方法。

(1) 5′末端标记法。用作探针的双链 DNA 片段在 DTT、Mg^{2+}、$[\gamma-^{32}P]$dATP 和过量 ADP 的存在下,由 T4PNK 酶催化,将^{32}P 同位素标记的 γ-磷酸基团转移至双链 DNA 的 5′端,原来的磷酸基团则交给 ADP 形成 ATP,也可用碱性磷酸单酯酶先除掉 DNA 的 5′端磷酸基团,然后再用 T4PNK 酶标记。标记反应结束后,加热变性制备单链探针。这种方法每个 5′末端只能标记一个放射性基团,因此较为适用于人工合成的短小探针。

(2) 反转录标记法。真核生物 mRNA 的 3′端大都具有 polyA 结构,以人工合成的寡聚 T 或寡聚 U 为引物,四种 dNTP 为底物,在$[\alpha-^{32}P]$dATP 的存在下,由反转录酶以 mRNA 为模板合成其互补链 cDNA,在 DNA 聚合反应中,含有放射性同位素的 dATP 掺入新生链中。这种标记方法能产生高密度放射性的探针,如果探针只能从 mRNA 制备,这是首选的标记方法。

(3) 缺口前移标记法(图 2-29)。用脱氧核糖核酸酶(DNase I)水解待标记的双链 DNA 片段,使之在不同位点上产生缺口,并暴露出游离的 3′羟基末端,此时大肠杆菌 DNA 聚合酶 I 便特异性地结合在缺口处,并通过其 5′→3′的核酸外切活性从 5′末端将核苷酸逐一切除;与此同时,其 5′→3′的聚合活性又从 3′端开始依此向前推移聚合新生 DNA 链,并在聚合反应中将$[\alpha-^{32}P]$dATP 中的同位素基团带入新生的 DNA 链中。这种方法与 cDNA 标记法很相似,但适用范围更广,是常用的探针标记手段,而且缺口前移标记的试剂盒早已商品化,使得操作更为简便。

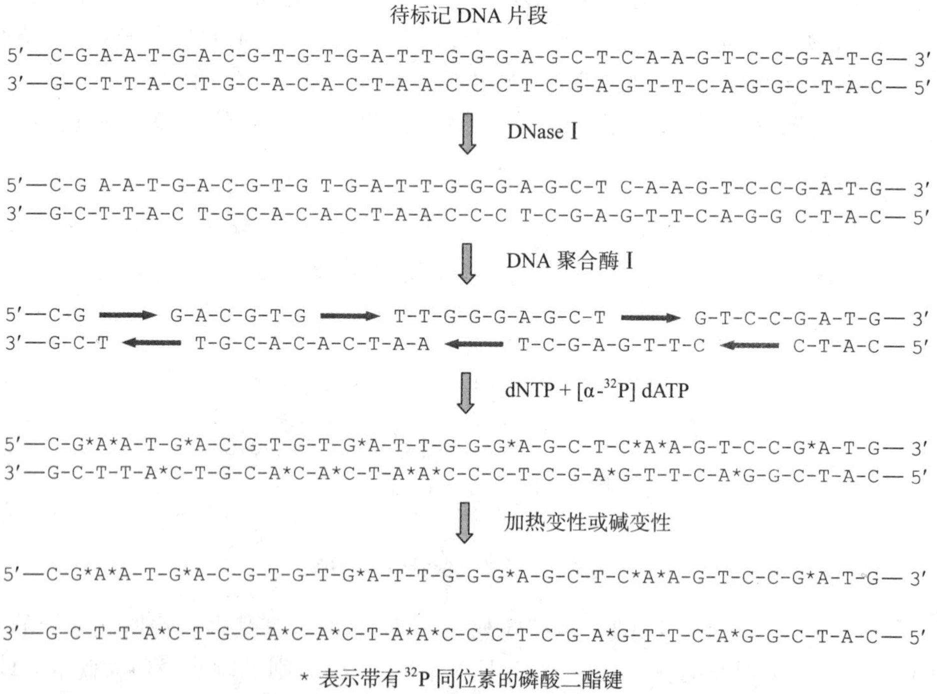

待标记 DNA 片段

```
5′—C-G-A-A-T-G-A-C-G-T-G-T-G-A-T-T-G-G-G-A-G-C-T-C-A-A-G-T-C-C-G-A-T-G—3′
3′—G-C-T-T-A-C-T-G-C-A-C-A-C-T-A-A-C-C-T-C-G-A-G-T-T-C-A-G-G-C-T-A-C—5′
```

⬇ DNase I

```
5′—C-G  A-A-T-G-A-C-G-T-G  T-G-A-T-T-G-G-G-A-G-C-T  C-A-A-G-T-C-C-G-A-T-G—3′
3′—G-C-T-T-A-C  T-G-C-A-C-A-C-T-A-A-C-C-T  C-G-A-G-T-T-C-A-G-G  C-T-A-C—5′
```

⬇ DNA 聚合酶 I

```
5′—C-G ⟶ G-A-C-G-T-G ⟶ T-T-G-G-G-A-G-C-T ⟶ G-T-C-C-G-A-T-G—3′
3′—G-C-T ⟵ T-G-C-A-C-A-C-T-A-A ⟵ T-C-G-A-G-T-T-C ⟵ C-T-A-C—5′
```

⬇ dNTP + $[\alpha-^{32}P]$ dATP

```
5′—C-G*A*A-T-G*A-C-G-T-G-T-G*A-T-T-G-G-G*A-G-C-T-C*A*A-G-T-C-C-G*A-T-G—3′
3′—G-C-T-T-A*C-T-G-C-A*C-A*C-T-A*A*C-C-C-T-C-G-A*G-T-T-C-A-G-G-C-T-A-C—5′
```

⬇ 加热变性或碱变性

```
5′—C-G*A*A-T-G*A-C-G-T-G-T-G*A-T-T-G-G-G*A-G-C-T-C*A-G-T-C-C-G*A-T-G—3′

3′—G-C-T-T-A*C-T-G-C-A*C-A*C-T-A*A*C-C-C-T-C-G-A*G-T-T-C-A*G-G-C-T-A-C—5′
```

* 表示带有^{32}P 同位素的磷酸二酯键

图 2-29　探针缺口前移标记示意图

(4) ABC 标记法。将生物素(Biotin)共价交联在 dUTP 的碱基上,通过反转录标记或缺口前移标记将这种单体掺入探针中,杂交反应结束后,洗去非特异性结合的探针,然后用生物素结合蛋白(Avidin)处理薄膜,使得 Avidin 与探针上的生物素分子形成复合物,这就是所谓的 ABC 标记法。生物素结合蛋白分子上可以接有自然光或高强度荧光发射物质,也可连上特殊的酶分子(如碱性磷酸单酯酶或辣根酶等),由其催化相应底物的显色反应(图 2 - 30)。新一代的标记物则采用 dUTP -地高辛化合物以及相应的抗体蛋白,但检测方法与生物素系统相同。这种标记方法的灵敏度不亚于同位素,却不会对人体造成放射性危害,对环境的污染也少,而且标记物可保存长达一年,这比^{32}P 同位素稳定。

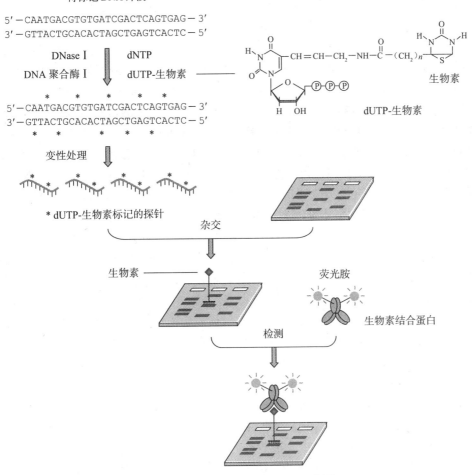

图 2 - 30　探针 ABC 标记原理示意图

2.6.3　细菌转化转染技术

经典的细菌转化现象是 1928 年英国的细菌学家 Griffich 在肺炎双球菌中发现的,并在 1944 年由美国的 Avery 形成完整的转化概念。细菌转化的本质是受体菌直接吸收来自供体菌的游离 DNA 片段,并在细胞中通过遗传交换将其组合到自身的基因组中,从而获得供体菌的相应遗传性状,其中来自供体菌的游离 DNA 片段称为转化因子。在自然条件下,转化因子由供体菌的裂解产生,其全基因组断裂为 100kb 左右的 DNA 片段。具有转化能力的 DNA 片段常常是双链 DNA 分子,单链 DNA 分子很难甚至根本不能转化受体菌。就受体菌而言,只有当其处于感受态(即受体细胞最易接受外源 DNA 片段而实现转化的一种特殊生理状态)

时才能有效地吸收转化因子。处于感受态的受体细菌,其吸收转化因子的能力为一般细菌生理状态的千倍以上,而且不同细菌间的感受态差异往往受自身的遗传特性、菌龄、生理培养条件等诸多因素的影响。

　　DNA 重组技术中的转化仅仅是一个将 DNA 重组分子人工导入受体细胞的单元操作过程,它沿用了自然界细菌转化的概念,但无论在原理还是在方式上均与细菌自然转化有所不同,同时也与哺乳动物正常细胞突变为癌细胞的细胞转化概念有着本质的区别。重组 DNA 人工导入受体细胞有许多方法,包括转化、转染、接合及其他物理手段,如受体细胞的电穿孔和显微注射等,这些导入方法在 DNA 重组技术中统称为转化操作。

　　细菌转化的全过程包括五个步骤:①感受态的形成。典型的革兰氏阳性细菌由于细胞壁较厚,形成感受态时细胞表面发生明显的变化,出现各种蛋白质和酶类,负责转化因子的结合、切割及加工。感受态细胞能分泌一种小分子量的激活蛋白或感受因子,其功能是与细胞表面受体结合,诱导某些与感受态有关的特征性蛋白质(如细菌溶素)的合成,使细菌胞壁部分溶解,局部暴露出细胞膜上的 DNA 结合蛋白和核酸酶等;②转化因子的结合。受体菌细胞膜上的 DNA 结合蛋白可与转化因子的双链 DNA 结构特异性结合,单链 DNA 或 RNA、双链 RNA 以及 DNA - RNA 杂合双链都不能结合在膜上;③转化因子的吸收。双链 DNA 分子与结合蛋白作用后,激活邻近的核酸酶,一条链被降解,而另一条链则被吸收到受体菌中,这个吸收过程为 EDTA 所抑制,可能是因为核酸酶活性需要二价阳离子的存在;④整合复合物前体的形成。进入受体细胞的单链 DNA 与另一种游离的蛋白因子结合,形成整合复合物前体结构,它能有效地保护单链 DNA 免受各种胞内核酸酶的降解,并将其引导至受体菌染色体 DNA 处;⑤转化因子单链 DNA 的整合。供体单链 DNA 片段通过同源重组,置换受体染色体 DNA 的同源区域,形成异源杂合双链 DNA 结构。

　　革兰氏阴性细菌细胞表面的结构和组成均与革兰氏阳性细菌有所不同,供体 DNA 进入受体细胞的转化机制还不十分清楚。革兰氏阴性细菌在感受态的建立过程中伴随着几种膜蛋白的表达,它们负责识别和吸收外源 DNA 片段。研究表明,嗜血杆菌和萘氏杆菌均能识别自身的 DNA,如嗜血杆菌所吸收的自身 DNA 片段中都有一段 11bp 的保守序列 5′ AAGTGCGGTCA 3′。这表明革兰氏阴性细菌在转化过程中对供体 DNA 的吸收具有一定的序列特异性,受体细胞只吸收它自己或与其亲缘关系很近的 DNA 片段,外源 DNA 片段可以结合在感受态细胞的表面,但极少能吸收。与革兰氏阳性菌不同,嗜血杆菌和萘氏杆菌等革兰氏阴性细菌的 DNA 是以完整的双链形式被吸收的,在整合作用发生之前,进入受体细胞内的双链 DNA 片段与相应的 DNA 结合蛋白结合,不为核酸酶所降解,DNA 整合同样发生在单链水平上,另一条链以及被取代的受体菌单链 DNA 则被降解。

　　原核细菌的转化虽是一种较为普遍的遗传变异现象,但是目前仍只是在部分细菌的种属之间发现,如肺炎双球菌、芽孢杆菌、链球菌、假单孢杆菌及放线菌等。而在肠杆菌科的一些细菌间很难进行转化,其主要原因是一方面转化因子难以被吸收,另一方面受体细胞内往往存在着降解线状转化因子的核酸酶系统。另外,细菌自然转化是自身进化的一种方式,通常伴随着 DNA 的整合,因此在 DNA 重组的转化实验中,很少采取自然转化的方法,而是通过物理方法将重组 DNA 分子导入受体细胞中,同时也对受体细胞进行遗传处理,使之丧失对外源 DNA 分子的降解作用,确保较高的转化效率。

　　动物和植物完整细胞的外源 DNA 导入通常采用相应的病毒感染方法。细菌受体细胞的转化方法则是基于物理学和生物学原理建立起来,分述如下。

（1）Ca^{2+} 诱导转化

1970 年 Mandel 和 Higa 发现用 $CaCl_2$ 处理过的大肠杆菌能够吸收 λ 噬菌体 DNA，此后不久，Cohen 等用此法实现了质粒 DNA 转化大肠杆菌的感受态细胞，其整个操作程序如图 2-31 所示。将处于对数生长期的细菌置于 0℃ 的 $CaCl_2$ 低渗溶液中，使细胞膨胀，同时 Ca^{2+} 使细胞膜磷脂层形成液晶结构，使得位于外膜与内膜间隙中的部分核酸酶离开所在区域，这就构成了大肠杆菌人工诱导的感受态。此时加入 DNA，Ca^{2+} 又与 DNA 结合形成抗脱氧核糖核酸酶（DNase）的羟基-磷酸钙复合物，并黏附在细菌细胞膜的外表面上。经短暂的 42℃ 热脉冲处理后，细菌细胞膜的液晶结构发生剧烈扰动，随之出现许多间隙，致使通透性增加，DNA 分子便趁机进入细胞内。此外在上述转化过程中，Mg^{2+} 的存在对 DNA 的稳定性起很大的作用，$MgCl_2$ 与 $CaCl_2$ 又对大肠杆菌某些菌株感受态细胞的建立具有独特的协同效应。1983 年，Hanahan 除了用 $CaCl_2$ 和 $MgCl_2$ 处理细胞外，还设计了一套用二甲基亚砜（DMSO）和二巯基苏糖醇（DTT）进一步诱导细胞产生高频感受态的程序，从而大大提高了大肠杆菌的转化效率。目前，Ca^{2+} 诱导法已成功地用于大肠杆菌、葡萄球菌以及其他一些革兰氏阴性菌的转化。

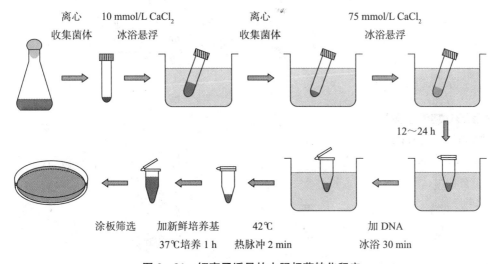

图 2-31　钙离子诱导的大肠杆菌转化程序

（2）PEG 介导的细菌原生质体转化

在高渗培养基中生长至对数生长期的细菌，用含有适量溶菌酶的等渗缓冲液处理，剥除其细胞壁，形成原生质体，它丧失了一部分定位在膜上的 DNase，有利于双链环状 DNA 分子的吸收。此时，再加入含有待转化的 DNA 样品和聚乙二醇的等渗溶液，均匀混合。通过离心除去聚乙二醇，将菌体涂布在特殊的固体培养基上，再生细胞壁，最终得到转化细胞。这种方法不仅适用于芽孢杆菌和链霉菌等革兰氏阳性细菌，也对酵母、霉菌甚至植物等真核细胞有效。只是不同种属的生物细胞，其原生质体的制备与再生的方法不同。

（3）电穿孔驱动的完整细胞转化

电穿孔（electroporation）是一种电场介导的细胞膜可渗透化处理技术。受体细胞在电场脉冲的作用下，细胞壁上形成一些微孔通道，使得 DNA 分子直接与裸露的细胞膜脂双层结构接触，并引发吸收过程。具体操作程序因转化细胞的种属而异。对于大肠杆菌来说，大约 50 μL 的细菌与 DNA 样品混合后，置于装有电极的槽内，然后选用大约 25 μF、2.5 kV 和

200Ω 的电场强度处理 4.6ms,即可获得理想的转化效率。虽然电穿孔法转化较大的重组质粒(>100 kb)的转化效率比小质粒(~3 kb)低 1 000 倍,但它比 Ca^{2+} 诱导和原生质体转化方法理想,因为后两种方法几乎不能转化大于 100 kb 的质粒 DNA。对于几乎所有的细菌均可找到一套与之匹配的电穿孔操作条件,因此电穿孔转化方法有可能成为细菌转化的标准程序。

(4) 接合转化

接合(conjugation)是指通过细菌细胞之间的直接接触导致 DNA 从一个细胞转移至另一个细胞的过程。这个过程是由结合型质粒完成的,它通常具有促进供体细胞与受体细胞有效接触的接合功能以及诱导 DNA 分子传递的转移功能,两者均由接合型质粒上的有关基因编码。在 DNA 重组中常用的绝大多数载体质粒缺少接合功能区,因此不能直接通过细胞接合方法转化受体细胞,然而如果在同一个细胞中存在着一个含有接合功能区域的辅助质粒,则有些克隆载体质粒便能有效地接合转化受体细胞。因此,首先将具有接合功能的辅助质粒转移至含有重组质粒的细胞中,然后将这种供体细胞与难以用上述转化方法转化的受体细胞进行混合,促使两者发生接合作用,最终导致重组质粒进入受体细胞。接合转化的标准程序如图 2-32 所示。

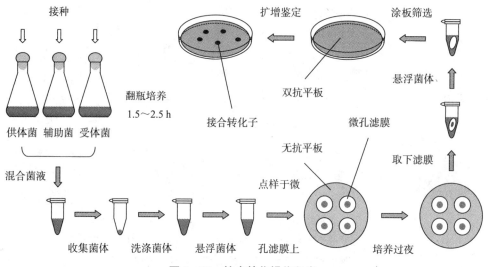

图 2-32　接合转化操作程序

整个过程涉及包括受体菌在内的三种菌株的混合,即受体菌、含有接合质粒的辅助菌以及含有待转化重组质粒的供体菌。在三者混合后,接合质粒即可从辅助菌株转移至供体菌,也可直接进入受体菌。含有两种相容性质粒的供体菌再与受体菌或辅助菌发生接合反应。此时细菌混合液中已出现多种形式的细胞,因为任何菌株接合发生频率都不可能达到 100%。为了迅速而准确地筛选出仅接纳了重组质粒的受体细胞(即接合转化细胞),必须依赖于所使用的菌种和质粒上相应的遗传标记,例如携带接合质粒的菌株 A 不能在最小培养基中生长,且对抗生素 X 敏感;含有待转化的重组质粒的菌株 B,也不能在最小培养基中生长,它如果失去含有 X 抗性基因的重组质粒,则同样对 X 敏感;受体细胞 C 能在最小培养基中生长,且在抗生素 X 和 Y 存在时不能生长。三种菌株首先在无抗生素的完全培养基中进行混合,短暂培养启动接合转化,然后迅速涂布在含有抗生素的最小培养基中进行筛选。此时,只有接纳了重组质粒的受体细胞才能长成菌落(克隆),其中为数极少的菌落含有双质粒。随机选择几个菌落,将之涂布在含有抗生素的最小培养基上,凡是在这种培养基中不能生长的菌落即为只含有重组质粒的受体转化克隆,因为只有接合质粒所携带的 Y 抗生素抗性基因能赋予受体细胞对 Y 的抗性。应当特别指出的是,在接合转化过程中使用的重组质粒与接合质粒必须具有互为相容性,否则两者难以稳定地存在于供体菌中。

(5) λ 噬菌体的转染

以 λDNA 为载体的重组 DNA 分子,由于其相对分子质量较大,通常采取转染的方法将之导入受体细胞内。在转染之前必须对重组 DNA 分子进行人工体外包装,使之成为具有感染活力的噬菌体颗粒。用于体外包装的蛋白质可以直接从大肠杆菌的溶原株中制备,现已商品化。这些包装蛋白通常分成分离放置且功能互补的两部分,一部分缺少 E 组分,另一部分缺少 D 组分。包装时,只有在这两部分的包装蛋白与重组 λDNA 分子三者混合后,包装才能有效进行,任何一种蛋白包装溶液被重组分子污染后均不能包装成有感染活力的噬菌体颗粒,这种设计也是基于安全考虑。整个包装操作过程与转化一样简单:将 λDNA 与外源 DNA 片段的连接反应液与两种包装蛋白组分混合,在室温下放置 1h,加入一滴氯仿,离心除去细菌碎片,即得重组噬菌体颗粒的悬浮液。将之稀释合适的倍数,并与处于对数生长期的大肠杆菌受体细胞混合涂布,过夜培养即可用于筛选与鉴定。

2.6.4　聚合酶链反应技术

聚合酶链反应(Polymerase Chain Reaction,简称 PCR)又称 PCR 扩增技术,由 Mullis 在 20 世纪 80 年代中期发明,利用这项技术可从痕量的 DNA 样品特异性快速扩增某一区域的 DNA 片段,是一种高效、快速、特异性的体外 DNA 聚合程序。

1. PCR 扩增技术的基本原理

PCR 扩增技术的本质是根据生物体 DNA 的复制原理在体外合成 DNA,这个反应同样需要 DNA 单链模板、引物、DNA 聚合酶及缓冲系统,并包括 3 步程序(图 2-33):①将待扩增双链 DNA 加热变性,形成单链模板;②加入两种不同的单链 DNA 引物,并分别与两条单链 DNA 模板退火;③在 DNA 聚合酶作用下,以 dNTP 为反应原料,从两个引物的 3′ 羟基端按照模板要求合成新生 DNA 链,构成一轮复制反应。重复上述操作 n 次,理论上即可从一分子的双链 DNA 扩增到 2^n 个分子,也就是说,经过 42 轮反应后,从一个分子的 1kb DNA 即可得到 1μg 的相同 DNA 样品,而完成整个扩增反应只需要 3h。

PCR 扩增 DNA 特定靶序列一般需要知道待扩增 DNA 区域两端 16~24bp 的序列,由此合成两种引物,并靠它们在待扩增 DNA 区域上的准确定位实现扩增反应的特异性,这种特异性与待扩增 DNA 区域内的序列无关。在第一轮 DNA 聚合反应中,新生链的长度通常大于双引物之间的距离,也就是所谓的聚合过头。但在第二轮反应中,两种引物既可与原 DNA 模板结合,其合成产物与第一轮反应相同,同时也可与新生链退火,此时形成的扩增产物已是以双引物为边界的特异性 DNA 片段,这个分子在以后的扩增反应中作为模板,所形成的产物均为同一序列的 DNA 片段。因此在 PCR 扩增的前几轮反应中,产物的大小并不完全一致,随着反应次数的增加,非期望的 DNA 分子比率急剧下降,直到可以忽略不计。

PCR 高速扩增 DNA 的另一个前提条件是热稳定性 DNA 聚合酶的发现和使用,而 PCR 技术的普及得益于 *Taq* DNA 聚合酶的发现,这种酶是从一种生长在温泉中的嗜热细菌 *Thermus aquaticus* 体内提纯出来的,其最适反应温度为 72℃,却可在 95℃ 连续保温过程中仍有活性,所以无需在每轮反应中补加新酶,这使得 PCR 扩增得以连续自动进行。Taq 酶是第一个被应用于 PCR 的高热稳定 DNA 聚合酶,也是活性最高的一种耐热 DNA 聚合酶,但缺乏 $3' \rightarrow 5'$ 外切酶活性,所以在 DNA 合成过程中对单核苷酸错配没有校正功能,每一循环错配率高达 2×10^{-4} 核苷酸碱基,这些错误的掺入可以发生在扩增产物的任何位点,既有颠换转换,也有单碱基缺失或插入。如果这种扩增产物仅仅作为 DNA 靶序列在样品中存在与否的证据,或者用作探针进行常规的检测筛选实验,则无关紧要;但若将扩增产物进一步克隆,并选取一个单一重组克隆用于表达,那么就有可能得到的是一种含有错误序列的 DNA 片段。因此利用 PCR 法克隆的目的基因必须通过序列分析对其进行验证,遗憾的是,有时目的基因的序列并不是已知的。为了克服这一难题,利用基因工程方法发展了多种高保真的 DNA 聚合酶系统,如 Taq DNA 聚合酶的变体 Taq Plus Ⅱ,其碱基错配率下降至 10^{-6},而且其聚合效率也大为增强,一次可扩增长达 30kb 的 DNA 靶序列,这是 PCR 法克隆真核生物基因的理想系统。自 PCR 技术问世以来,人们也一直在寻找酶学性能好、保真度高的 PCR 用 DNA 聚合酶,之后又陆续发现了 Pfu、Vent、DeepVent、Tgo 和 KODl 等耐热的有校正功能的 DNA 聚合酶,它们独特的生物化学特性已被应用于各种分子生物学研究中,如平端克隆、富含 GC 碱基对模板的扩增、突变检测、黏末端克隆和定点突变等,极大促进了 PCR 技术的发展和广泛应用,也使其成为分子生物学研究的重要工具。

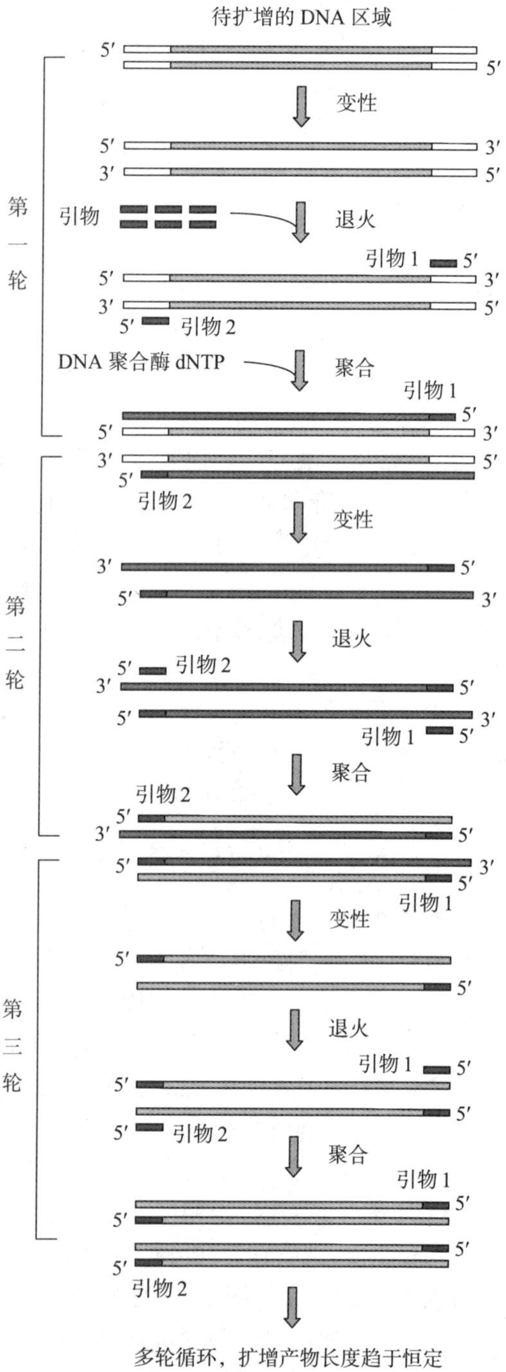

2. PCR 扩增技术的应用

PCR 扩增技术的应用范围极广,概括起来大致有下列几个方面。

图 2-33　聚合酶链反应原理示意图

(1) 特定 DNA 序列的克隆与重组子的鉴定。利用 PCR 技术可以大量扩增包括目的基因在内的 DNA 特定靶序列(参见 3.6.3 节),但在某些情况下,PCR 扩增产物仍需克隆在受体细胞中,如目的基因的高效表达及永久保存等。根据 PCR 产物的特点和用途,可以将其与特定的载体,如 T 载体(来自 pUC18/19)或线性化的表达载体进行拼接,然后转化特定的宿主细胞,利用 PCR 技术可以进行重组子的筛选鉴定(参见 3.5.2 节)。

(2) 扩增 DNA 靶序列并直接测序。PCR 技术通常用于扩增 DNA 靶序列产生双链分子,然而采取不对称性扩增方案,即不对称 PCR(参见 2.6.4 节),可以选择性地从 DNA 样品中富集某一区域的单链 DNA,并直接用于双脱氧末端终止法测序反应。

(3) DNA 的体外定点突变与分析。如果 DNA 靶序列发生较大范围的插入或缺失突变,则 PCR 扩增产物的大小就会发生改变,从而确定突变的位置。另外,只要任何一种引物相对应的 DNA 模板上发生大面积的缺失,则扩增反应根本不能进行,这是识别缺失突变的又一种方法。对于点突变的检测,通常需要进行两组平行的扩增反应,两组反应均使用相同的引物系统,包括引物 A、引物 B 和引物 B′,其中 B 和 B′ 的序列只有一个碱基的差异。在一组反应中,引物 B 用同位素标记,而另一组反应中 B′ 被标记。在扩增反应进行过程中,能与模板链完全配对的引物 B 或 B′ 所合成的 DNA 比含有错配碱基的竞争者自然要多,因此根据两组扩增产物的放射性比活性高低,即可检测出样品 DNA 的靶序列的点突变。

(4) 痕量 DNA 样品的检测与分析。利用 PCR 技术可以从痕量的血迹、毛发、单个细胞甚至保存了几千年的木乃伊中复制大量的 DNA 样品,供进一步分析鉴定之用,因而在疾病诊断、刑事侦查、物种的分子生物进化学研究等领域发挥着不可替代的作用。

3. PCR 扩增技术的发展

PCR 技术作为一项“革命性的技术”,不仅推动了遗传学与分子生物学的发展,而且在其他领域科学家的努力与创新下,不断与该领域的核心技术相结合,极大地推动了此领域的发展。传统 PCR 技术及发展的新型 PCR 技术广泛应用到生命科学、农业、食品、医学等各个领域。目前发展起来的 PCR 技术包括以下种类。

(1) 精确 PCR(Long and Accurate PCR,简称 LA PCR),是一种专门用于精确扩增较长 DNA 片段的特种 PCR 程序,其关键的技术是结合使用两种热稳定的 DNA 聚合酶,将无 $3' \rightarrow 5'$ 外切酶活性的 DNA 聚合酶(如 *Taq* 或 Klen*Taq*)和低浓度有 $3' \rightarrow 5'$ 外切酶活性的 DNA 聚合酶(如 *Pfu* 或 DeepVent)进行一定的配比,可以扩增出 5～40kb 的 DNA 大片段。LA PCR 在限制性片段多态性及单体型分析、染色体基因步移、DNA 序列分析及基因突变的鉴定等方面得到应用。

(2) 反转录 PCR(Reverse Transcriptase,简称 RT PCR),是将 RNA 的反转录(RT)和 cDNA 的聚合酶链式扩增(PCR)相结合的技术,首先经反转录酶的作用从 RNA 合成 cDNA,再以 cDNA 为模板,扩增合成目的片段。RT PCR 使 RNA 检测的灵敏性提高了几个数量级,使一些极为微量 RNA 样品分析成为可能,且该技术用途广泛,可用于检测细胞中基因表达水平,细胞中 RNA 病毒的含量和直接克隆特定基因的 cDNA 序列、合成 cDNA 探针、构建 RNA 高效转录系统等。作为模板的 RNA 可以是总 RNA、mRNA 或体外转录的 RNA 产物,关键是确保 RNA 中无 RNA 酶和基因组 DNA 的污染。用于反转录的引物可视实验的具体情况选择随机引物、Oligo dT 及基因特异性引物中的一种。

(3) 反向 PCR(Inverted PCR),是用反向的互补引物来扩增两引物以外的未知序列的片段,是克隆已知序列旁侧序列的一种方法。PCR 反应通常是对两条引物之间的序列进行扩增,但如果选择已知序列内部没有的限制性内切酶对该 DNA 模板进行酶切后环化连接,用一对与已知序列两端特异性结合的反向引物进行 PCR,即可实现对已知序列两侧的未知片段进行扩增(图 2 - 34)。该扩增产物是线性的 DNA 片段,大小取决于上述限制性内切酶在已知片段侧翼 DNA 序列内部的酶切位点分布情况。用不同的限制性内切酶消化,可以得到大小不同的模板 DNA,从而反向 PCR 获得不同大小的未知片段。该方法的关键是选择一种合适的限制性内切酶以获得合理大小的 DNA 片段。如果未知片段中存在大量中度和高度重复序列,通过反向 PCR 得到的探针就有可能与多个基因序列杂交。

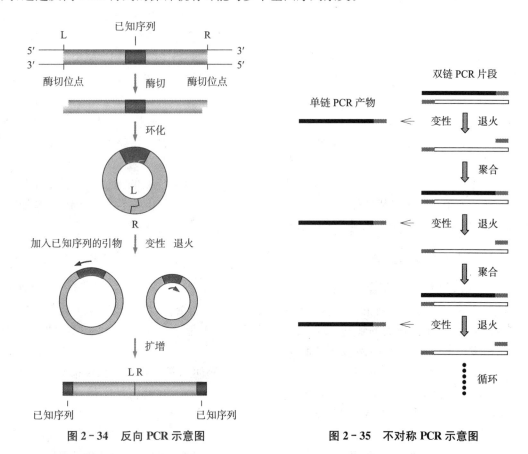

图 2-34　反向 PCR 示意图　　　　　　　图 2-35　不对称 PCR 示意图

(4) 不对称 PCR(Asymmetric PCR),在 PCR 扩增循环中引入不同的引物浓度,使得由两条引物介导扩增反应呈不对称状态,最终产生大量的单链 DNA(ssDNA)。这对引物分别称为非限制性引物与限制性引物,其比例一般为(50~100)∶1。在 PCR 反应的最初 10~15 个循环中,其扩增产物主要是两种引物指导合成的双链 DNA(dsDNA),但当限制性引物(低浓度引物)消耗完后,DNA 扩增趋向单链化,最终非限制性引物(高浓度引物)引导的 PCR 就会产生大量的 ssDNA,使得扩增产物单双链 DNA 分子比高达 10^{10}∶1,ssDNA 片段用于序列分析或核酸杂交的探针。不对称 PCR 的关键是控制限制性引物的绝对量,需多次摸索优化两条引物的比例。还有一种方法如图 2-35 所示,先用等浓度的引物进行扩增,制备 dsDNA,然后以此 dsDNA 为模板,再以其中的一条引物进行第二次 PCR 制备 ssDNA。

(5) 原位 PCR(In Situ PCR),是具有高度特异敏感的 PCR 技术与具有细胞定位能力的原位杂交技术结合的产物,是细胞学科研与临床诊断领域里的一项有较大潜力的新技术。原位 PCR 是在组织切片或细胞涂片上原位对特定的 DNA 或 RNA 进行扩增,再用特异性的探针原位杂交检测。原位杂交技术可以检测到 10 个拷贝的 DNA 或细胞,而原位 PCR 技术能使杂交的灵敏度提高 10 倍,既能分辨鉴定带有靶序列的细胞,又能标出靶序列在细胞内的位置,于分子和细胞水平上研究疾病的发病机理和临床过程及病理的转归有重大的实用价值,其特异性和敏感性高于一般的 PCR。

（6）定量 PCR(Quantitative PCR,简称 qPCR),是一种在 DNA 扩增反应中,以荧光染剂检测每次 PCR 循环后产物总量的方法技术。理论上讲,PCR 产物以指数规律增殖,但在所有的扩增循环(尤其是后十轮)中,众多引物-模板分子上的反应由于抑制剂的作用并非 100% 的有效,因此精确定量 PCR 产物必须使用内标(扩增对照)。内标使用相同的引物,与待测样品具有相似的长度、碱基组成以及对抑制剂的敏感性,但又必须与待测样品有所区别,以便在扩增产物检测分析时能够辨认(如引物的检测方式不同)。qPCR 可用于研究基因表达,能提供特定 DNA 基因表达水平的变化,在癌症、代谢紊乱及自身免疫性疾病的诊断和分析中很有价值。

（7）多重 PCR(Multi PCR),又称多重引物 PCR 或复合 PCR,它是在同一 PCR 反应体系里加上 2 对以上引物,同时扩增出多个核酸片段的 PCR 反应,其反应原理、反应试剂和操作过程与一般 PCR 相同。多重 PCR 主要用于多种病原微生物的同时检测或鉴定和病原微生物,某些遗传病及癌基因的分型鉴定。多种病原微生物的同时检测或鉴定,是在同一 PCR 反应管中同时加上多种病原微生物的特异性引物,进行 PCR 扩增,可用于同时检测多种病原体或鉴定出是哪一种类型病原体感染。在同一反应中用多组引物同时扩增几种基因片段,如果基因的某一区段有缺失,则相应的电泳谱上这一区带就会消失。复合 PCR 主要用于同一病原体的分型及同时检测多种病原体、多个点突变的分子病的诊断。

（8）巢式 PCR(Nested PCR),是一种变异的 PCR,使用两对(而非一对)PCR 引物扩增完整的片段。如图 2-36 所示,第一对 PCR 引物扩增片段和普通 PCR 相似,第二对引物称为巢式引物(位于第一次 PCR 扩增片段的内部)结合在第一次 PCR 产物内部,使得第二次 PCR 扩增片段短于第一次扩增。巢式 PCR 一方面适用于微量 DNA 或者石蜡组织抽提的 DNA,另一方面可通过两对引物的两次 PCR 扩增,降低了扩增多个靶位点的可能性,扩增产物非常特异,增强了检测的敏感性和可靠性。

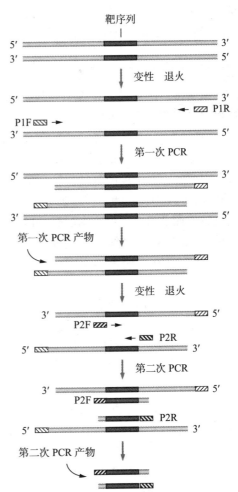

P1F/P1R：第一次PCR引物；P2F/P2R：第二次PCR引物

图 2-36　巢式 PCR 示意图

（9）锚定 PCR(Anchored PCR),又称为 cDNA 末端快速扩增 PCR(Rapid Amplification of cDNA Ends,简称 RACE)(参见 3.6.3 节),其基本原理是在基因未知序列端添加同聚物尾,人为赋予未知的基因末端序列信息,再以人工合成的与多聚尾互补的引物作为锚定引物,与

另一条基因特异性引物一起进行 PCR 扩增,从而获得未知的 cDNA 全长序列或低丰度
cDNA 文库的构建。

2.6.5　DNA 序列分析技术

　　DNA 的一级结构决定了基因的功能,欲想解释基因的生物学含义,首先必须知道其
DNA 顺序,因此 DNA 序列分析(DNA sequencing)是分子生物学研究中一项既重要又基础
的课题。目前用于测序的技术主要有 Sanger 于 1977 年发明的双脱氧链末端终止法和
Maxam、Gilbert 于 1977 年建立的 Maxam - Gilbert 化学降解法。这两种方法在原理上差异
很大,但都是根据核苷酸在某一固定的点开始,随机在某一个特定的碱基处终止,产生 A、T、
C、G 四组不同长度的一系列核苷酸,然后在变性聚丙烯酰胺凝胶上电泳进行检测,从而获得
DNA 序列,而 Sanger 测序法得到了广泛的应用。

　　1. DNA 的双脱氧末端终止测序法

　　末端终止测序法的本质是在 DNA 聚
合过程中通过酶促反应的特异性终止进行
测序,反应的终止依赖于特殊的反应底物
2′,3′-双脱氧核苷三磷酸(ddNTP),它们
与 DNA 聚合反应所需的底物 2′-脱氧核
苷三磷酸(dNTP)结构相同,唯独在其 3′
位是氢原子而非羟基。在 DNA 聚合酶存
在的情况下,ddNTP 同样能根据模板链的
要求,与新生链的 3′ 端游离羟基形成磷酸
二酯键。然而,一旦 ddNTP 掺入 DNA 的
新生链中,聚合反应即终止,因为 ddNTP
不能提供下一步聚合反应所需的 3′ 末端羟
基,而且新生 DNA 链终止的 3′ 末端就是
模板所要求的双脱氧核苷酸。整个测序过
程由图 2 - 37 表示。

　　待测 DNA 片段经克隆扩增后,重组分
子进行碱或热变性处理,同时选择一段与
待测 DNA 单链互补的引物,并标记上放射
性同位素。在四个反应管中分别加入待测
DNA 模板链、引物分子、四种 dNTP、DNA
聚合酶,另外还需在反应管中各加入一种
合适量的 ddNTP。聚合反应开始后,在 A
管中,由于 dATP 和 ddATP 的同时存在,
两者均可能在模板链出现 T 的时候掺入
DNA 新生链中。如果 dATP 掺入,则聚合
反应继续进行下去,直到碰到模板链上的

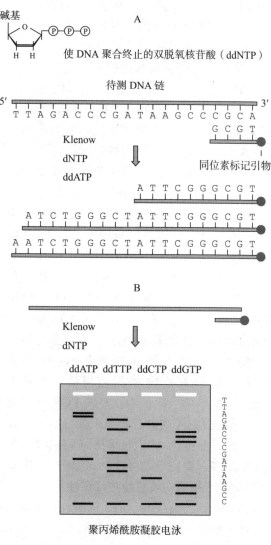

图 2 - 37　双脱氧末端终止法测序原理

下一个 T;如果 ddATP 掺入,则聚合反应立即终止。由于模板 DNA 分子的大量存在,因此可以肯定 DNA 模板链上任何出现 T 的地方,均存在着相应的新生链部分聚合反应产物,它们由一系列以 A 为末端的不同长度的 DNA 片段组成。同理,在分别含有 ddCTP、ddGTP、ddTTP 的反应管 C、G、T 中,也相应地合成了三套分别以 C、G、T 为末端的不同长度的 DNA 片段。最后将这些反应产物热变性,分别点样进行聚丙烯酰胺凝胶电泳,经放射自显影即可从 X 胶片上直接读出待测 DNA 片段的序列。在图 2-37 的例子中,自上而下的 DNA 阅读序列为 5'-AATCTGGGCTATTCGG-3',而待测 DNA 模板链的序列则是它的互补序列。

　　末端终止测序法的操作关键是 ddNTP 与 dNTP 投料比例,两者较为理想的分子比在 1:4~1:3 之间,过高或过低会使新生 DNA 链全终止在距离引物很近的核苷酸处或者在特定的核苷酸处不能终止,这是导致测序发生错误的直接原因,因此通常采用两条 DNA 单链分别测序的方法,可以最大限度地保证测序结果的可靠性。另外,在末端终止法中,新生 DNA 链聚合反应是从引物 3' 端定向进行的,因此待测 DNA 片段无需从载体上切下。从某种意义上来说,载体的存在不但不影响测序的结果,反而有利于测序的进行,因为在实际操作中,引物往往不是与待测 DNA 的 3' 端互补,而是与紧邻待测 DNA 片段的载体 DNA 左、右两个区域(即待测 DNA 片段的克隆位点两侧)互补,这样可以测定完整的 DNA 序列。与化学降解测序法相同,双脱氧末端终止测序法也需要单链 DNA,它可通过将待测 DNA 片段克隆入 M13 载体中获得,然而这种方法并不是必需的。克隆在普通质粒上的 DNA 片段经热变性后,虽然两条单链分子同时存在,但只需加入过量的引物,退火后仍可形成大量的 DNA 模板-引物互补结构,从而保证 DNA 聚合反应的顺利进行,从这一方面来说,它比化学降解测序法更为方便。

　　2. DNA 测序技术的发展

　　目前国际上常规的 DNA 测序大多采用 Sanger 发明的双脱氧末端终止法(第一代测序法),一个训练有素的 DNA 测序员最快一天只能测定 1kb 的 DNA 片段。为了将误测率降低至最小程度,每个 DNA 片段双向至少共需测四次,即 1kb DNA 片段的准确序列分析一人需花四天时间。人类基因组全长 3.5×10^9 bp,全部完成序列分析需要 1.4×10^7 人/天,也就是说,一万名研究者至少要用 5~6 年的时间才能完成一个人所含有的全部基因组测序,这还不包括花在基因组次级克隆中的人力和时间,而且测序前期工作所花费的时间通常比测序本身更多,因此建立 DNA 高速测序方法势在必行。目前正在使用的第二代测序技术整体优势在于高通量、耗资少,且不同原理的测序产品各有所长。

　　(1) DNA 全自动序列分析系统(ALF System)。该系统由 DNA 聚合反应终止试剂盒、凝胶电泳检测装置及序列分析处理工作站组成(图 2-38)。试剂盒中包括 Sanger 双脱氧末端终止测序法所必需的所有试剂,如用于 M13 或 pUC 载体克隆片段测序的荧光标记的统一引物、Klenow 酶或 Taq DNA 聚合酶等,DNA 聚合反应通常由人工操作。在凝胶电泳装置的下方装有一个激光放射孔,同一水平方向的另一侧为荧光检测孔,电泳开始后,当不同大小的新生 DNA 链先后抵达此处时,激光激发引物上的荧光基团发射出另一波长的荧光,检测孔根据它与荧光发射物之间的距离确定电泳条带所处的点样孔位置(同时也确定了 DNA 链末端的碱基性质),并将相应的荧光信号传输至工作站,由电脑转换为 A、T、C、G 序列数据后,进一步加以编辑处理。这种自动阅读系统具有较高的分辨率和灵敏度,从一块凝胶板上一次可以读出 600 个碱基序列,在提高测序速度的同时,也相应降低了工作强度。

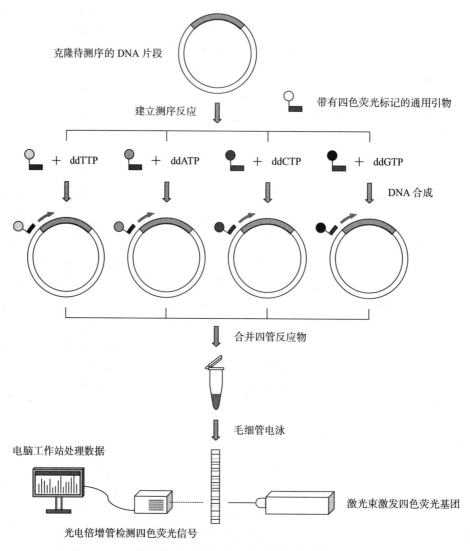

图 2 - 38　DNA 全自动序列分析系统

　　(2) 超薄水平凝胶电泳技术(Horiazontal Ultrathin Gel Electrophosis,简称 HUGE)。这种技术与常规的 DNA 测序凝胶电泳相比,有两个方面的改进:其一是超高压电场的使用,它可以大幅度地提高电泳速度,由原来的 10h 电泳时间降为 2h;其二是超薄凝胶的灌制,由原来的 800 μm 凝胶厚度下降到 10 μm,从而提高电泳条带的分辨率,使一次性阅读由原来的 500个碱基上升至 1 000 个碱基。虽然阅读速度只提高了 1 倍,但总的测序速度则至少提高 2 倍,因为这可大幅度减少次级克隆的工作量,同时也减少了待测 DNA 片段之间的重叠区域的重复测序。

　　(3) 焦磷酸释放测序法(454 测序法)。美国 454 生命科学公司的 Margulies 和 Egholm开发了一种全新的 454 测序技术,这种技术比 Sanger 测序程序要快 100 倍,在 1h 内可以破译6 000 000 个碱基。其技术流程如图 2 - 39 所示:先将待测 DNA 切割成片段,加上特定的带有生物素的共同接头,然后将 DNA 片段通过生物素吸附到细小的磁珠上;用乳胶状物质包裹这些吸附有 DNA 片段的磁珠,保证待测 DNA 在一个相对独立的乳胶微囊中进行 PCR,以获得足够量的待测 DNA 分子；扩增后洗去乳胶物质，使 DNA 变性；将带有单链 DNA 的珠子加入光学纤维玻片上，在 $1mm^2$ 的玻片上约有 480 个反应容量为 75pL 的孔，孔内事先加入更小的带有测序所需酶的颗粒；测序反应开始时，若 dATP 溶液流过玻片，而孔中待测 DNA 上正好有 T，就会有一个 dATP 掺入正在合成的 DNA 链上，这个聚合反应必定会释放一分子焦磷酸；焦磷酸在孔里被事先固定的酶分解，释放出光量子。从分别装有四种 dNTP 的瓶子来的溶液，不断地依次流过玻片，每个孔里就会因待测 DNA 的序列不同而掺入或不掺入 dNTP；来自不同孔内的光量子不断被 CCD 捕捉，信号经计算机分析，得到每条被测 DNA 的序列信息。

2.6.6　寡核苷酸合成技术

1. DNA 合成技术的发展

DNA 的化学合成研究始于 20 世纪 50 年代。1952 年阐明核酸大分子是由许多核苷酸通过 3′,5′-磷酸二酯键连接起来的这个基本结构以后，化学家们便立即开始尝试核酸的人工合成。英国剑桥大学 Todd 实验室于 1958 年首先合成了具有 3′,5′-磷酸二酯键结构的 TpT 和 pTpT，此后，Khorana 等对基因的人工合成做出了划时代的贡献，不仅创建了基因合成的磷酸二酯法，而且发展了一系列有关核苷酸的糖上羟基、碱基的氨基和磷酸基的保护基及缩合剂和合成产物的分离、纯化方法。到目前为止，使用的 DNA 合成方法有磷酸三酯法、亚磷酸酯法及亚磷酸酰胺法。此后又发展了固相化技术，实现了 DNA 合成的自动化。

由于合成技术的迅速发展，具有特定顺序的核酸合成取得了丰硕的成果。1972 年 Khorana 等合成了酵母丙氨酸 tRNA 结构基因的 DNA 双链，1979 年完成了包括启动和调节顺序在内的共有 207 个碱基对的大肠杆菌酪氨酸校正 tRNA 基因。一系列蛋白和多基因，如胰岛素、生长激素、α-干扰素和 β-干扰素、胸腺素

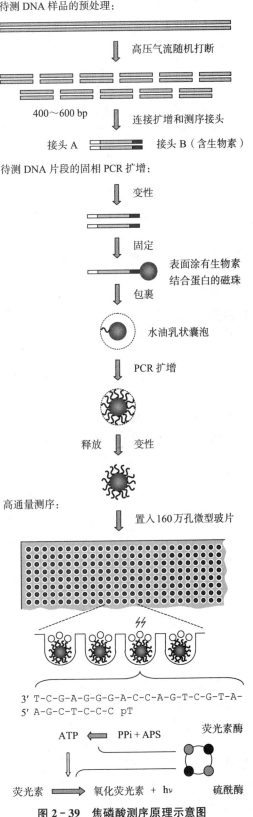

图 2-39　焦磷酸测序原理示意图

和脑啡肽等相继合成并得到表达。我国科学工作者于 1981 年完成了酵母丙氨酸 tRNA 的全合成，这是世界上第一个人工合成的具有全部生物活性的 RNA 分子。DNA 的人工合成正在分子生物学和医学等许多领域中发挥越来越多的作用。

2. 寡聚核苷酸单链的化学合成

早期的寡聚核苷酸单链的合成均在液相中进行，由于每聚合一个核苷酸都必须将产物从反应混合物分离出来，整个操作既耗时，效率又低。在缩合反应进行前，单体核苷酸腺嘌呤、鸟嘌呤和胞嘧啶碱基上的氨基必须分别用苯甲酰基、异丁醛基和苯甲酰基团加以保护，以防止在核苷酸缩合反应过程中发生不必要的副反应，而胸腺嘧啶无需处理，因为它不含有氨基活性基团。DNA 固相合成法是将第一个核苷酸固定在固体颗粒上，这样新合成的寡聚核苷酸链产物即以固相形成存在于反应系统中。每一步化学反应中所加入的试剂均能快速简便地洗去，同时反应试剂可以大大过量，以保证每步反应几乎完全进行。DNA 固相合成技术的建立大大简化了产物的分离程序，并使得 DNA 合成的连续化、自动化成为可能，目前的 DNA 全自动合成仪大都采用磷酸亚酰胺固相合成的工作原理。

寡聚核苷酸化学合成的整个流程如图 2-40 所示。用于固定合成产物的物质为一种孔径可控的玻璃珠（CPG），其表面接有一段长臂。寡聚核苷酸的第一个单体以核苷酸的形式通过其 3′ 位的羟基与长臂末端的羧基进行酯化反应，共价交联在玻璃珠上，单核苷酸的 5′ 位羟基则用二对氧三苯甲基（DMT）保护，以确保核苷在交联反应中的位点特异性。与生物体内 DNA 酶促聚合反应不同的是，固相磷酸亚酰胺化学合成法使用 3′-亚磷酸核苷作为链增长的单体，其 5′ 位羟基以 DMT 基团保护，而 3′ 位亚磷酸则分别为甲基和二异丙基氨基基团修饰，形成磷酸亚酰胺酯核苷酸（图 2-41）。

第一个核苷酸连在 CPG 上后，循环反应开始进行：首先装有 CPG 的反应柱用无水试剂（如乙腈）彻底清洗，除去水分以及可能存在的亲核试剂，然后用三氯乙酸（TCA）除去第一个核苷 5′ 位上的 DMT 保护基（脱三苯甲基化反应），产生具有反应活性的 5′ 游离羟基；反应柱再用乙腈清洗，除去 TCA，并用氩气赶掉乙腈；第二个核苷以其磷酸亚酰胺酯的形式在四唑化合物的存在下，与第一个核苷游离的 5′ 羟基发生缩合反应，形成亚磷酸三酯二核苷酸，此处四唑化合物的作用是激活磷酸亚酰胺酯键，未反应的磷酸亚酰胺酯核苷和四唑化合物用氩气鼓泡去除。由于并非所有固定在玻璃珠上的第一个核苷均能在第一次缩合反应中接上第二个核苷衍生物，因此它极有可能在第三轮反应中参与和第三个核苷衍生物的缩合，导致最终产物链长和序列的不均一性。为了克服这一困难，固定在玻璃珠上的反应产物必须用乙酸酐和二甲氨基吡啶封闭未反应的 5′ 位羟基，即使其乙酰化。在上述缩合反应中，两个核苷以亚磷酸三酯键连接在一起，这种结构不稳定，在酸碱的作用下极易断裂，因此需要用碘将之氧化成磷酸酯结构，至此完成了聚合一个核苷的全部反应。经过 n 个循环后，新合成的寡聚核苷酸链上共有 $n+1$ 个碱基，每个磷酸三酯均含有一个甲基基团，每个鸟嘌呤、腺嘌呤和胞嘧啶都携带相应的氨基保护基团，而最后一个核苷的 5′ 末端则为 DMT 封闭。

最终产物的获得需经下列四步反应：①化学处理反应柱，除去磷酸三酯结构中的甲基，并将其转化为 3′，5′-磷酸二酯键；②用苯硫酚脱去 5′ 末端上的 DMT，并用浓氢氧化铵溶液将寡聚核苷酸链从固相长臂上切下，洗脱收集样品；③再用浓氢氧化铵溶液在加热条件下去除所有碱基上的各种保护基团，真空抽去氢氧化铵；④由于每步合成反应不可以都是完全达到终点，所获得的产物片段长短不一，因此需用高压液相色谱进行分离，相对分子质量最大的即为所需产物。

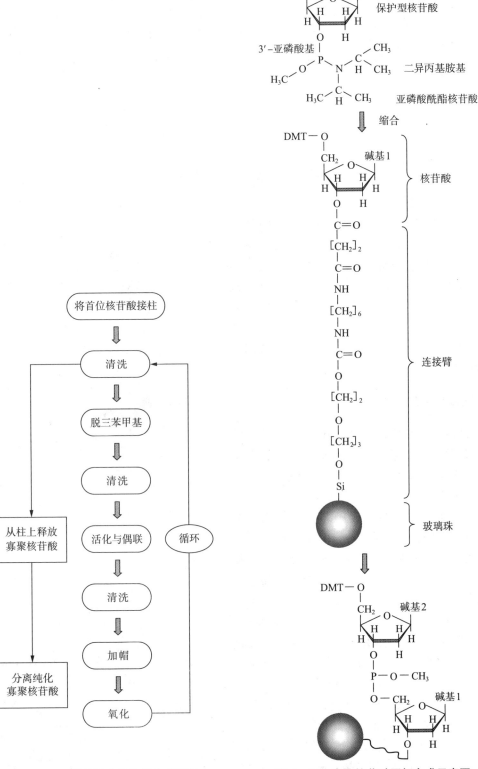

图 2-40　寡聚核苷酸化学合成流程　　　　图 2-41　寡聚核苷酸固相合成示意图

最终产物的总收率与每次缩合反应的效率以及产物的长度密切相关。如果每步缩合反应的效率为99％,则由20种单体组成的寡聚核苷酸的最终收率为82％(即$0.99^{19} \times 100\%$),60聚体的最终收率为55％,而一次合成999个碱基组成的单链DNA的最终效率仅为0.004％。目前DNA自动合成仪的一次缩合反应效率均高达98％以上,因此为了便于最终产物的分离纯化,在满足实验要求的前提下,单链寡聚核苷酸应设计得尽可能短,这是DNA合成的一个重要原则。

2.6.7　基因定点突变技术

基因定点突变是指按照设计的要求,使基因的特定序列发生插入、删除、置换和重排等变异。利用这项技术首先可对某些天然蛋白质进行定位改造;其次还可以确定多肽链中某个氨基酸残基在蛋白质结构及功能上的作用,以收集有关氨基酸残基线性序列与其空间构象及生物活性之间的对应关系,为设计制作新型的突变蛋白提供理论依据;最后通过对调控区进行定点突变可以研究基因结构与功能之间的关系。一般而言,含有单一或少数几个突变位点的基因定向突变可选用下列三种方法。

1. 引物定点引入法

引物定点引入法实质上是一种寡聚核苷酸介导的定点诱变方法,它能在克隆基因内直接产生各种点突变和区域突变,其工作原理如图2-42所示。首先,将待突变的目的基因克隆在M13-RF DNA载体上,转化大肠杆菌,挑选重组噬菌斑,从中分离出重组DNA正链;人工合成与待突变区域互补的寡聚核苷酸引物,并在此过程中设计引入突变碱基。然后,在较温和条件下与重组DNA正链退火,经DNA体外复制和连接后,双链分子重新转化大肠杆菌;以上述合成的寡聚核苷酸片段为探针,在严格条件下(如将杂交温度提高5～10℃)杂交筛选含有突变碱基的噬菌斑,从中分离纯化出RF DNA双链分子进行克隆表达。相似地,若要在DNA特定位点上插入或缺失一段,也可设计合成特殊结构的寡聚核苷酸引物(图2-43),并将之引入待突变区域。但须注意的是欲插入或缺失的DNA片段应小于引物本身的长度,否则退火操作相当困难。

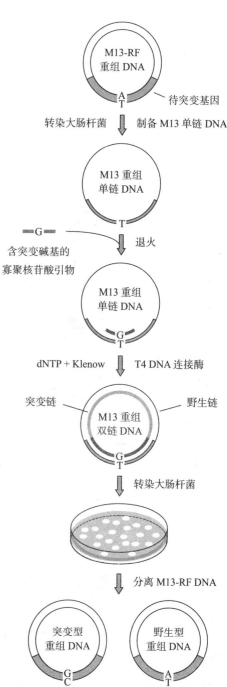

图2-42　寡核苷酸介导的定点突变程序

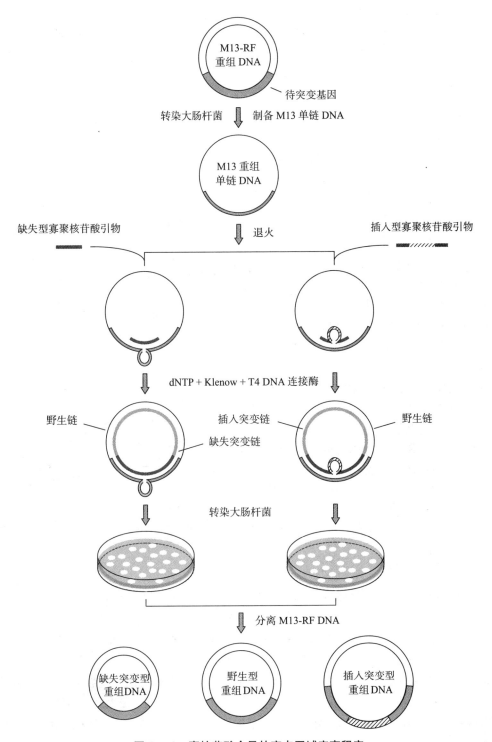

图 2 - 43　寡核苷酸介导的定点区域突变程序

　　寡聚核苷酸介导的定点诱变方法常产生突变效率低的现象,其主要原因是大肠杆菌中存在甲基介导的碱基错配修复系统所致。针对这一问题,近些年相关人员又对该法进行了改进和完善,包括以下几方面:①采用甲基修复酶缺乏的菌株作为受体菌,大大降低了突变修复频率;②采用改进后的质粒,省去了制备单链模板的烦琐步骤,节省时间;③增加了多个抗生素筛选标记和相对应的多对敲除/修复引物,这样在该质粒上可以连续进行不止一次的突变反应,使得定点突变更加快速、简便。

2. PCR 扩增突变法

采用上述几种定点诱变的方法所得到突变子的比率往往很低,排除野生型基因的筛选方法既费时又欠可靠。PCR 技术的发展为基因的体外定点诱变开辟了一条新途径,并衍生出多种操作程序,其中最基本的操作程序如图 2-44 所示。

依照待突变位点旁侧序列设计一对含突变碱基的局部引物 P1 和 P2,同时设计合成突变基因(或片段)两端的全匹配引物 P3 和 P4。由 P1 和 P2 引物介导的 PCR 反应将产生缩短了的含突变碱基的扩增产物,而 P3 和 P4 引物的存在又引导其合成各自的互补链。这两组缩短突变型的双链片段在随后的退火过程中,可形成交叉互补结构,并实现两端延伸,最终合成出突变型的全长基因或片段。值得注意的是,由于 P3 和 P4 全匹配引物的存在,基于上述程序合成的 DNA 分子中含有高比例的非突变型基因或片段。然而,P1/P2 与 P3/P4 两对引物的浓度比不同,PCR 扩增产物的产量以及突变型与非突变型扩增产物的比率也会不同。一般而言,高浓度的 P1/P2 倾向于突变型扩增产物的富集;而高浓度的 P3/P4 则有利于扩增产物总产量的提高。

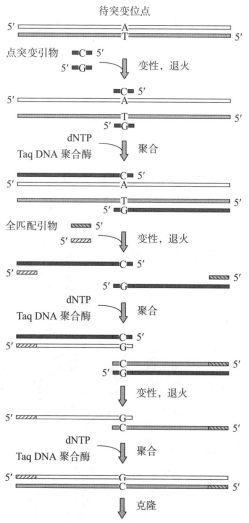

图 2-44　PCR 扩增突变法操作程序

3. 部分片段合成法

如果在待突变的位点两侧含有合适的限制性内切酶识别序列,尤其当多个待突变位点集中分布在该区域时,可考虑直接化学合成这一片段,在此过程中将欲突变的碱基设计进去,然后以此人工合成的寡聚核苷酸片段置换重组质粒上对应的待突变区域,即可完成基因的定点突变(图 2-45)。部分片段合成法特别适用于系统改变功能蛋白的氨基酸序列,并在体内观察突变位点对蛋白质生物功能的影响,从而确立突变前这些氨基酸残基对蛋白质结构和功能的贡献。例如,在大肠杆菌噬菌体 433 和 P22 阻遏蛋白分子中,α-螺旋-转角-α-螺旋结构域与操作子 DNA 的结合特性就是用上述方法研究的。

此外,如果上述用于置换的 DNA 片段来自另一种蛋白质的功能编码区,便可依照同样的程序获得集多种异源功能于一体的融合蛋白(或嵌合蛋白);如果以人工合成的多种寡聚核苷酸随机序列(序列可达 $10^4 \sim 10^6$ 种)作为置换片段,则可创建出在局部区域或位点高度离散的突变文库,再辅以适当的高通量筛选方案,最终获得结构和功能达到理想要求的蛋白变体,这种方法称为盒式突变技术(cassette mutagenesis)。

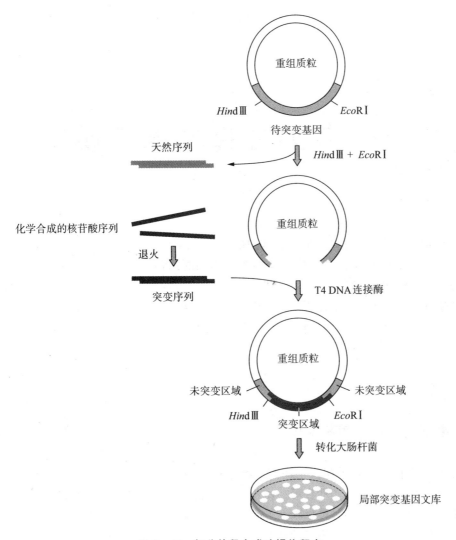

图 2 - 45　部分片段合成法操作程序

第**3**章 基因工程的单元操作

DNA重组克隆的主题思想是外源基因的分离(克隆)、扩增和表达。从供体细胞的染色体DNA中克隆并扩增特定的基因,可揭示其生物功能;将其导入合适的受体细胞中,可高效表达其编码产物或修饰改造生物细胞的遗传特征。上述不同的目的往往对应着不同的操作程序和方法技术,然而就整个流程而言,DNA重组克隆一般包括切、接、转、增、检五大单元操作。而为完成整个基因工程的操作需要具备一些基本条件,包括用于核酸操作的工具酶、用于基因克隆的载体和用于基因转移的受体细胞。

3.1 工具酶

3.1.1 限制性核酸内切酶

限制性核酸内切酶几乎存在于任何一种原核细菌中,它能在特异位点上催化双链DNA分子的断裂,产生相应的限制性片段。由于不同生物来源的DNA具有不同的酶切位点以及不同的位点排列顺序,因此各种生物的DNA均呈现特征性的限制性酶切图谱,这种特性在生物分类、基因定位、疾病诊断、刑事侦查甚至基因重组领域中起着极为重要的作用,因此限制性核酸内切酶被誉为"分子手术刀"。

1. 限制性核酸内切酶的发现

早在20世纪50年代初,两个研究小组差不多同时发现,两种不同来源的λ噬菌体(λ_K和λ_B)能高频感染它们各自的大肠杆菌宿主细胞(K株和B株),但当它们分别与其他宿主菌交叉混合培养时,则感染频率普遍下降数千倍。一旦λ_K噬菌体在B株中感染成功,由B株繁殖出的λ_K后代在第二轮接种中便能像λ_B一样高频感染B株,但却不再有效地感染它原来的宿主K株。这种现象称为宿主细胞的限制和修饰作用,广泛存在于原核细菌中。

十年后,人们搞清了细菌限制和修饰作用的分子机制。大肠杆菌K株和B株都含有各自不同的限制/修饰系统,它们均由三个连续的基因位点控制,其中 *hsdR* 编码限制性核酸内切酶,它能识别DNA分子上的特定位点并将双链DNA切断;*hsdM* 的编码产物是DNA甲基化酶,催化DNA分子特定位点上的碱基甲基化反应;而 *hsdS* 表达产物的功能则是协助上述两种酶识别特殊的作用位点。λ_K和λ_B长期寄生在大肠杆菌的K株和B株中,宿主细胞内甲基化酶已将其染色体 DNA 和噬菌体 DNA 特异性保护,封闭了自身所产生的限制性核酸内切酶的识别位点。当外来 DNA 入侵时,便遭到宿主限制性内切酶的特异性降解,由于这种降解作用的不完全性,总有极少数入侵的 DNA 分子幸免于难,它们得以在宿主细胞内复制,并在复制过程中被宿主的甲基化酶修饰。此后,入侵噬菌体的子代便能高频感染同一宿主菌,但丧失了在其原来宿主细胞中的存活力,因此它们在接受了新宿主菌甲基化修饰的同时,也丧失了原宿主菌甲基化修饰的标记。大肠杆菌 C 株不能产生限制性内切酶,因而其他来源的 λ 噬菌体可以感染 C 株,而在 C 株中繁殖的 λ 噬菌体则在 K 株和 B 株中受到严格的限制作用,细菌正是利用限制修饰系统来区分自身 DNA 与外源 DNA 的。

目前,在细菌中已发现了上千种限制性核酸内切酶,根据其性质不同可分为三大类。其中 Ⅱ 类限制性核酸内切酶与其所对应的甲基化酶是分离的,不属同一酶分子(即反式酶活),而且由于这类酶的识别切割位点比较专一,因此广泛用于 DNA 重组。Ⅰ 类和 Ⅲ 类酶严格地说应该称为限制/修饰酶,因为它们的限制性核酸内切活性及甲基化活性都作为亚基的功能单位包含在同一酶分子中(即顺式酶活)。三类限制性核酸内切酶的详细特征见表 3 - 1。

表 3 - 1　原核细菌中的修饰限制系统

比较点	Ⅰ 类酶	Ⅱ 类酶	Ⅲ 类酶
酶分子	三亚基双功能酶	内切酶和甲基化酶不在一起	三亚基双功能酶
识别位点	二分非对称序列	4～6bp 短序列大多数为回文结构	5～7bp 非对称序列
切割位点	距离识别位点至少 1 000bp,无特异性	在识别位点中或靠近识别位点	在识别位点下游 24～26bp 处
限制反应与甲基化反应	互斥	分开的反应	同时竞争
限制作用是否需要 ATP	需要	不需要	需要

2. Ⅱ 类限制性核酸内切酶的基本特征

Ⅱ 类限制性核酸内切酶是 Smith 等于 1968 年在流感嗜血杆菌 d 型(*Haemophilus influenzae* d)菌株中发现的。该类酶是一种相对分子质量较小的单体蛋白,其双链 DNA 的识别与切割活性仅需要 Mg^{2+},且识别与切割位点的序列大都具有严格的特异性,因而在 DNA 重组及分子生物学实验中被广泛使用。

(1)Ⅱ 类限制性核酸内切酶的命名

目前已分离并鉴定出 800 余种 Ⅱ 类限制性核酸内切酶,商品化的约有 300 种,其中在 DNA 重组实验中常用的有 20 多种。这些酶的统一命名由酶来源的生物体名称缩写构成,具体规则是:以生物体署名的第一个大写字母和种名的前两个小写字母构成酶的基本名称,如果酶存在于一种特殊的菌株中,则将株名的一个字母加在基本名称之后,若酶的编码基因位于噬菌体(病毒)或质粒上,则还需用一个大写字母表示这些非染色体的遗传因子。酶名称的最后部分为罗马数字,表示在该生物体中发现此酶的先后次序,如 *Hind* Ⅲ 则是在 *Haemophilus influenzae* d 株中发现的第三个酶,而 *Eco* R Ⅰ 则表示其基因位于 *Escherichia coli* 中的抗药性 R 质粒上。

(2)Ⅱ 类限制性核酸内切酶的识别序列

多数 Ⅱ 类酶的识别序列为四、五或六对碱基,而且具有 180° 旋转对称的回文结构。例如,*Eco* R Ⅰ 的识别序列为

$$5' - GAATTC - 3'$$
$$3' - CTTAAG - 5'$$

对称轴位于第三和第四位碱基之间,对于由五对碱基组成的识别序列而言,其对称轴为中间的一对碱基。一部分Ⅱ类酶的识别序列中某一或某两位碱基并非严格专一,但都在两种碱基中具有可替代性,这种不专一性并不影响内切酶和甲基化酶的作用位点,只是增加了 DNA 分子上的酶识别与作用频率。

按照概率计算,四、五或六碱基对的识别序列在 DNA 上出现的频率分别为 $1/256(4^{-4})$、$1/1\,026(4^{-5})$ 和 $1/4\,096(4^{-6})$,若以 100 种不同的识别序列计算(四、五、六碱基对序列的酶各为 20、30、50 种),则 DNA 链上出现一个Ⅱ类酶识别位点的概率为 1/9,即任何一个 DNA 分子上平均每九对碱基中就会出现一个Ⅱ类酶切口。实际上,由于不同生物的 DNA 碱基含量不同,因此酶识别位点的分布及频率也不同。梭菌属基因组中含有绝对优势的 A 和 T,所以那些富含 AT 的识别序列(如 *Dra* Ⅰ,TTTAAA;*Ssp* Ⅰ,AATATT)较为频繁地出现;而链霉菌基因组因其 GC 含量高达 70%～80%,故富含 GC 碱基对的识别序列(如 *Sma* Ⅰ,CCCGGG;*Sst* Ⅱ,CCGCGG)较为常见。

(3) Ⅱ类限制性核酸内切酶的切割方式

绝大多数的Ⅱ类酶均在其识别位点内切割 DNA,切割位点可发生在识别序列的任何两个碱基之间。一部分酶识别相同的序列,但切点不同,这些酶称为同位酶(isoschizomers),其中识别位点与切割位点均相同的不同来源的酶称为同裂酶,如 *Sst* Ⅰ 与 *Sac* Ⅰ、*Hind* Ⅲ 与 *Hsu* Ⅰ 等。有些酶识别位点不同,但切出的 DNA 片段具有相同的末端序列,这些酶称为同尾酶(isocandamers)。还有极少数酶的 DNA 切割活性依赖于识别序列内部碱基的甲基化作用。表 3-2 列出了常用的 4 bp 和 6 bp 识别位点的Ⅱ类限制性核酸内切酶,每个小格中的酶互为同裂酶,每一大格垂直方向的五个小格中的酶互为同位酶(如 *Xma* Ⅰ、*Sma* Ⅰ、*Ava* Ⅰ),同一竖行中处于各大方格中相应位置上的酶则构成一组同尾酶(如 *Mbo* Ⅰ、*Bgl* Ⅱ、*Bcl* Ⅰ、*Bam* H Ⅰ)。

根据被切开的 DNA 末端性质的不同(不考虑碱基序列),所有的Ⅱ类酶又可分为 5′突出末端酶、3′突出末端酶、平头末端酶三大类(图 3-1)。除后者外,任何一种Ⅱ类酶产生的两个突出末端在足够低的温度下均可退火互补,因此这种末端称为黏性末端(cohesive ends),这是 DNA 分子重组的基础。

3. 甲基化酶的基本特征

许多Ⅱ类限制性核酸内切酶都有相应的甲基化酶伙伴,甲基化酶的识别位点与限制性内切酶相同,并在识别序列内使某位碱基甲基化,从而封闭该酶切口。这类甲基化酶的命名常在相对应的限制性内切酶名字前面冠以"M",例如,*Eco*R Ⅰ 的甲基化酶 M.*Eco*R Ⅰ 催化 SAM 上的甲基团转移到 *Eco*R Ⅰ 识别序列中的第三位腺嘌呤上,经过 M.*Eco*R Ⅰ 处理的 DNA 分子便不再为 *Eco*R Ⅰ 所降解。有时一种甲基化酶在封闭一个限制性内切酶切口的同时,却产生出另一种酶的切口,如两个串联的 *Taq* Ⅰ 识别位点经 M.*Taq* Ⅰ 甲基化封闭后,出现了一个依赖于甲基化的限制性核酸内切酶 *Dpn* Ⅰ 的切割位点(图 3-2)。

大肠杆菌细胞内存在着两种 DNA 甲基化酶,即 DNA 腺嘌呤甲基化酶 Dam(DNA adenine methylase)和 DNA 胞嘧啶甲基化酶 Dcm(DNA cytosine methylase),这两类酶本身没有限制性内切酶活性。Dam 酶可在 5′ GATC 3′ 序列中腺嘌呤 N^6 位置上引入甲基团,而

表 3－2　常用的 Ⅱ 类限制性核酸内切酶的识别位点和切点

切点	AATT	ACGT	AGCT	ATAT	CATG	CCGG	CGCG	CTAG	GATC	GCGC	GGCC	GTAC	TATA	TCGA	TGCA	TTAA
▼□□□□									Mbo I							
□▼□□□		Mae II				Hpa II		Mae I		HinP I				Taq I		Mse I
□□▼□□			Alu I				BstU I		Dpn I		Hae III	Rsa I				
□□□▼□										Hha I						
□□□□▼					Nla III											
A▼□□□□T			Hind III		Afl III		Mlu I / Afl III	Spe I	Bgl II / BstY I							
A□▼□□□T														Cla I		Ase I
A□□▼□□T				Ssp I						Eco47III	Stu I	Sca I				
A□□□▼□T															Nsi I	
A□□□□▼T					Nsp7524I					Hae II						
C▼□□□□G					Nco I / Sty I	Xma I / Ava I		Avr II / Sty I			Eag I / Eae I			Xho I / Ava I		Afl II
C□▼□□□G				Nde I												
C□□▼□□G			Pvu II / NspB II			Sma I	NspB II									
C□□□▼□G							Sac II		Pvu I							
C□□□□▼G															Pst I	
G▼□□□□C	EcoR I						Bssh II	Nhe I	BamH I / BstY I	Ban I		Asp718 / Ban I		Sal I	ApaL I	
G□▼□□□C		Aha II								Nar I / Aha II			Acc I	Acc I		
G□□▼□□C				EcoR V		Nae I							Xca I	Hinc II		Hpa I / Hinc II
G□□□▼□C																
G□□□□▼C		Aat II	Sac I / Ban II		Sph I / Nsp7524I					Bbe I / Hae II	Apa I / Ban II	Kpn I			Bsp1286 / HgiA I	
T▼□□□□A		Sma B I			BspH I	BspM II		Xba I	Bcl I							
T□▼□□□A																
T□□▼□□A							Nru I			Fsp I	Bal I					Dra I
T□□□▼□A																
T□□□□▼A																

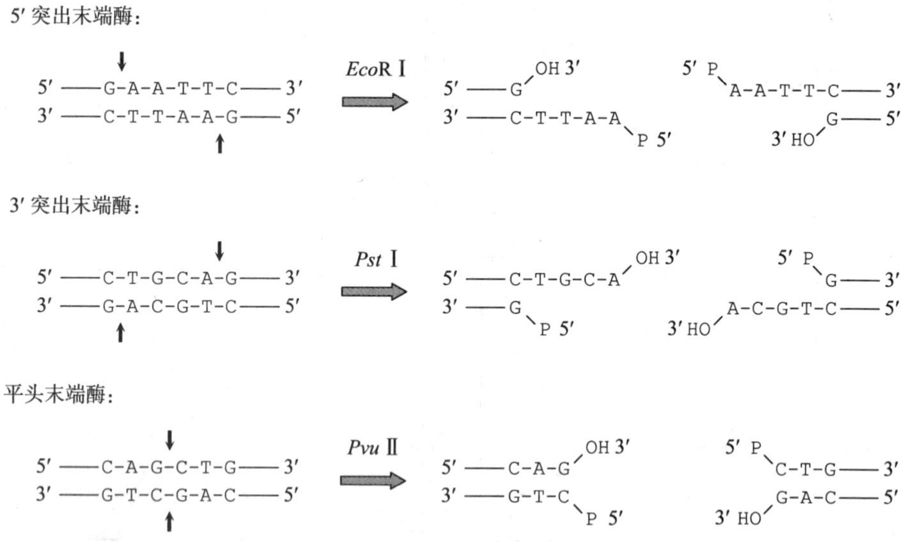

5′ 突出末端酶：

5′ ——G-A-A-T-T-C——3′   *EcoR* I   5′——G   OH 3′   5′ P   A-A-T-T-C——3′
3′ ——C-T-T-A-A-G——5′   3′——C-T-T-A-A ₚ 5′   3′ HO G——5′

3′ 突出末端酶：

5′ ——C-T-G-C-A-G——3′   *Pst* I   5′——C-T-G-C-A OH 3′   5′ P G——3′
3′ ——G-A-C-G-T-C——5′   3′——G ₚ 5′   3′ HO A-C-G-T-C——5′

平头末端酶：

5′ ——C-A-G-C-T-G——3′   *Pvu* II   5′——C-A-G OH 3′   5′ P C-T-G——3′
3′ ——G-T-C-G-A-C——5′   3′——G-T-C ₚ 5′   3′ HO G-A-C——5′

图 3-1　DNA 经限制性内切酶作用后的三种断口

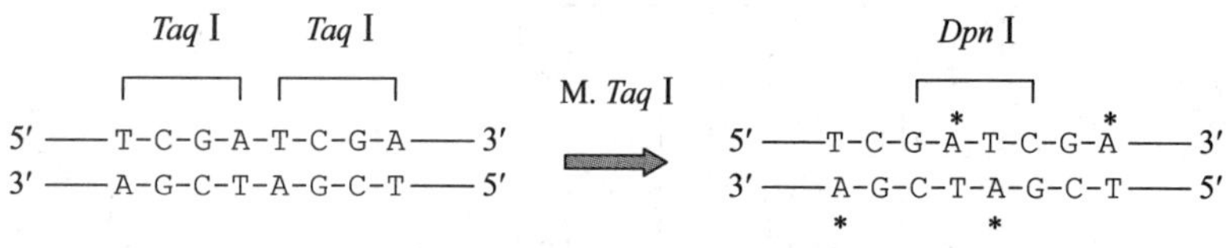

Taq I　*Taq* I   *Dpn* I

5′ —T-C-G-A-T-C-G-A—3′   M. *Taq* I   5′—T-C-G-A*-T-C-G-A*—3′
3′ —A-G-C-T-A-G-C-T—5′   3′—A-G-C-T-A-G-C-T—5′

图 3-2　甲基化依赖型限制性核酸内切酶 *Dpn* I 位点

Dcm 酶则在序列 5′ CCAGG 3′ 或 5′ CCTGG 3′ 中的胞嘧啶 C^5 位置上甲基化，使得从大肠杆菌细胞中提取的 DNA（包括染色体 DNA 和质粒 DNA）不能被某些限制性内切酶切开，对上述两种甲基化酶的修饰作用敏感的限制性内切酶列在表 3-3 中。值得注意的是，有些限制性内切酶的识别序列本身不含有完整的 Dam 或 Dcm 甲基化酶识别序列，但在其左、右两侧的核苷酸也许构成了完整的甲基化酶识别序列，如 *Cla* I 的识别序列为 5′ ATCGAT 3′，当其 5′ 端外侧含有 G，或 3′ 端外侧含有 C，或两者同时出现时，便成为 Dam 甲基化酶的修饰靶子，而真正的甲基化位点却在 *Cla* I 的识别位点内。Dam 酶的这种甲基化修饰作用反而增加

表 3-3　大肠杆菌甲基化修饰系统的影响序列

Dam 敏感酶	序　列	Dcm 敏感酶	序　列
Bcl I	TGATCA	*Ava* II	GG$_A^T$CC$_T^A$GG
Cla I	GATCGATC	*EcoR* II	CCAGG
Hph I	GGTGATC	*Sau*96 I	GGNCC$_T^A$GG
Mbo I	GATC	*Stu* I	AGGCCTGG
Mbo II	GAAGATC		
Nru I	GATCGCGA		
Taq I	GATCGA		
Xba I	TCTAGATC		

了 *Cla* I 酶的切割位点特异性，其有效的识别切割序列不再是 5′ NATCGATN 3′，而是 5′(C/T/A)ATCGAT(T/A/G)3′。有些限制性内切酶的活性对 Dam 和 Dcm 的甲基化修饰并不敏感，例如 *Bam* H I、*Bgl* II、*Sau*3A I、*Pvu* II、*Bcl* I、*Mbo* I 等酶的识别位点均含有 5′ GATC 3′序列，但前四个酶的 DNA 切割活性并不为腺嘌呤的甲基化作用所限制，这可能与限制性内切酶本身的空间结构及 DNA 切割的机制不同有关。

3.1.2　T4 DNA 连接酶

DNA 连接酶广泛存在于各种生物体内，其催化的基本反应形式是将 DNA 双链上相邻的 3′羟基和 5′磷酸基团共价结合形成 3′，5′-磷酸二酯键，使原来断开的 DNA 缺口重新连接起来，因此它在 DNA 复制、修复以及体内体外重组过程中起着重要作用。大肠杆菌的 DNA 连接酶在催化连接反应时，需要烟酰胺腺嘌呤二核苷酸（NAD$^+$）作为辅助因子，NAD$^+$ 与酶形成酶-AMP 复合物，同时释放出烟酰胺单核苷酸 NMN。活化后的酶复合物结合在 DNA 的缺口处，修复磷酸二酯键，并释放 AMP。T4 噬菌体的 DNA 连接酶则以 ATP 作为辅助因子，它在与酶形成复合物的同时释放出焦磷酸基团，整个过程见图 3-3。

T4 DNA 连接酶由 T4 噬菌体基因编码，相对分子质量约为 6×10^4。目前商品化的 T4 DNA 连接酶均由大肠杆菌基因工程菌生产，这种工程菌的染色体 DNA 中整合了一个含有噬菌体 DNA 连接酶基因的 λDNA 片段。当培养温度上升至 42℃时，处于溶原状态的重组大肠杆菌大量合成 T4 DNA 连接酶，从而大大简化了纯化过程。T4 DNA 连接酶与大肠杆菌连接酶相比具有更广泛的底物适应性，它包括：①修复双链 DNA 上的单链缺口（与大肠杆菌 DNA 连接酶相同），这是两种 DNA 连接酶的基本活性；②连接 RNA-DNA 杂交双链上的 DNA 链缺口或 RNA 链缺口，后者反应速度较慢；③连接完全断开的两个平头双链 DNA 分子，由于这个反应属于分子间连接，反应速度的提高依赖于两个 DNA 分子与酶分子三者的随机碰撞，因此在正常连接反应条件下速度缓慢，但若在反应系统中加入适量的一价阳离子（如 150～200 mmol/L 的 NaCl）和低浓度的 PEG，或者适当提高酶量及底物浓度均可明显改善平头 DNA 分子的连接。T4 DNA 连接酶的各种催化反应活性总结在图 3-4 中。

3.1.3　DNA 聚合酶

DNA 聚合酶是细胞催化 DNA 合成的重要用酶。大肠杆菌中发现了三种 DNA 聚合酶，分别为 DNA 聚合酶 I、II 和III，真核细胞中有五种 DNA 聚合酶，分别为 DNA 聚合酶 α、β、γ、δ 和 ε。

1. 大肠杆菌 DNA 聚合酶 I

大肠杆菌 DNA 聚合酶 I 是 1956 年由 Arthur Kornberg 首先发现的 DNA 聚合酶，又称 Kornber 酶。此酶研究得清楚且代表了其他 DNA 聚合酶的基本特点。

大肠杆菌 DNA 聚合酶 I 由一条多肽链组成，相对分子质量为 1.02×10^5，其具有如下活性：①5′→3′的 DNA 聚合活性，使 DNA 链在模板的指导下延伸；②3′→5′的核酸酶外切活性，其主要功能是识别并切除错配的碱基，通过这种校正作用保证 DNA 复制的准确性；③5′→3′的核酸酶外切活性，这一功能具有三个特征：首先，待切除的核酸分子必须具有 5′端游离的磷

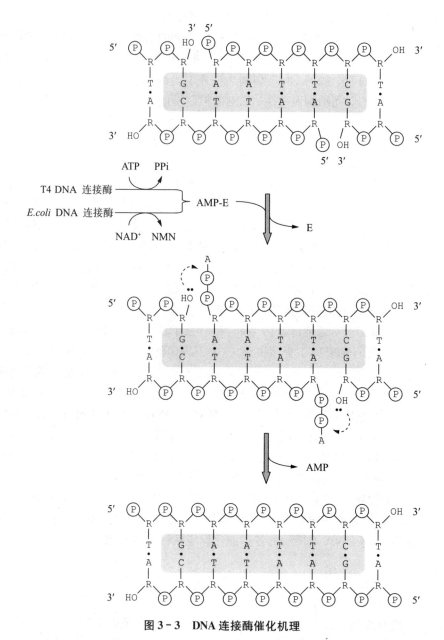

图 3 - 3　DNA 连接酶催化机理

酸基团;其次,核苷酸在被切除之前必须是已经配对的;最后,被切除的核苷酸既可以是脱氧的,也可以为非脱氧的,图 3 - 5 表示这种 5′→3′ 外切酶活性的若干底物和产物类型。

2. Klenow 酶

　　Klenow 酶实际上是大肠杆菌 DNA 聚合酶 I N 端的大片段,首先由 Klenow 通过枯草杆菌蛋白酶位点特异性降解的方法从 DNA 聚合酶 I 中制备的,故得此名。目前已将 DNA 聚合酶基因内的相应编码序列克隆表达,并由重组大肠杆菌廉价生产。

　　DNA 聚合酶 I 三种活性的催化中心在酶分子的多肽链上呈线形分布,作为该酶 N 端大片段的 Klenow 酶保留了其 5′→3′ 的聚合活性和 3′→5′ 的外切校正功能,删除了相应的

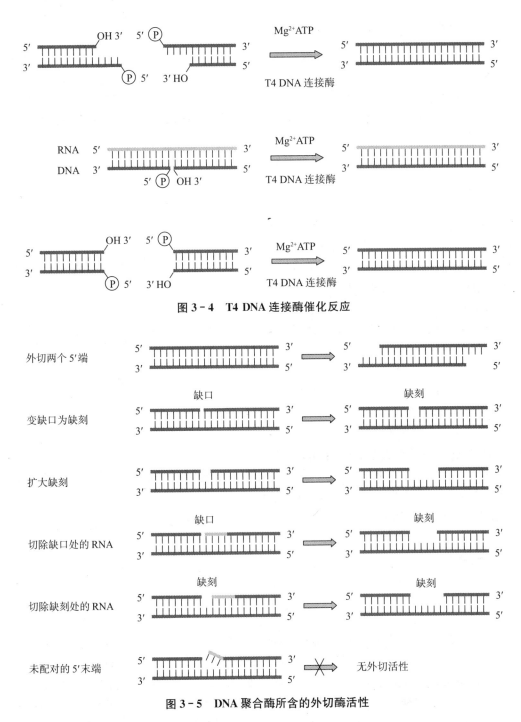

图 3 - 4　T4 DNA 连接酶催化反应

图 3 - 5　DNA 聚合酶所含的外切酶活性

5′→3′ 的外切活性及核酸内切酶活性。Klenow 酶在分子克隆中的主要用途是：①修复由限制性核酸内切酶造成的 3′ 凹端，使之成为平头末端；②以含有同位素的脱氧核苷酸为底物，对 DNA 片段进行标记；③用于催化 cDNA 第二链的合成；④用于双脱氧末端终止法测定 DNA 的序列。

3. T4 DNA 聚合酶

T4 DNA 聚合酶具有 5′→3′ 的 DNA 聚合活性和极强的 3′→5′ 核酸外切活性,后者对单链 DNA 的作用远大于双链 DNA。5′→3′ 合成 DNA 与 3′→5′ 降解 DNA 是一对方向相反的可逆反应,在无 dNTP 存在时,该酶可以从任何 3′－OH 端外切,在只有一种 dNTP 时,外切至互补核苷酸暴露时停止,而在高浓度的 dNTP 存在时,模板中双链区的降解和合成反应趋于平衡,从而生成平头 DNA 分子。T4 DNA 聚合酶可用于修平非平头的 cDNA 分子以及由某些限制性核酸内切酶水解产生的 3′ 突出末端,也可用于 DNA 片段 3′ 末端的同位素标记。

4. 反转录酶

1970 年,美国科学家 Temin 和 Baltimore 分别于动物致癌 RNA 病毒中首次发现了反转录酶。反转录酶又称依赖于 RNA 的 DNA 聚合酶,是以 RNA 为模板合成 DNA 的酶。反转录酶具有多种酶活性,如图 3-6 所示,主要包括以下几种活性:①以 RNA 为模板的 DNA 聚合酶活性,从而合成互补 DNA(cDNA),得到 RNA－DNA 杂合链;②从 5′ 端水解杂合分子中 RNA 模板的核糖核酸酶 H(RNase H)活性;③DNA 指导的 DNA 聚合酶活性,即以反转录合成的第一条 DNA 单链为模板合成第二条 DNA 分子。反转录酶的发现对基因工程的实施起到了很大的推动作用,已成为一种重要的工具酶,通过降低或缺失该酶的 RNase H 活性,广泛用于合成第一链 cDNA、制作 cDNA 探针、RNA 转录、测序和 RNA 的逆转录反应。

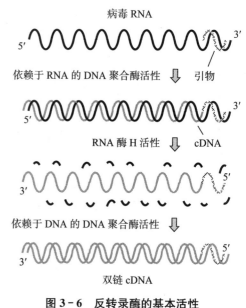

图 3-6 反转录酶的基本活性

3.1.4 核酸酶

1. S1 核酸酶

S1 核酸酶来源于米曲霉菌,催化反应通常由 Zn^{2+} 激活,并在酸性 pH(4.0～4.5)条件下进行。其特征是:①降解单链 DNA 或 RNA,包括不能形成双链的区域(如发夹结构中的环状部分),但降解 DNA 的速度大于降解 RNA 的速度;②降解反应的方式为内切和外切;③酶量过大时会伴有双链核酸的降解,因为该酶的双链降解活性比单链低 7.5 万倍。在 DNA 重组及分子生物学研究中,S1 核酸酶常用来切平突出的单链末端以及制作 S1 图谱。

2. Bal31 核酸酶

Bal31 核酸酶来源于艾氏交替单胞菌(*Alteromonas espejiana*)BAL31 株,主要表现为 3′ 端的核酸外切酶活性,同时伴有 5′ 端外切及内切活性。上述所有的酶活性均严格依赖于 Ca^{2+} 的存在,因此可以在反应的不同阶段加入二价阳离子螯合剂 EDTA 以终止反应。Bal31

核酸酶作用的底物类型及产物性质总结在图 3-7 中:①3′端外切及 5′端内切作用,Bal31 核酸酶可从双链 DNA 两端连续降解,其机理是以 3′外切核酸酶活性迅速降解一条链,随后在互补链上进行缓慢的 5′端内切反应,带平头末端或 3′羟基突出端的双链 DNA 被截短(对双链 RNA 分子也能发生类似的反应),所形成的产物大部分为 5′端突出 5 个碱基的双链分子,小部分则为平头末端双链分子;②单链 DNA 的外切或内切作用,带有 3′羟基末端的单链 DNA 也可被酶截短,反应机理同上,但 5′端的内切速度远小于 3′端的外切速度;③DNA 超螺旋结构的线性化作用,该酶可通过其内切核酸酶活性将 DNA 的超螺旋结构转化为双链线状 DNA 分子,并按照上述第一种反应进行连续的降解作用。Bal31 核酸酶在分子克隆中的主要用途是可控制性地截短 DNA 分子。

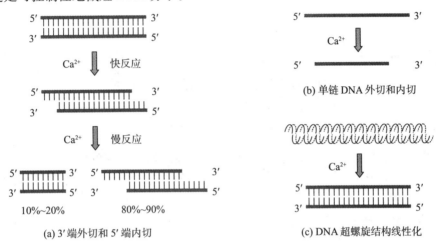

图 3-7　Bal31 核酸酶催化反应

3.1.5　核酸修饰酶

1. 末端脱氧核苷酰转移酶(TdT)

末端脱氧核苷酰转移酶来源于小牛胸腺,它是一种不需要模板的 DNA 聚合酶,其合适的底物形式为带有 3′游离羟基的双链 DNA 分子(图 3-8)。当底物为 3′端突出的双链 DNA 时,TdT 在 Mg^{2+} 的存在下,即可将脱氧核苷酸随机聚合在两条链的 3′端。对于平头或 3′凹端 DNA 底物,则需要 Co^{2+} 激活,但聚合反应仍不按模板要求进行。TdT 在人工黏性末端的构建中极有用处。

2. T4 多核苷酸磷酸激酶(T4 PNK)

T4 多核苷酸磷酸激酶从 T4 噬菌体感染的大肠杆菌中制备,它催化 ATP 的 γ-磷酸基团转移至 DNA 或 RNA 的 5′末端上,其中包括两种反应:①磷酸激酶的正向反应,将 ATP 的 γ-磷酸基团转移到单链或双链 DNA 或 RNA 的 5′端游离羟基上,其催化 5′突出末端的磷酸化速度比平头末端和 5′凹端快得多,然而只要在反应体系中有足够量的酶和 ATP 存在,后两种末端也能得到完全磷酸化;②磷酸激酶的交换反应,在过量的 ATP 存在下,T4 PNK 可将单链 DNA 或 RNA 5′端的磷酸基团转移到 ADP 上,形成 ATP,同时从[γ-³²P]ATP 中获得其放射性的 γ-磷酸基团使单链 DNA 或 RNA 的 5′端重新磷酸化,这个反应常用于核酸杂交探针分子的同位素标记。

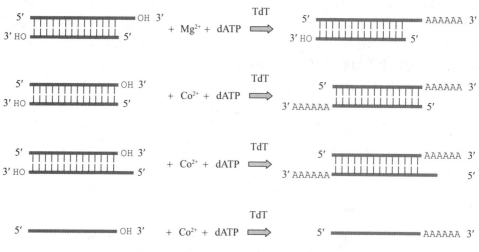

图 3 - 8　末端脱氧核苷酰转移酶催化反应

3. 碱性磷酸单酯酶（alkaline phosphomonoesterase）

碱性磷酸单酯酶来源于大肠杆菌和牛小肠。细菌的碱性磷酸单酯酶（BAP）和牛小肠的碱性磷酸单酯酶（CIP）均能催化 DNA、RNA、核苷酸的 5′ 端除磷反应，因此在 DNA 重组实验中，该酶用于载体 DNA 的 5′ 末端除磷操作，以提高重组效率；而用于外源 DNA 片段的 5′ 端除磷，则可有效防止外源 DNA 片段之间的连接。

3.2　载体

绝大多数分子克隆实验所使用的载体是 DNA 双链分子，其功能包括以下几方面。

（1）为外源基因提供进入受体细胞的转移能力。从理论上讲，任何 DNA 分子均可以物理渗透的方式进入生物细胞中，但这种频率极低，以至于在常规的实验中难以检测到。某些种类的载体 DNA 分子本身具有高效转入受体细胞的特殊生物学效应，因此由外源基因与载体拼接所形成的 DNA 重组分子转入受体细胞的概率比外源 DNA 片段单独转化要高几个数量级。

（2）为外源基因提供在受体细胞中的复制能力或整合能力。外源基因进入受体细胞后面临两种选择，或者直接整合在受体细胞染色体 DNA 的某个区域内，作为其一部分复制并遗传，或者独立于受体细胞染色体 DNA 而存在，在后一种情况下，载体 DNA 分子必须为外源基因提供独立的复制功能，否则外源基因不可能在受体细胞中复制和遗传。

（3）为外源基因提供在受体细胞中的扩增和表达能力。外源基因的扩增依赖于载体分子在受体细胞中高拷贝自主复制的能力，这种能力通常由载体 DNA 上的若干相关基因编码。同时，外源基因高效表达所需的调控元件一般也由载体分子提供。

应当指出的是，上述三大功能并非所有的载体分子都必须具备，DNA 重组克隆的目的不同，对载体分子的性能要求也不同。但对于所有不同用途的载体而言，为外源基因提供复制或整合能力是必不可少的，因此通常选择生物体内天然存在的质粒以及噬菌体或病毒 DNA 作为载体蓝本，并根据分子克隆的操作原理，对之进行必要的修饰和改造，构建出具有多种性能的载体 DNA 分子。

一个理想的载体至少应具备下列五个条件：

（1）具有对受体细胞的可转移性或亲和性，以提高载体导入受体细胞的效率；

（2）具有与特定受体细胞相适应的复制位点或整合位点，使得外源基因在受体细胞中稳定遗传；

（3）具有较高的外源 DNA 的载装能力，以满足长片段的克隆；

（4）具有多种单一的核酸内切酶识别切割位点，有利于外源基因的拼接插入；

（5）具有合适的选择性标记，便于重组 DNA 分子的检测。

载体的可转移性和可复制性取决于它与受体细胞之间严格的亲缘关系，不同的受体细胞只能使用相匹配的载体系统。本节主要涉及具有代表性的大肠杆菌载体系统，酵母载体系统参见 5.2 节。

3.2.1 质粒载体

1. 质粒的基本特性

质粒（plasmid）是一类存在于细菌和真菌细胞中能独立于染色体 DNA 而自主复制的共价、闭合、环状双链 DNA 分子（covalently closed circular DNA），也称为 cccDNA，其大小通常在 1～100kb 内。质粒并非细菌生长所必需，但赋予细菌某些抵御外界环境因素不利影响的能力，如抗生素的抗性、重金属离子的抗性、细菌毒素的分泌以及复杂化合物的降解等，上述性状均由质粒上相应的基因编码。野生型质粒具有下列基本特性。

（1）自主复制性

质粒 DNA 含有自己的复制起始位点（origin，简称 *ori*）以及控制复制频率（或质粒拷贝数）的调控基因，有些质粒还携带特定的复制因子编码基因，形成一个独立的复制子结构（replicon）。因此，质粒 DNA 能够摆脱宿主染色体 DNA 复制调控系统的束缚而进行自主复制，并产生少则一个或几个，多则数百上千个拷贝数。野生型质粒的自主复制既可通过反义 RNA 及相关蛋白因子（如 Rop 蛋白等）与复制引物的互补钝化作用进行负调控，也可通过 *rep* 基因编码产物与复制阻遏物的相互作用进行正调控，从而保证质粒在特定的宿主细胞中维持恒定的拷贝数。

（2）可扩增性

在革兰氏阴性细菌中，质粒的复制一般有两种形式，即严紧型复制（stringent）和松弛型复制（relaxed）。严紧型质粒（如 pSC101 和 p15A 等）的复制由宿主细胞内 DNA 聚合酶Ⅲ介导，并为质粒上编码的蛋白因子正调控，这些蛋白因子极不稳定，在宿主细菌的正常生长过程中，每个细胞通常只能复制少数几个质粒拷贝（1～5 个）；而松弛型质粒（如 pMB1 和 ColE1 等）的复制需要半衰期较长的 DNA 聚合酶Ⅰ、RNA 聚合酶以及其他复制辅助蛋白因子的参与，当宿主细胞内蛋白质合成减弱或完全中断时，质粒复制仍能持续进行，因此这类质粒在每个宿主细胞中通常具有较高的拷贝数（30～50）。作为一种极端的情况，当宿主细胞进入生长后期，加入氯霉素（最终浓度为 10～170 μg/mL）抑制蛋白质的生物合成，阻断宿主菌的大部分代谢途径，则松弛型质粒利用丰富的原料及能量大量复制，最终每个细胞可以积累上百个 DNA 分子，这种操作称为质粒的氯霉素扩增。

（3）可转移性

在天然条件下，许多野生型质粒可以通过细菌接合作用从一个宿主细胞转移至另一个宿主细胞，甚至另一种亲缘关系较近的宿主菌中，这一转移过程依赖于质粒上的 mob 基因产物与其他蛋白因子的相互作用，如 F、Col、R 质粒等，这类质粒称之为接合型质粒。而那些不能在天然条件下独立地发生接合作用的质粒称为非接合型质粒，值得注意的是，某些非接合型质粒（ColE1）在接合型质粒的存在和协助下，也能发生 DNA 转移，这个过程由 bom 和 mob 基因决定。

（4）不相容性

具有相同或相似复制子结构及调控模式的两种不同的质粒不能稳定地存在于同一受体细胞内，这种现象称为质粒的不相容性。对于单拷贝质粒来说，在两个不相容的质粒同时进入受体细胞后，由于它们含有相同或相似的复制子结构以及质粒拷贝控制机制，因此两者并不复制，待受体细胞分裂时，两者被相同的均分机制分配在两个子细胞中；在多拷贝质粒的情况下，虽然两个不相容性质粒可以进行复制，但由于两者复制的起始频率是随机的，因而在细胞分裂前夕，两种质粒的拷贝数并不完全均等。又由于这些不相容性质粒在两个子细胞中的分配只能按照拷贝数均分，无法辨认质粒的性质，因此造成两个子代细胞中含有拷贝数并不均等的两种质粒。这样经过若干次细胞分裂后，必然导致两种质粒在细胞中的独占性。具有不同复制子结构的相容性质粒，尽管它们由于复制机制不同而造成各自的拷贝数有差异，但在细胞分裂时，每种质粒在两个子细胞中均可保持等同的拷贝数，因而它们可以稳定地存在于同一受体细胞中。

（5）携带特殊的遗传标记

野生型的质粒 DNA 上往往携带一个或多个遗传标记基因，这使得寄主生物产生正常生长非必需的附加性状，包括对抗生素、重金属离子、毒性阴离子、有机物等物质的抗性，以及对抗生素、细菌毒素、有机碱等物质的合成能力。这些标记基因可用于指示转化子或重组子，对 DNA 重组分子的筛选具有重要意义。通常将标记基因划分为以下几类：① 抗性标记基因，包括抗生素抗性基因，如氨苄青霉素抗性基因（Ap^r）、四环素抗性基因（Tc^r）、氯霉素抗性基因（Cm^r）、卡那霉素抗性基因（Kan^r）、G418 抗性基因（$G418^r$）、潮霉素抗性基因（Hyg^r）、新霉素抗性基因（Neo^r）；重金属抗性基因，如铜抗性基因、锌抗性基因、镉抗性基因；以及代谢抗性基因，如抗除草剂基因、胸苷激酶基因（TK）。其中抗生素抗性基因使用最为频繁，且适用范围很广，包括动物、植物和微生物，抗除草剂基因在植物中使用较为广泛。② 营养标记基因，主要是参与氨基酸、核苷酸及其他必需营养物合成酶类的基因，此类基因在酵母转化中使用最频繁，如色氨酸合成酶基因（TRP1）、尿嘧啶合成酶基因（URA3）、亮氨酸合成酶基因（LEU2）、组氨酸合成酶基因（HIS4）等。③ 生化标记基因，其表达产物可催化某些易检测的生化反应，常用的基因有 β-半乳苷酶基因（lacZ）、葡萄糖苷酸酶基因（GUS）、氯霉素乙酰转移酶基因（CAT）。

2. 质粒的改造与构建

天然存在的野生型质粒由于相对分子质量大、拷贝数低、单一酶切位点少、遗传标记不理想等缺陷，不能满足克隆载体的要求，因此往往需要以多种野生型质粒为基础进行人工构建，其指导思想如下：

（1）删除不必要的 DNA 区域，尽量缩小质粒的相对分子质量，以提高外源 DNA 片段的装载量。一般来说,大于 20 kb 的质粒很难导入受体细胞,而且极不稳定。

（2）灭活某些质粒的编码基因,如促进质粒在细菌种间转移的 *mob* 基因,杜绝重组质粒扩散污染环境,保证 DNA 重组实验的安全;同时灭活那些对质粒复制产生负调控效应的基因,以提高质粒的拷贝数。

（3）加入易于识别的选择标记基因,最好是双重或多重标记,便于检测含有重组质粒的受体细胞。

（4）在选择性标记基因内引入具有多种限制性内切酶识别及切割位点的 DNA 序列,即多克隆接头（polylinker）,便于多种外源基因的重组;同时删除重复的酶切位点,使其单一化,以便环状质粒分子经酶处理后,只在一处断裂,保证外源基因的准确插入。

（5）根据外源基因克隆的不同要求,分别加装特殊的基因表达调控元件或用于表达产物亲和层析分离的标签编码序列,如 His·Tag、Flag·Tag 等。

载体质粒的改造通常需要一系列体内体外的重组,以 DNA 重组技术发展初期常用的大肠杆菌质粒 pBR322 为例说明其构建过程:①将野生型质粒 R1drd19 上 Tn3 转座子引入松弛型质粒 pMB1 上得到 13.3kb 的 pMB3;②pMB3 经 EcoRⅠ *（见 2.2.4 节）处理,删除不必要的 DNA 片段,形成一个小质粒 pMB8（2.6kb）;③利用同样的酶切方法将严紧型质粒 pSC101上的四环素抗性基因（Tc^r）转至 pMB8 上,构成 pMB9（5.3kb）;④从 RSF2124 中将其氨苄青霉素抗性基因（Ap^r）通过细胞内易位作用插入 pMB9 上得到 pBR312（$Ap^r Tc^r$）;⑤为了进一步缩小质粒的相对分子质量,pBR312 再经 EcoRⅠ * 处理,形成 8.2kb 的 pBR313;⑥以pBR313 为蓝本,同时进行两步独立的酶切反应,删除多余的酶切位点,分别构成 pBR318 和pBR320 两个衍生质粒;⑦最后将两者重组成 pBR322 质粒（4.36kb）,它含有九种限制性核酸内切酶的不同识别序列,且这些位点在整个质粒分子中均是唯一的,其中六个位点分别位于两个抗性基因的内部（图 3-9）。之后发展的很多质粒载体都是在 pBR322 的基础上改造构建的,如 pUC 系列、pSP 系列和 pGEM 系列质粒等。

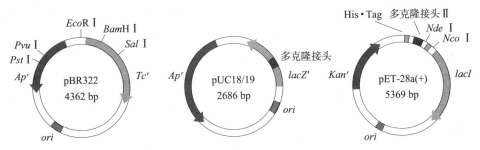

pUC18 多克隆接头: EcoRⅠ-SacⅠ-KpnⅠ-SmaⅠ-BamHⅠ-XbaⅠ-SalⅠ-PstⅠ-SphⅠ-HindⅢ
pUC19 多克隆接头: HindⅢ-SphⅠ-PstⅠ-SalⅠ-XbaⅠ-BamHⅠ-SmaⅠ-KpnⅠ-SacⅠ-EcoRⅠ
pET-28a(+) 多克隆接头: XhoⅠ-NotⅠ-EagⅠ-HindⅢ-SalⅠ-SacⅠ-EcoRⅠ-BamHⅠ

图 3-9　三种大肠杆菌质粒结构图谱

3. 质粒的分类及用途

人工构建的载体质粒根据其功能和用途可分为下列几类:

（1）克隆质粒

克隆质粒常用于克隆和扩增外源基因,它们或者含有氯霉素可扩增的松弛型复制子结构,如 pBR 系列;或者复制子经过人工诱变,解除对质粒拷贝数的负控制作用,使得质粒在每个细胞中可达数千个复制拷贝,如 pUC 系列(图 3-9)。

(2) 测序质粒

测序质粒通常高拷贝复制,并含有多酶切口的接头片段,便于各种 DNA 片段的克隆与扩增。在多酶切口接头片段的两端邻近区域,设有两个不同的引物序列,使得重组质粒经碱变性后,即可进行 DNA 测序反应,如 pUC18/19 系列;另一种测序质粒是 M13 噬菌体 DNA 与质粒 DNA 的杂合分子,如 M13mp 系列,它们在受体细胞中复制后,可以特定的单链 DNA 形式分泌到细胞外,克隆在这种质粒上的外源基因无需变性即可直接用于测序反应。

(3) 整合质粒

含有整合酶编码基因以及整合特异性的位点序列,克隆在这种质粒上的外源基因进入受体细胞后,能准确地重组整合在受体细胞染色体 DNA 的特定位点上。

(4) 穿梭质粒

穿梭质粒分子上含有两个亲缘关系不同的复制子结构以及相应的选择性标记基因,因此能在两种不同种属的受体细胞中复制并检测,如大肠杆菌-链霉菌穿梭质粒、大肠杆菌-酵母穿梭质粒等。克隆在此类质粒上的外源基因可以不用更换载体直接从一种受体菌转入另一种受体菌中复制并且遗传。

(5) 探针质粒

这类载体被设计用来筛选克隆基因的表达调控元件,如启动子和终止子等。它通常装有一个可以定量检测其表达程度的报告基因(如抗生素的抗性基因),但缺少相应的启动子或终止子,因此载体分子本身不能表达报告基因,只有当含有启动子或终止子的外源 DNA 片段插入载体合适的位点上,报告基因才能表达,而且其表达量的大小直接反映了被克隆的基因表达控制元件的强弱。

(6) 表达质粒

这类载体在多克隆位点的上游和下游分别装有两套转录效率较高的启动子、合适的核糖体结合位点(SD序列)以及强有力的终止子结构,使得克隆在合适位点上的任何外源基因均能在受体细胞中高效表达,如 pSPORT 系列和 pSP 系列。除此之外,有的表达质粒根据不同的表达要求,如可溶表达、细胞定位,还装有融合标签编码序列(如 His·Tag、GST·Tag 和 Nus·Tag 等),便于表达产物进行亲和纯化、可溶表达、Western 印迹检测或免疫沉淀等,如 pET 系列(图 3-9)、pGEX 系列等。

几种实验室常用的大肠杆菌载体质粒列在表 3-4 中。目前广泛用于大肠杆菌克隆表达重组蛋白的 pET 系列常用载体主要特性见表 3-5(引自 Novagen 的 pET System Manual)。

表 3-4　实验室常用的大肠杆菌载体质粒

质　粒	大小/kb	选择标记	常用的克隆位点	功　能
pBR322	4.36	Ap^r, Tc^r	$BamH\,I$, $EcoR\,I$, $Pst\,I$, $Hind\,III$, $Sal\,I$, $Sca\,I$	克隆载体
pGEX-4T-1	4.97	Ap^r, $lacI^q$	$BamH\,I$, $EcoR\,I$, $Sma\,I$, $Sal\,I$, $Xho\,I$, $Not\,I$	亚克隆和表达载体,携有 tac 启动子和 GST 融合标签
pKK233-2	4.6	Ap^r, Tc^r	$Sal\,I$, $BamH\,I$, $Nco\,I$, $Pst\,I$, $Hind\,III$, $EcoR\,I$	表达载体,携有 tac 启动子

续表

质 粒	大小/kb	选择标记	常用的克隆位点	功 能
pSP72	2.46	Ap^r	Xho I，Pvu II，Hind III，Sph I，Pst I，Sal I，Xba I，Bam H I，Sma I，Kpn I，Sac I，EcoR I，EcoRV，Bgl II	表达载体,携有双向 T7 和 SP6 启动子
pSPORT1	4.11	Ap^r，lacOPZ'，$lacI^q$	Ata II，Sph I，Hind III，Bam H I，Xba I，Sac I，Sal I，Sma I，EcoR I，Kpn I，Pst I	表达载体,携有双向 T7 和 SP6 启动子
pUC18/19	2.69	Ap^r，lacZ'	EcoR I，Sac I，Kpn I，Sma I，Bam H I，Xba I，Sal I，Acc I，Pst I，Sph I，Hind III	亚克隆和测序载体
pUC21	3.2	Ap^r，lacZ'	Xho I，Bgl II，Sph I，Nco I，Kpn I，Sma I，Sac I，EcoR I，Hind III，Pst I，Sal I，Nde I，Bam H I，EcoRV，Xba I	亚克隆和表达载体
pTrc99A	4.176	Ap^r，$lacI^q$	Nco I，EcoR I，Sac I，Kpn I，Sma I，Bam H I，Xba I，Sal I，Hinc II，Pst I，Hind III	亚克隆和表达载体,携有 trc 启动子
pET-28a(+)	5.369	Km^r，$lacI^q$	Xba I，Nco I，Nde I，Nhe I，Bam H I，EcoR I，Sac I，Sal I，Hind III，Not I，Xho I	表达载体,携有启动子和 His·Tag

表3-5 pET 系列常用载体的主要特性

载体名称	选择标记	蛋白酶酶切位点[1]	融合标签及所在区域[2]	标签应用[3]
pET-11a-d	Ap^r		T7[11]-N	AP, IF, IP, WB
pET-12a-c	Ap^r		ompT-N	PE
pET-16b	Ap^r	X	His-N	AP, IF, WB
pET-21a-d(+)[4]	Ap^r		His-C, T7[11]-N	AP, IF, IP, WB
pET-22b(+)	Ap^r		pelB-N, His-C	AP(IF), WB
pET-24a-d(+)	Km^r		His-C, T7[11]-N	AP, IF, IP, WB
pET-25b(+)	Ap^r		pelB-N, His-C, HSV-C	AP, IF, WB
pET-28a-c(+)	Km^r	T	His-NC, T7[11]-I	AP, IF, IP, WB
pET-29a-c(+)	Km^r	T	His-C, S-N	AP, IF, IP, WB, QA
pET-30a-c(+)	Km^r	T, E	His-NC, S-I	AP, IF, IP, WB, QA
pET-31b(+)	Ap^r		His-C, KSI-N	AP, IF, WB, PP
pET-32a-c(+)	Ap^r	T, E	His-IC, S-I, Trx-N	AP, IF, IP, WB, QA, DB, SP
pET-33b(+)	Km^r	T	His-NC, T7[11]-I, PKA	AP, IF, IP, WB, PS
pET-35b(+)	Km^r	T, X	His-C, S-I, CBD-N	AP, IF, WB, QA, PE
pET-36b(+)	Km^r	T, E	His-C, S-I, CBD-N	AP, IF, WB, QA, PE
pET-38b(+)	Km^r	T	His-C, S-I, CBD-C	AP, IF, IP, WB, QA, PE
pET-39b(+)	Km^r	T, E	His-IC, S-I, Dsb-N	AP,IF,IP,WB,QA,DB,DI,PE,SP
pET-41a-c(+)	Km^r	T, E	His-IC, S-I, GST-N	AP, IF, IP, WB, QA
pET-43.1a-c(+)	Ap^r	T, E	His-IC, S-I, HSV-C, Nus-N	AP, IF, IP, WB, QA, SP
pET-44a-c(+)	Ap^r	T, E	His-NIC, S-I, HSV-C, Nus-I	AP, IF, IP, WB, QA, SP

① 蛋白酶酶切位点:T=凝血酶;E=肠激酶;X=Xa 因子。
② 所在区域:N=N端标签;I=内部标签;C=可选的 C 端标签。
③ 标签应用:AP=亲和纯化;IP=免疫沉淀;QA=定量分析;DB=二硫键;PE=蛋白输出;SP=可溶蛋白;
    DI=二硫键异构化;PP=小蛋白/多肽制备;WB=Werstern 印迹;IF=免疫荧光;PS=体外磷酸化。
④ 命名后带有(+)的载体含有 f1 复制区,可以制备单链 DNA,适合突变及测序等应用。

4. 质粒的分离与纯化

实验室中一般使用两种方法制备载体质粒和重组质粒。第一种方法是碱溶法,其操作步骤如下:①将菌体悬浮在含有 EDTA 的缓冲液中;②加入溶菌酶裂解细菌细胞壁;③加入 SDS - NaOH 混合液,去膜释放细胞内含物;④加入高浓度的醋酸钾缓冲液沉淀染色体,去除染色体 DNA 及大部分蛋白质;⑤离心取上清液,用苯酚-氯仿溶液处理,去除灭活痕量的蛋白质和核酸酶;⑥用乙醇或异丙醇沉淀水相的质粒;⑦用不含有 DNase 的 RNase 降解残余的 RNA 小分子。用此法制备的质粒 DNA 纯度较高,制备规模可大可小,但操作烦琐耗时,且质粒 DNA 中存在着一定比例的开环结构。目前,市面上质粒提取试剂盒大多数都是采取上述的碱裂解方法,不同之处在于纯化方式。比较常用的纯化系统是硅基质吸附材料,其原理为在高盐环境下质粒 DNA 能够高效、专一地结合到硅基质上,然后用低盐缓冲液或水将质粒 DNA 从硅基质上洗脱下来。用试剂盒制备质粒极大地简化了操作流程,节省时间,且得到的质粒纯度较高,可以用于酶切、PCR、测序、细菌转化、转染等分子生物学实验。

第二种方法是沸水浴法,其流程为:①用牙签将生长在固体培养基上的菌体划取少许,悬浮在含有 EDTA、TritonX - 100、溶菌酶的缓冲液中;②沸水浴中保温 30~40s;③常温离心,用牙签挑去沉淀物;④乙醇或异丙醇沉淀质粒 DNA。用此法制备的质粒 DNA 纯度不高,收率低且制备规模小,但速度快,一个工作日可处理数百个克隆,而且抽出的质粒对酶切反应没有大的影响,特别适用于重组质粒的快速筛选与鉴定。

上述两种方法分离得到的质粒 DNA 在琼脂糖凝胶电泳中均呈现多条带谱,这是由于质粒的空间结构不同所致。在正常的电泳条件下,各种结构的质粒 DNA 迁移率的相对大小顺序为:cccDNA>L - DNA >OC - DNA>D - DNA>T - DNA(L - DNA:线形,OC - DNA:单链开环形,D - DNA:二聚体,T - DNA:三聚体),但经合适的限制性内切酶处理后,所有结构的质粒 DNA 都转化为线形分子(图 3 - 10)。

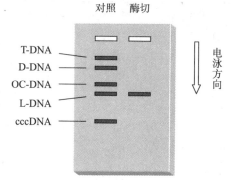

图 3 - 10　质粒 DNA 电泳图谱

3.2.2　λ 双链噬菌体 DNA 载体

1. λ 噬菌体的生物学特征

λ 噬菌体是大肠杆菌的温和型噬菌体,由外壳蛋白与一个 48.5 kb 长的双链线状 DNA 分子组成。λDNA 的两端各有一个 12 碱基组成的互补单链,称为 *cos* 末端。全基因组共有 36 个基因,其中编码噬菌体头部和尾部结构蛋白的基因集中排列在 λDNA 40% 的区域内,与 DNA 复制及宿主细胞裂解有关的基因占 20%,其余 40% 的区域为重组和控制基因所占据。

λ 噬菌体特异性感染大肠杆菌的机制是识别并吸附在宿主菌外膜的受体上,后者由细菌 *lamB* 基因编码,其正常功能是转运麦芽糖进入大肠杆菌细胞内。由于麦芽糖可诱导 *lamB* 基因的表达,而葡萄糖抑制受体的生物合成,因此用作 λ 噬菌体宿主的大肠杆菌应在含有麦芽糖的培养基中培养。λ 噬菌体在细菌上的吸附过程只需几分钟,之后,线形 λDNA 分子通过尾部通道注入大肠杆菌细胞内,两端的 *cos* 区碱基配对形成环状结构,宿主菌的 DNA 连接酶迅速修复两个交叉缺口处的磷酸二酯键,封闭环状 λDNA 分子。此时,若 λDNA 不能有效地建立溶原状态,则从其复制起始位点(*ori*)以 θ 环方式进行环向复制,随后开始滚筒式复制(图 3-11),这种复制形式的产物为 λDNA 分子的串联多聚体。

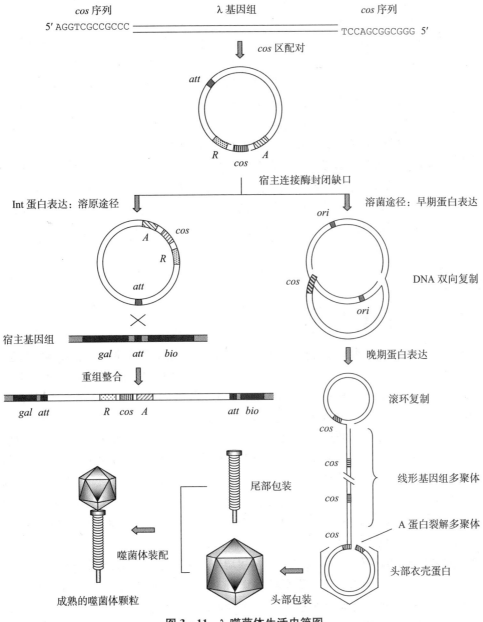

图 3-11 λ 噬菌体生活史简图

成熟 λ 噬菌体的头部和尾部结构是分别组装的。头部组装过程中最早形成的是支架状头部前体,其中主要构成成分为 λDNA 编码的 E 蛋白。接着,宿主基因组编码的 GroE 蛋白对支架部分进行加工修饰,形成空的头部前体结构。将噬菌体 DNA 分子包装入头部前体结构的过程由 Nu1 和 A 蛋白介导,两者特异性地结合在 λDNA 串联多聚体中的每一个 cos 位点附近,并将 DNA 分子引向头部前体,此时在 F1 蛋白的作用下,两个相邻 cos 位点之间的 DNA 区域经缠绕进入头部前体空壳中。随后,D 蛋白(也称装饰蛋白)附合在头部前体的外侧表面上,使其紧紧围绕 DNA 链,并形成成熟的头部结构。位于头部入口处的两个 cos 位点此时已紧密相邻,它们在 A 蛋白的作用下被交叉切开,形成具有 12 个碱基的单链互补末端。最后,由 W 蛋白和 FⅡ蛋白将包装好的头部结构与经另一途径组装的尾部结构装配成具有感染活性的成熟噬菌体颗粒。

在一般情况下,一个大肠杆菌细胞可装配 100 个成熟的 λ 噬菌体颗粒。宿主细胞的裂解以及 λ 噬菌体的释放需要 R 和 S 两种噬菌体基因组编码的蛋白因子参与,释放出的噬菌体颗粒又可感染附近的宿主细胞,形成新一轮的裂解周期。若将 λ 噬菌体悬浮液加入大肠杆菌液体培养基中,在 37℃只需 6h 培养物即可由混浊转为澄清,表明培养物中大肠杆菌已被裂解殆尽。若将具有合适稀释倍数的 λ 噬菌体悬浮液、大肠杆菌培养物以及较低浓度的琼脂混合铺板,37℃培养过夜,固体平板上会出现一个个透明的斑点(噬菌斑),这是由于单个噬菌体颗粒经过若干个感染裂解周期所形成的宿主菌死亡区域。由于固体培养基对子代噬菌体颗粒扩散的限制,使得透明圈外围的大肠杆菌仍能正常生长。因此,一个噬菌斑中的上百万个噬菌体颗粒均由一个噬菌体无性繁殖所产生的,这是 λ 噬菌体 DNA 用于分子克隆的基本原理。

λ 噬菌体的头部外壳蛋白对 DNA 分子的包装与 DNA 内部的序列无关,只识别两个 cos 位点,同时对包装 DNA 分子的大小要求比较严格,其包装范围为 λDNA 总长的 75%～105%。也就是说,λ 噬菌体的头部外壳蛋白可以包装 36.4～50.9 kb 内并含有 cos 位点的任何双链 DNA 分子。

2. λDNA 载体的构建

λDNA 可通过噬菌体特异性感染高效进入宿主细胞或受体细胞、噬菌体空壳蛋白对 λDNA 的包装与其序列无关,以及 λDNA 在大肠杆菌细胞中的高拷贝复制,这是 λDNA 在分子克隆技术发展早期就被选作载体使用的原因。然而,野生型的 λDNA 本身存在着种种缺陷,必须对之进行多方面的改造才能满足一个理想载体的要求,这些改造的内容包括:

(1) 缩短野生型 λDNA 的长度,提高外源 DNA 片段的有效装载量。λDNA 的包装上限为 50.9 kb,如果野生型 λDNA 不缩短长度而直接作为载体使用,则其最大的有效装载量仅为 2.4 kb。因此,在不影响其体内复制、裂解及包装功能的前提下,将 λDNA 分子缩小得越小,其有效装载量就越大。位于 λDNA 中部的重组整合区以及部分的调控区约占整个分子的 40%(即 19.4 kb),该区域的缺失并不影响 λDNA 的复制与裂解周期,因此经上述改造过的 λDNA 载体的最大装载量约为 22 kb。

(2) 删除重复的酶切位点,引入单一的多酶切位点接头序列,增加外源 DNA 片段克隆的可操作性。野生型 λDNA 上有许多重复的酶切口,如 5 个 EcoRⅠ和 7 个 HindⅢ等,这些多余的酶切位点必须删除。在大幅度缩短 λDNA 长度时,有些重复的酶切位点已被除去,但有些酶切口位于复制、裂解以包装蛋白编码基因内部,必须通过定向诱变方法进行修饰与封闭,与此同时,在外源 DNA 片段的插入位点引入多酶切口接头。

(3) 灭活某些与裂解周期有关基因,使 λDNA 载体只能在特殊的实验条件下感染裂解宿主细菌,以避免可能发生的生物污染。野生型 λDNA(甚至经过上述两步改造过的 λDNA 载体)能在几乎所有的大肠杆菌细胞内进行无性繁殖,极易扩散和传播,有可能因 DNA 重组分子的性质对生物体或人类构成危害。具体的应付对策是将无义突变(即琥珀型突变)引进 λ 噬菌体裂解周期所需的基因内,如 W、E、S、A 或 B 等。这种携带无义突变的 λ 噬菌体只能在大肠杆菌 K12 的少数菌株中繁殖,因为这些菌株可以通过其独有的特异性校正基因的编码产物(即校正 tRNA)在蛋白生物合成过程中纠正无义突变。

(4) 引入合适的选择标记基因,便于重组噬菌体的检测。λDNA 载体分子中常用的选择性标记基因有:① $lacZ'$。该基因片段来自大肠杆菌,携带 β-半乳糖苷酶基因的调控序列并编码酶 N 端的前 146 个氨基酸,后者与宿主细菌表达的 β-半乳糖苷酶 C 端部分肽段功能互补(即 α 互补),所形成的全酶可将 5-溴-4-氯-3-吲哚-β-D-半乳糖苷(X-gal)降解为蓝色产物(图 3-12)。含有 $lacZ'$ 标记的 λDNA 载体进入 lac^- 的受体菌后,在含有 X-gal 的平板上形成淡蓝色的噬菌斑。当外源 DNA 片段插入 $lacZ'$ 标记基因中后,将其灭活,因此重组的噬菌体形成无色噬菌斑。② cI^+。有些 λDNA 载体携带含有 $EcoR$ I 位点的 cI^+ 标记基因,这种载体一旦进入 hfl^-(高频溶原化)突变的大肠杆菌菌株内,就能立即建立溶原状态,形成混浊噬菌斑(溶原细胞生长速度较未感染的细胞慢)。当外源基因插入 cI^+ 基因中的 $EcoR$ I 位点时,导致 cI^+ 基因灭活,重组噬菌体因不能建立溶原状态而形成透明噬菌斑。③ Spi^+。野生型的 λ 噬菌体在被 P2 原噬菌体溶原化的大肠杆菌中不能进入裂解周期,这种表型称为 P2 干扰敏感性(Spi^+),但是缺失了两个重组基因 red 和 gam 的 λ 噬菌体在 rec^+ 的 P2 溶原菌中将不受 P2 的干扰而进行正常的无性繁殖(Spi^- 表型)。在一些 λDNA 载体中,外源基因的插入与载体 DNA 某一片段的缺失同时发生,这段在 DNA 重组过程中缺失的片段中含有 red 和 gam 基因,因此凡是重组的 λ 噬菌体均呈现 Spi^- 表型,即裂解溶原菌,形成噬菌斑;反之亦然。

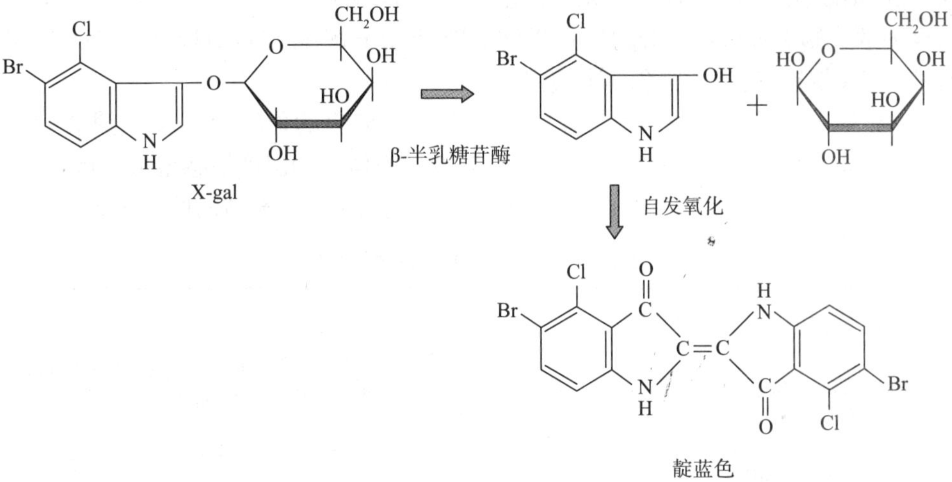

图 3-12　X-gal 酶促显色反应

除上述构建步骤外,有些 λDNA 载体还引入了一些基因表达的调控元件,使得外源基因直接在 λDNA 上获得表达,然后利用免疫学方法筛选鉴定重组分子。

3. λDNA 载体的分类及用途

有些 λDNA 载体经改造后的长度正好为包装的下限,因而它本身也能被包装,这类载体称为插入型载体,其允许的外源 DNA 插入片段大小范围为 0～14.5 kb。利用这类载体克隆外源 DNA 片段时,必须使用载体所携带的选择性标记基因来筛选重组噬菌体。另一类作为取代型载体的 λDNA 分子长度约为 40 kb,在其非必需区域内含有两个相同的酶切口,两者间的距离为 14 kb,使用时用酶切开载体分子,分离去除这个 14 kb 长的非必需 DNA 片段,然后用外源 DNA 片段取而代之,形成重组分子。显而易见,这类载体的装载量不仅比插入型载体大,而且被克隆的 DNA 片段必定在 10.4~24.9 kb 之间(去除 14 kb 非必需 DNA 片段后的两个载体片段总长为 26 kb)。取代型载体在克隆实验中实际上已不再需要标记基因,因为空载的载体分子只有 26 kb,不能被包装成成熟的噬菌体颗粒,含有小于 10 kb 和大于 25 kb 外源 DNA 片段的重组分子也不能形成噬菌斑。当然,取代型载体的使用较为烦琐,现在商品化了的取代型载体含有长臂和短臂两个 DNA 片段,中间非必需区域已被分离去除,为克隆实验提供了便利。

根据功能及用途的不同,λDNA 载体可分为如下几个家族:

(1) Charon 系列,该系列的噬菌体 DNA 是为克隆外源 DNA 大片段而设计的取代型载体,其中 Charon40 载体的非必需区域由多个头尾相聚的 DNA 小片段串联而成,每个小片段均含有一个相同的酶切口。在使用时,将载体 DNA 用这种限制性核酸内切酶处理,小片段 DNA 即可用聚乙二醇分级沉淀去除,剩下的长臂和短臂载体片段直接用于连接反应。

(2) EMBL 系列,这类载体也是用来设计克隆大片段基因组 DNA 的取代型载体,其克隆位点为 BamHⅠ,特别适合克隆用 Sau3AI 部分酶切的外源 DNA 片段。在 BamHⅠ位点的两侧还设计了 EcoRⅠ和 SalⅠ位点,克隆后便于用 EcoRⅠ或 SalⅠ将外源 DNA 片段从重组 λDNA 分子上切下。

(3) λDASH 系列,这类载体含有互为反向的两套多克隆位点接头序列,便于多种外源 DNA 大片段的取代性重组,而且容易从重组分子中回收克隆的外源 DNA 片段。在两套多克隆位点序列的外侧邻近位点还分别装有 T7 和 T3 启动子,因此可以直接合成与克隆 DNA 片段互补的 RNA 探针,简化了染色体走读程序。

(4) λgt 系列,这是一类插入型表达载体,可用来克隆表达外源 cDNA,形成 β-半乳糖苷酶融合蛋白,通常用免疫学方法对噬菌斑进行筛选。载体上的温度敏感型阻遏物用来控制噬菌体的复制及融合蛋白的表达。上述各系列中较为常用的 λDNA 载体的性能列于表 3-6 中。

表 3-6　λDNA 载体的结构与功能

载体	大小/kb	克隆位点	标记	功能
λgt10	43.34	EcoRⅠ	重组后重组体为 cI^-,可在带 $hflA$150 突变的宿主菌内正常生长,形成噬菌斑	当外源 DNA 的量十分有限时,常用此载体
λgt11	43.7	EcoRⅠ	$lacI^-$	若插入片段的阅读框与 $lacZ$ 的阅读框相吻合,可表达出融合蛋白
λ-GEM-11	43.0	SacⅠ,AvrⅡ,EcoRⅠ,BamHⅠ,XhoⅠ,XbaⅠ	不需特定标记,空载时不能被包装,不能在固体培养基上形成噬菌斑	T7 和 SP6 启动子允许从克隆片段的任意一端合成 RNA 探针,从而简化了染色体走读法操作
λ-GEM-12	43.0	SacⅠ,NotⅠ,EcoRⅠ,BamHⅠ,XhoⅠ,XbaⅠ	同上	T7 和 SP6 启动子允许从克隆片段的任意一端合成 RNA 探针,从而简化了染色体走读法操作
λ-EMBL3/4	43.0	BamHⅠ,EcoRⅠ,SalⅠ	重组后重组子为 Spi^-,可以用 P2 噬菌体的溶原性宿主进行筛选	用来克隆大片段(可达 20kb)基因组 DNA 的置换型载体

4. λDNA 的分离与纯化

实验过程中快速抽取重组 λDNA 的程序如下：①在含有麦芽糖和 $MgCl_2$ 的 LB 培养基中培养大肠杆菌受体细胞至对数生长期；②加入合适滴度的重组 λ 噬菌体悬浮液（通常是外源 DNA 片段与 λDNA 载体的连接反应体系经体外包装后的悬浮液），37℃保温 1h；③用新鲜的 LB 培养基稀释培养物，继续培养 4～12h，此时培养液逐渐由混浊变为澄清，大肠杆菌细胞已完成被裂解，噬菌体颗粒可达 $10^{13}～10^{14}$ 个/L；④加入固体 NaCl 和 PEG8000，高速离心沉淀噬菌体颗粒；⑤用蛋白酶 K 处理噬菌体悬浮液，并用苯酚-氯仿抽提蛋白质，释放 λDNA；⑥乙醇或异丙醇沉淀 DNA。用此法抽提的 λDNA 纯度不高，含有少量的宿主菌染色体 DNA 片段，但程序较为简捷。若在第④步中改用 CsCl 密度梯度离心，则可获得高纯度的 λDNA 样品。

3.2.3　M13 单链噬菌体 DNA 载体

1. M13 噬菌体的生物学特性

以大肠杆菌为宿主的噬菌体除了基因组 DNA 较大且呈双链结构的 λ 和 T 系列噬菌体外，还有一些基因组相对分子质量较小的单链环状噬菌体，其中研究得较为深入的有两大家族：主体对称型噬菌体（如 φX174 和 G4）以及雄性专一性丝状噬菌体（如 fl、fd、M13）。后者特异性感染含有 F 性散毛结构的大肠杆菌，而且三种噬菌体的基因组 DNA 具有很高的同源性。

M13 噬菌体基因组 DNA 由 6 407 个碱基组成，含有 9 个编码 10 种蛋白质的重叠基因，成熟的 M13 噬菌体只含有 DNA 正链，但所有的噬菌体基因均由 DNA 负链转录。基因Ⅲ 和Ⅷ编码的蛋白质是噬菌体的主要包装成分，大约 2 700 个 Ⅷ蛋白亚基与 M13 - DNA 单链紧密结合，形成噬菌体的丝状结构。如果将外源 DNA 大片段插入 M13 - DNA 中，则 Ⅷ蛋白在感染的细菌细胞中大量合成，重组噬菌体的长度也等比例扩大，其包装极限可达 M13 - DNA 本身长度的 7 倍。蛋白Ⅲ形成四聚体，位于丝状结构的一端，在宿主细胞的感染过程中起着与 F 性散毛特异性吸附的作用，是一种导向性蛋白组分。其余的噬菌体基因，如Ⅰ、Ⅳ、Ⅵ、Ⅶ、Ⅸ则编码少量的噬菌体颗粒装配蛋白组分。

M13 噬菌体与宿主菌性散毛结合后，将其单链 DNA（正链）通过散毛内腔注入细菌细胞内，成熟的噬菌体颗粒则从细胞内通过挤压的方式释放出去，并不裂解宿主细胞。然而这种感染过程毕竟在一定程度上妨碍了细菌的生长，因此在生长着大肠杆菌宿主菌的培养平板上，单一 M13 噬菌体颗粒的无性繁殖系导致其区域内的宿主菌比其他区域的宿主菌生长慢，从而形成典型的混浊型噬菌斑。

M13 - DNA 的复制周期由图 3 - 13 表示，包括三个主要步骤：第一步，以进入宿主细胞的噬菌体 DNA 正链为模板，复制其互补的 DNA 负链，形成亲本双链复制型 DNA（RF - DNA）。第二步，由基因Ⅱ编码的蛋白产物在 RF - DNA 分子的正链上产生一个缺口，并以负链为模板，在宿主细胞 DNA 聚合酶Ⅲ的作用下，从游离的正链 3′ 末端复制一个正链分子。然后蛋白Ⅱ切开正链二聚体，形成一个带有缺口的 RF 双链分子（由亲本负链与子代正链组成）以及一个被取代了的亲本正链，后者自我环化，继续复制单链 DNA，由此进入 RF - DNA 复制的新一轮循环，每一轮循环都涉及双链变单链和单链变双链的两个过程。与此同时，负链 DNA

还作为转录模板,不断表达出更多的基因 Ⅱ 和 Ⅴ 的编码产物。第三步,当宿主细胞内 RF -
DNA 增殖到 100～200 个分子时,基因 Ⅴ 的表达产物也已积累到一定的浓度,它通过与正链
DNA 结合形成单链 DNA -蛋白复合物,特异性抑制其复制负链 DNA 的活性,导致宿主细胞
内正链 DNA 的大量积累。然后正链 DNA -蛋白Ⅴ复合物移至宿主细胞的膜间隙中,定位在
此的已经合成的包装蛋白系取代蛋白Ⅴ,将正链 DNA 装配成成熟的噬菌体颗粒。

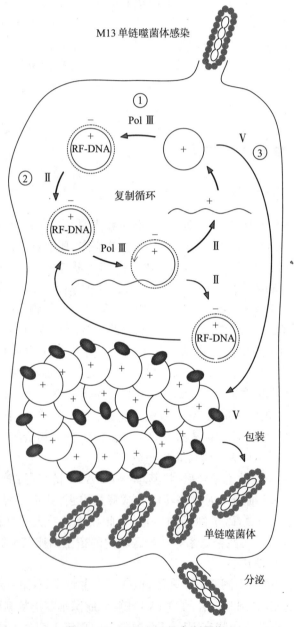

图 3 - 13　M13 - DNA 复制周期

　　由于 M13 - DNA 本身远小于 λDNA,如果待克隆的外源 DNA 片段不是很大,则重组
DNA 分子可通过常规的质粒转化方法导入受体细胞,无需体外包装。在 M13 - DNA 的整个
复制周期中,宿主细胞内存在多拷贝的双链 RF - DNA 分子,因此可以使用类似于质粒分离

纯化的方法从菌体内制备 RF - DNA 载体和 M13 - DNA 重组分子,同时又可以从噬菌体感染的细菌培养上清液中收获噬菌体颗粒,并采用类似于 λDNA 分离纯化的方法制备单链 M13 - DNA 或重组 DNA 分子,后者在 DNA 序列测定以及定位诱变等分子生物学操作中是极为有用的,而 M13 - DNA 作为克隆载体的优越性也表现在这里。

2. M13 - DNA 的改造

M13 - DNA 上的所有基因都是噬菌体增殖所必需的,因此不能删除任何 DNA 片段,只能通过定点诱变或在合适位点插入一段 DNA 片段的方法对其进行改造。由于 M13 - DNA 上的基因排列较为紧密,故供 DNA 片段插入的区域仅限于基因 II 与基因 IV 之间的狭小区域。M13 - DNA 载体改造的内容包括:①通过定点诱变技术封闭重复的重要限制性酶切口;②引入合适的选择性标记基因,如含有启动子、操作子和 β - 半乳糖苷酶氨基端编码序列(lacZ')的乳糖操纵子片段(lac)、组氨酸操纵子片段(his)及抗生素抗性基因等;③将人工合成的多克隆位点接头片段插在 lacZ' 标记基因内部,使得含有重组子的噬菌斑呈白色,而只含有载体 DNA 的混浊噬菌斑呈蓝色;④在多克隆位点接头片段的两侧区域改为统一的 DNA 测序引物序列,使得重组 DNA 分子的单链形式经分离纯化后,可直接进行测序反应。

目前实验室中最常见的 M13 - DNA 载体为 M13mp 系列,其性能列在表 3 - 7 中。

表 3 - 7　单链 DNA 噬菌体载体

噬菌体	亲　本	插入片段/bp	克　隆　位　点	表　型	增殖方式
M13mp18/19	M13mp2	5 868	EcoRI, Sac I, Kpn I, Sma I, Xma I, BamHI, Xba I, Sal I, AccI, Hinc II, Pst I, Sph I, Hind III	lac	P/C
M13blacat	M13, Tn3, pACYC184	5 565	EcoR I, Pst I	Ap, Cm	C
R199	fl	5 725	EcoR I	—	P
R208	R199	5 725	Hind III, Pst I, Sal I	Ap, Tc	C
fd11	fd, pKB252	5 830	EcoR I	—	P
fd101	fd, pACYC177	5 565	Pst I, Hind III, Sma I	Ap, Km	C
fd - tet	fd, Tn10	5 644	EcoR I, Hind III	Tc	C
fKN16	fd - tet	5 644	EcoR I, Hind III	Tc, $\Delta gene$ III	C

注:P—噬菌斑;C—菌落。

3.2.4　噬菌体/质粒杂合载体

噬菌体 DNA 和质粒 DNA 作为 DNA 重组的载体各有千秋,若将噬菌体 DNA 某个特征区域(如 λ 噬菌体 DNA 的 cos 区和丝状噬菌体的复制区)与质粒 DNA 重组,则构成的杂合质粒具有更多的优良性能,极大地简化了分子克隆的操作。

1. 黏粒载体

黏粒载体又称考斯质粒(cosmid),它由 λDNA 的 cos 区与质粒 DNA 重组而成,故得此名。λDNA 载体由于包装的限制,其外源 DNA 片段装载量最多只有 25 kb 左右。在构建真核生物基因文库过程中,往往对载体的装载量有更高的要求。由于 λDNA 的包装蛋白只识别 cos 信号,与待包装 DNA 的性质无关,因此用一个质粒 DNA 取代 λDNA,便可大幅度地提高外源 DNA 片段的装载量。例如,λDNA cos 位点及其附近区域的 DNA 片段为 1.7 kb,质粒 DNA 为 3.3kb,则由此构成的考斯质粒总共 5.0 kb,其最大装载量可达 45.9 kb。

考斯质粒的优越性是显而易见的,外源 DNA 片段在体外与考斯质粒重组后,用合适的限制性内切酶将其线性化,使得两个 cos 位点分别位于两端,后者经 λ 噬菌体包装系统体外包装成具有感染力的颗粒,便能像 λ 噬菌体感染大肠杆菌一样高效地进入受体细胞内;由于包装下限的限制,非重组的载体分子即便含有 cos 位点也不能被包装,因而具有很强的选择性;考斯质粒也可通过常规的质粒转化方法导入受体细胞并得以扩增,载体分子的大规模制备程序与质粒完成相同;考斯质粒上的多克隆位点为外源 DNA 片段的克隆提供了很大的可操作性,而且质粒上的选择性标记可直接用来筛选感染的转化细胞。

与 λ 噬菌体 DNA 不同的是,考斯质粒重组分子进入受体细胞后,依靠质粒 DNA 部分的复制子结构进行自主复制,其拷贝数取决于质粒本身的性质,而且由于重组分子失去了体内包装的能力,故其分离纯化只能采用质粒的方法。总之,除了重组分子导入受体细胞的方法与 λDNA 相似外,考斯质粒作为克隆载体的全部操作均与质粒完全一致。表 3-8 列举了几种常用的大肠杆菌考斯质粒。

表 3-8 实验室常用的考斯质粒

考斯质粒	大小/kb	酶 切 位 点	装载量/kb	选择标记
pHC79	6.1	$EcoR\,I$,$Sal\,I$,$Hind\,III$,$Pst\,I$,$BamH\,I$,$Pvu\,II$	30.7~45.5	Ap^r,Tc^r
pJB8	5.4	$EcoR\,I$,$Hind\,III$,$Sal\,I$,$BamH\,I$	31.5~46.1	Ap^r
pU206	15.5	$BamH\,I$	21.3~36.0	Ap^r,Ts^r
pLFR-5	6.0	$BamH\,I$,$Sca\,I$	31.0~45.5	Tc^r

2. 噬菌粒载体

噬菌粒载体是一类由丝状噬菌体 DNA 复制起始位点序列与质粒组成的杂合分子。M13 噬菌体基因 II 和基因 IV 之间有一段长度为 508 个碱基的间隔区(IG),它不编码蛋白质,却是正负链 DNA 复制的起始终止区域以及单链 DNA 包装的顺式信号位点。将 IG 片段克隆到质粒上,所形成的噬菌粒在受体细胞内能随着质粒部分的自主复制而稳定遗传。带有噬菌粒的受体细胞若用一个合适的辅助丝状噬菌体感染,则这个辅助噬菌体的基因 II 表达产物便会反式激活噬菌粒上的 IG 位点,启动噬菌粒以丝状噬菌体 DNA 的复制模式进行复制,形成的单链噬菌粒 DNA 与辅助噬菌体单链 DNA 分别包装成颗粒并分泌至受体细胞外,而被包装的噬菌粒单链 DNA 的性质取决于 IG 位点的克隆方向。

与 M13-DNA 相比,噬菌粒载体的优点是:①具有质粒的基本性质,便于外源 DNA 片段的克隆及重组子的筛选;②在一定程度上提高了外源 DNA 片段的装载量,普通的 M13-DNA 系列载体长度为 7 kb,外源 DNA 片段与之重组后通常利用质粒转化方法导入受体细胞,其导入效率在重组分子大于 15 kb 时与重组分子的大小成反比,因此载体分子越小,其装载量越大,噬菌粒通常只有 M13mp 载体大小的一半;③M13-DNA 的重组分子在复制时常会发生 DNA 缺失,而噬菌粒重组分子则相对稳定。

表 3 - 9 列出了几种常见的噬菌粒载体,它们大多由质粒 pUC 系列或 pBR322 与丝状噬菌体的 IG 区域构成。

表 3 - 9　实验室常用的噬菌粒载体

质　粒	大小/kb	克 隆 位 点	选择标记	功　能
pGEM - 3Zf	3.2	EcoR I , Sac I , Kpn I , Hind III , Sma I , BamH I , Sph I , Sal I , Pst I , Xba I	lacZ'	标准克隆载体,含有丝状噬菌体 f1 的复制起始位点,可用于体外转录和环状单链 DNA 合成的模板
pUC118/119	3.2	EcoR I , Sac I , Kpn I , BamH I , Sma I , Xba I , Sal I , Pst I , Sph I , Hind III	lacZ'	当寄主细胞未感染辅助噬菌体 M13 时噬菌粒载体的复制与双链质粒 DNA 相似;当寄主细胞被辅助噬菌体 M13 感染后,载体便按 M13 噬菌体的滚环模型进行复制
pZ258	4.9	Ava I , Rsa I , Dde I , Aha III	Ap^r , Tc^r	
pEMBL	4.0	EcoR I , Hind III , BamH I , Sal I , Sma I , Pst I	lacZ'	

3.2.5　人造染色体载体

人类、动物和植物等大型基因组的序列分析往往需要克隆数十万甚至上百万碱基对的 DNA 大片段,此时考斯质粒和噬菌粒载体的装载量也远远不能满足需要。进一步开发高装载量载体的设想是模拟生物染色体 DNA 的结构,并保留其稳定复制和遗传的特性。例如,将细菌接合因子、酵母或人类染色体 DNA 上的复制区、分配区、稳定区、端粒区与质粒组装在一起,即可构成染色体载体。当大片段的外源 DNA 与这些染色体载体重组后,利用电穿孔技术(参见 2.3.3 节)导入受体细胞,组蛋白将复制后的重组 DNA 分子包装折叠,形成重组人造染色体,它能像天然染色体那样在受体细胞中稳定的复制并遗传。与质粒等其他载体不同的是,各种类型的人造染色体载体在受体细胞中只能维持单一拷贝。

目前已开发出多种类型的人造染色体载体,包括基于大肠杆菌性因子 F 质粒的细菌人造染色体 BACs(Bacterial Artificial Chromosomes)系列,其装载量范围在 50～300 kb 之间;基于酵母染色体复制元件的酵母人造染色体 YACs(Yeast Artificial Chromosomes)系列,其装载量范围在 100～1 000 kb 之间(参见 5.2.6 节);结合了 P1 噬菌体载体和 BACs 最佳特性的 P1 人造染色体 PACs 系列(P1 Artificial Chromosomes),其装载量范围在 100～300 kb 之间;基于人类染色体复制元件的人类人造染色体 HACs(Human Artificial Chromosomes)系列等。这些人造染色体为基因组图谱制作、基因分离及基因组序列分析提供了有用的工具。

3.3　受体细胞

野生型的细菌或细胞一般不能用作基因工程的受体细胞,因为它对外源 DNA 的转化效率较低,并且有可能对其他生物种群存在感染寄生性,因此必须通过诱变手段对野生型细菌进行遗传性状改造,使之具备下列五个条件。

(1) 限制缺陷型

前已述及,野生型细菌具有针对外源 DNA 的限制和修饰系统。如果从大肠杆菌 C600 株中提取的质粒 DNA 用于转化大肠杆菌 K12 株,后者的限制系统便会切开未经自身修饰系统修饰的质粒 DNA,使之不能在细胞中被有效复制,因此转化效率很低。同样,来自不同生物的外源 DNA 或重组 DNA 转化野生型大肠杆菌,也会遇到受体细胞限制系统的降解。为了打破细菌转化的种属特异性,提高任何来源的 DNA 分子的转化效率,通常选用限制系统缺陷型的受体细胞。大肠杆菌的限制系统主要由 $hsdR$ 基因编码,因此具有 $hsdR^-$ 遗传表型的大肠杆菌各株均丧失了降解外源 DNA 的能力,同时大大增加了外源 DNA 的可转化性。

（2）重组缺陷型

野生型细菌在转化过程中接纳的外源 DNA 分子能与染色体 DNA 发生体内同源重组,这个过程是自发进行的,由 rec 基因家族的编码产物驱动。大肠杆菌中存在着两条体内同源重组的途径,即 RecBCD 途径和 RecEF 途径,前者远比后者重要,但两种途径均需要 RecA 重组蛋白的参与。RecA 是一个单链蛋白,在同源重组过程中起着不可替代的作用,它能促进 DNA 分子之间的同源联会和 DNA 单链交换,$recA^-$ 型的突变使大肠杆菌细胞内的遗传重组频率降低 10^6 倍。大肠杆菌的 $recB$、$recC$、$recD$ 基因分别编码不同相对分子质量的多肽链,三者构成一个在同源重组中的统一功能单位——RecBCD 蛋白（核酸酶 V）,它具有依赖于 ATP 的双链 DNA 外切酶和单链 DNA 内切酶双重活性,这两种活性也是同源遗传重组所必需的。以外源基因克隆、扩增以及表达为目的的基因工程实验是建立在 DNA 重组分子自主复制基础上的,因此受体细胞必须选择体内同源重组缺陷型的遗传表型,其相应的基因型为 $recA^-$、$recB^-$ 或 $recC^-$,有些大肠杆菌受体细胞的 3 个基因同时被灭活。

（3）转化亲和型

用于基因工程的受体细胞必须对重组 DNA 分子具有较高的可转化性,这种特性主要表现在细胞壁和细胞膜的结构上。利用遗传诱变技术可以改变受体细胞壁的通透性,从而提高其转化效率。当用噬菌体 DNA 载体构建的 DNA 重组分子进行转染时,受体细胞膜上还必须具有噬菌体的特异性吸附受体,如对应于 λ 噬菌体的大肠杆菌膜蛋白 LamB 等。

（4）遗传互补型

受体细胞必须具有与载体所携带的选择标记互补的遗传性状,方能使转化细胞的筛选成为可能。例如,若载体 DNA 上含有氨苄青霉素抗性基因（Ap^r）,则所选用的受体细胞应对这种抗生素敏感,在重组分子转入受体细胞后,载体上的标记基因赋予受体细胞抗生素的抗性特征,以区分转化细胞与非转化细胞。更为理想的受体细胞是具有与外源基因表达产物活性互补的遗传特征,这样便可直接筛选到外源基因表达的转化细胞。

（5）感染寄生缺陷型

相当多的细菌对其他生物尤其是人和牲畜具有感染和寄生效应,重组 DNA 分子导入这些细菌受体中后,极有可能随着受体菌的感染寄生作用,进入生物体内,并大范围传播,如果外源基因对人体和牲畜有害,则会导致一场灾难,因此从安全的角度上考虑,受体细胞不能具有感染寄生性。

在基因工程中常见的大肠杆菌受体细胞及其遗传特性列在表 3 - 10 中,广泛用于外源基因表达的酵母受体系统参见 5.1 节。

受体细胞选择的另一方面内容是受体细胞种属的确定。对于以改良生物物种为目的的基因工程操作而言,受体细胞的种属没有选择的余地,待改良的生物物种就是受体;但对外源基因的克隆与表达来说,受体细胞种类的选择至关重要,它直接关系到基因工程的成败。几种常用的基因工程受体细胞对外源基因克隆表达的影响列在表 3 - 11 中。

表 3 - 10　实验室常见的大肠杆菌受体及其遗传特性

菌　株	遗　传　特　性
BL21(DE3)	F$^-$ ompT gal dcm lon hsdS$_B$(r$_B^-$，m$_B^-$) λ(DE3[lacI lacUV5 - T7 gene 1 ind1 sam7 nin5])
C600	F$^-$ tonA21 thi - 1 thr - 1 leuB6 lacY1 supE44 rfbC1 fhuA1 λ$^-$
DH5α	F$^-$ endA1 supE44 thi - 1 recA1 relA1 gyrA96 deoR Φ80dlacZΔM15 Δ(lacZYA -argF)U169 hsdR17 (r$_k^-$ m$_k^+$) λ$^-$
JM83	rpsL ara Δ(lac - proAB) Φ80dlacZΔM15 thi(Str^r)
JM101	supE44 thi - 1Δ(lac - proAB) F'[lacI^{q}Z Δ M15 traD36 proAB$^+$]
JM107	endA1 supE44 thi - 1 relA1 gyrA96 Δ(lac - proAB) [F' traD36 proAB$^+$ lacI^{q}lacZΔ M15] hsdR17 (r$_k^-$ m$_k^+$)λ$^-$
JM109(DE3)	endA1 supE44 thi - 1 relA1 gyrA96 recA1 mcrB$^+$ Δ(lac - proAB) e14$^-$ [F' traD36 proAB$^+$ lacI^q lacZΔ M15] hsdR17(r$_k^-$ m$_k^+$) λ(DE3)
LE392	supE44 supF58(lacY1 or ΔlacIZY) galK2 galT22 metB1 trpR55 hsdR514(r$_k^-$ m$_k^+$)
TOP10	F$^-$ mcrA Δ(mrr$^-$ hsdRMS$^-$ mcrBC) Φ80lacZΔM15 ΔlacX74 nupG recA1 araD139 Δ(ara -leu)7697 galE15 galK16 rpsL(Str^r) endA1 λ$^-$

表 3 - 11　常用表达系统的优缺点

微 生 物	优　点	缺　点
大肠杆菌系统	基因工程的经典模型系统；生长迅速；异源蛋白的高效表达；遗传背景清楚	潜在病原体；潜在致热源；蛋白不分泌到培养基中；没有糖基化；大量表达的蛋白质以不溶解的变性和失活形式在细胞质中积累
枯草芽孢杆菌系统	基因工程安全的宿主菌；良好分泌型；发酵历史悠久	异源蛋白产生低；高水平的蛋白酶(胞内和胞外)；没有糖基化
酿酒酵母系统	基因工程安全的宿主菌；遗传背景清楚；存在糖基化和翻译后修饰；可分泌异源蛋白；可在廉价简单的培养基中规模发酵	多数情况下异源蛋白表达水平低；有超糖基化趋势；培养基中异源蛋白有时分泌不理想
丝状真菌系统	分泌大量同源蛋白；存在糖基化和翻译后修饰；具有成熟的生长和下游过程的工业技术	异源蛋白表达率低；可产生蛋白水解酶
杆状病毒系统	分泌异源蛋白；存在糖基化和翻译后修饰	终端死亡系统；异源蛋白表达率低；不发生唾液酸化；难以大规模生产；培养基昂贵
动物细胞	分泌异源蛋白；正确的糖基化和翻译后修饰	异源蛋白表达率低；难以大规模生产；培养基昂贵

3.4　DNA 的体外重组(切与接)

　　分子克隆的第一步是从不同来源的 DNA(染色体 DNA 或重组 DNA 分子)上将待克隆的 DNA 片段特异性切下，同时打开载体 DNA 分子，然后将两者连接成杂合分子。有时在外源 DNA 片段与载体分子拼接前，还需要对连接位点做特殊的技术处理，以提高连接效率。所有这些操作均由一系列功能各异的工具酶来完成，其中一些常用的工具酶本身也已使用基因工程方法产生,如部分的限制性核酸内切酶、T4 DNA 连接酶及 Klenow DNA 聚合酶等。

3.4.1　DNA 切接反应的影响因素

1. 限制性核酸内切酶的切割反应

绝大多数Ⅱ类限制性核酸内切酶对基本缓冲系统的组成要求相同,包括 10～50 mmol/L (最终浓度,下同)的 Tris - HCl(pH 为 7.5),10 mmol/L 的 MgCl₂,1 mmol/L 的 DTT(二巯基苏糖醇,用于稳定酶的空间结构),唯一的区别是各种酶对盐(NaCl)浓度的需求不同。据此,可将所有的Ⅱ类酶分为三大组,即低盐组(0～50 mmol/L NaCl)、中盐组(50～100 mmol/L NaCl)、高盐组(100～150 mmol/L NaCl)。盐浓度过高或过低均大幅度影响酶的活性,最多可降低活性 10 倍。

在相当多的情况下,需要使用两种限制性内切酶切割同一种 DNA 分子,如果两种酶对盐浓度要求相同,原则上可以将这两种酶同时加入反应体系中进行同步酶切;对于盐浓度要求差别不大的两种酶,比如一种酶属于中盐组,另一种酶属于高盐组,一般也可以同时进行反应,只是选择对价格较贵的酶有利的盐浓度,而另一种酶可通过加大用酶量的方法来弥补因用盐浓度不合适所造成的活性损失;对盐浓度要求差别较大的(如一个高盐,另一个低盐),一般不宜同时进行酶切反应。理想的操作方法是:①低盐组的酶先切,然后加热灭活该酶,向反应系统中补加 NaCl 至合适的最终浓度,再用高盐组的酶进行切割反应;②一种酶反应结束后,加入 0.1 倍体积的 5 mol/L KAc 溶液(pH 为 5.5)和 2 倍体积的冰冻乙醇,20℃放置 15min,于 4℃高速离心 15min,干燥,重新加入另一种酶的缓冲液,再进行第二种酶切反应。在某些情况下,两种酶不能同时进行酶切反应,必须先后进行,而且先后次序对酶切效果也相当关键。这种情况多发生在两种酶的识别序列互相重叠的 DNA 底物上,如 pUC18 多克隆位点中的 Kpn I 与 Sma I 识别序列共用两个 GC 碱基对(图 3 - 14,若先用 Sma I 酶切开

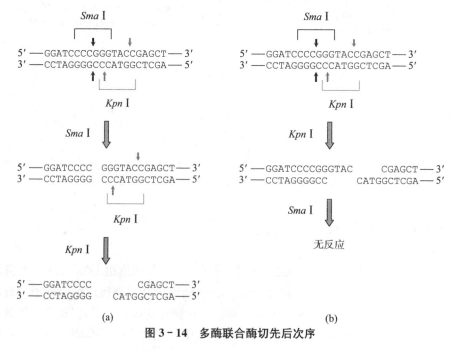

图 3 - 14　多酶联合酶切先后次序

pUC18 分子,则这个线形 DNA 分子仍能被 Kpn I 酶解;但若先用 Kpn I 切开 pUC18 分子,得到的 DNA 线形分子中的 Sma I 识别序列已遭破坏,因而 Sma I 不能进一步切割这种底物。当两种酶同时切割时(两种酶同属低盐组),由于作用次序的随机性,导致有些产物分子含有两种酶的酶解末端,而另一些产物分子只有 Kpn I 酶的酶解末端。

Ⅱ类限制性核酸内切酶虽然具有特异性的识别序列及切割位点,但当酶解条件发生变化时,酶切反应的专一性可能会降低,导致同种酶识别多种序列,这种现象称为限制性核酸内切酶的星号活性(Star Activity)。如 EcoR I 在正常条件下识别 5′ GAATTC 3′ 序列,但在低盐(<50 mmol/L)、高 pH(>8)或者甘油大量存在的情况下,其识别序列除原来的序列以外,还包括 5′ AAATTC 3′ 和 5′ GAGTTC 3′ 等,导致 EcoR I 在 DNA 分子上的切割频率大大增加。能产生星号活性的限制性核酸内切酶还包括 BamH I 等,在涉及上述两种酶的多酶联合酶解反应的设计时,应充分考虑这一点。

限制性核酸内切酶的反应规模设计主要取决于待酶切 DNA 的量,由其确定酶量,最后确定反应体积。1 个标准单位(U)的任何限制性核酸内切酶的定义为在最佳缓冲系统中,37℃反应 1h 完全水解 1μg pBR322 DNA 所需的酶量。因此,一个标准的酶切反应设计为:0.1~1.0μg DNA 5μL,10 倍的缓冲液 2μL,酶 1μL(10 倍过量),无菌重蒸水 12μL,反应总体积为 20μL。商品酶一般含有 50% 的甘油,为了确保甘油在反应体系中不对酶活性及专一性造成影响,酶的加入体积最好不要超过反应总体积的 1/10。有时由于待酶切 DNA 样品的纯度不够,可以适当扩大反应体积,以降低 DNA 样品中杂质对酶活性的抑制作用。另外,整个反应体系应尽可能做到无菌,防止痕量存在的 DNA 酶对酶切产物的进一步降解。微量的金属离子往往会抑制限制性核酸内切酶的活性,这也是在酶切反应中使用重蒸水的原因。酶解反应结束后,有时需要使酶灭活,大多数限制性核酸内切酶可简单地在 68℃ 保温 10min 灭活,某些酶如 BamH I 等不易加热灭活,可用等体积的苯酚-氯仿溶液处理反应液,再用乙醚萃取残留的苯酚(苯酚是酶的强烈抑制剂),最后用乙醇沉淀回收 DNA。但在一般情况下,无论是电泳或乙醇沉淀 DNA,都不需要酶的灭活这步工序。

2. T4 DNA 连接酶的连接反应

T4 DNA 连接酶催化的连接反应的缓冲系统组成为:50~100 mmol/L Tris‐HCl(pH 为 7.5),10 mmol/L $MgCl_2$,5 mmol/L DTT 以及不大于 1 mmol/L 的 ATP,过量的甘油同样对连接酶的活性有抑制作用。在设计连接反应时,同样应以待连接的 DNA 量为基准。通常 1 国标单位(U)的 T4 DNA 连接酶定义为,在最佳缓冲系统及 15℃、1h 之内,完全连接 1μg λDNA 的 $Hind$Ⅲ 片段所需的酶量。一般情况下,1μL(5U)的连接酶已经足够,而连接反应总体积则在 10~15μL 内。

影响连接反应的因素很多,包括温度、离子浓度、DNA 末端的性质及浓度、DNA 片段的大小等。如果待连接的 DNA 片段携带由限制性核酸内切酶产生的黏性末端,则在较低的温度下,黏性末端退火形成含有两个交叉缺口的互补双链结构。这时的连接可视为分子内反应,其连接反应速度比分子间的连接速度快,因此理论上来说,连接反应温度应以不高于黏性末端的熔点温度(T_m)为宜。虽然 T_m 值随着黏性末端的长度及碱基成分而变化,但是大多数限制性核酸内切酶产生的黏性末端的 T_m 值在 15℃ 以下。T4 DNA 连接酶连接活性本身的最适温度却是 37℃,5℃ 以下活性大为降低,因此在实际操作时,连接反应温度与时间常采用下列几种组合:15℃‐4h、12℃‐8h、7℃‐16h 或过夜。

3. 重组率及其影响因素

重组率是指在连接反应结束后,含有外源 DNA 片段的重组分子数与所投入的载体分子数之比,虽然它与连接反应效率有关,但含义不同。如果外源 DNA 片段与载体 DNA 均用同一种限制性核酸内切酶切开,则连接反应产物可存在多种形式,如含有外源 DNA 片段的重组分子和自我连接的载体分子,后者称为载体的自我环化或空载。连接效率高并不一定等于重组率就高,在连接反应中增加连接酶的用量和延长反应时间,一般只能提高连接效率,但未必对重组率的提高有利。

提高重组率可采用下列方法:①提高外源 DNA 片段与载体 DNA 的分子数之比,理想的比例范围为(2~10):1,这样可以增加外源 DNA 片段与载体分子之间的碰撞机会,减少载体 DNA 分子之间以及载体 DNA 两个末端之间的接触,从而降低载体自我环化的能力;②在连接反应前,先用碱性磷酸单酯酶处理载体 DNA,去除其 5′末端的磷酸基团,这样即使载体 DNA 分子的两个黏性末端发生退火互补,也不能形成共价环化结构,而且这种退火互补与重新开环是可逆进行的,这就为载体分子最大限度地接纳外源 DNA 片段提供了条件,而外源 DNA 片段与载体 DNA 退火后,连接酶仍可借助于外源 DNA 片段 5′端的磷酸基团将两者连接在一起,形成在每一条链上各含有一个缺口的准重组分子,两个缺口之间的距离等于外源 DNA 片段的大小。除非外源 DNA 片段极小(<50bp),一般情况下这种准重组分子在室温下不会开环。在后续的转化中,准重组分子同样可以进入受体细胞(转化效率稍低),并在受体细胞内得到修复,形成完整的重组 DNA 分子(图 3-15);③在连接反应前,用 TdT 酶在载体分子的 3′羟基末端聚合一段同种碱基的寡聚核苷酸,防止载体 DNA 分子之间以及两个末端之间的连接,而在外源 DNA 片段的 3′末端加上互补性的寡聚核苷酸,两者退火后甚至不经连接就可导入受体细胞内。

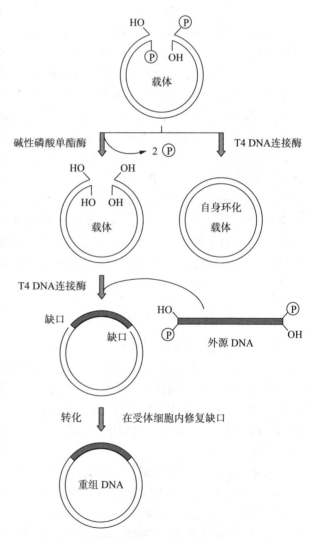

图 3-15　用碱性磷酸单酯酶防止载体自身环化

3.4.2 DNA 分子重组的方法

1. 相同黏性末端的连接

如果外源 DNA 和载体 DNA 均用相同的限制性内切酶切割,则不管是单酶酶解还是双酶联合酶解,两种 DNA 分子均含有相同的末端(经双酶切后,两种 DNA 的两个末端序列不同),因此混合后它们能顺利连接为一个重组 DNA 分子。经单酶处理的外源 DNA 片段在重组分子中可能存在正、反两种方向,而经两种非同尾酶处理的外源 DNA 片段只有一种方向与载体 DNA 重组(图 3 - 16)。上述两种重组分子均可用相应的限制性核酸内切酶重新切出外源 DNA 片段和载体 DNA,克隆的外源 DNA 片段可以原样回收。

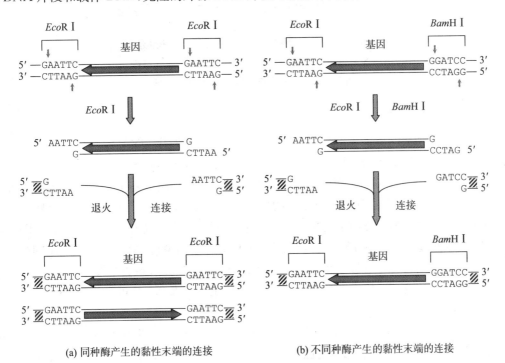

(a) 同种酶产生的黏性末端的连接　　(b) 不同种酶产生的黏性末端的连接

图 3 - 16　限制性核酸内切酶产生的黏性末端的连接

用两种同尾酶分别切割外源 DNA 片段和载体 DNA,由于产生的黏性末端相同,因此也可方便地连接。一种极端的例子是外源 DNA 用同尾酶 A 和 B 水解,而载体用这组同尾酶的另外两个成员 C 和 D 酶切,则两种 DNA 分子的四个末端均相同,它们都属于最为简单的相同黏性末端的连接。值得注意的是,多数同尾酶产生的黏性末端一经连接,重组分子便不能用任何一种同尾酶在相同的位点切开(图 3 - 17)。例如,BamH I(识别序列为 5′ GGATCC 3′)水解的 DNA 片段与 Bgl II(识别序列为 5′ AGATCT 3′)切开的片段连接后,所形成的重组分子在两个原切点处均不能为 BamH I 或 Bgl II 切割,这种现象称为酶切口的"焊死"作用。只有在少数情况下,由两种同尾酶产生的黏性末端经连接后可被其中一种酶切开。例如,Eae I 的识别序列为 5′ PyGGCCPu 3′,Eay I 的识别序列为 5′ CGGCCG 3′,它们形成的黏性末端相同,连接后的重组分子序列 5′ PyGGCCG 3′ 仅能为 Eae I 所识别,显然这种情况取决于限制性内切酶识别序列的相对专一性。

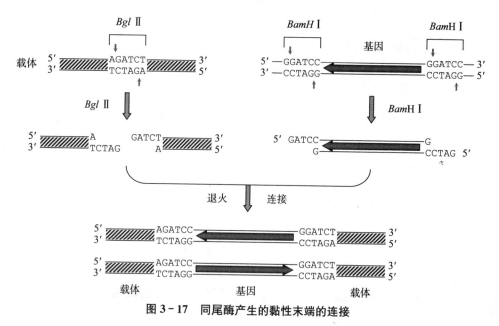

图 3-17　同尾酶产生的黏性末端的连接

2. 平头末端的连接

T4 DNA 连接酶既可催化 DNA 黏性末端的连接,也能催化 DNA 平头末端的连接,前者在退火条件下属于分子内的作用,而后者则为分子间的反应。从分子反应动力学的角度讲,后者反应更为复杂,且速度也慢得多,因为一个平头末端的 5′磷酸基团或 3′羟基与另一个平头末端的 3′羟基和 5′磷酸基团同时相遇的机会显著减少,通常平头末端的连接速度比黏性末端慢 10～100 倍。为了提高平头末端的连接速度,可采取以下措施:①增加连接酶用量,通常使用黏性末端连接用量的 10 倍;②增加 DNA 平头末端的浓度,提高平头末端之间的碰撞概率;③加入 NaCl 或 LiCl 以及 PEG;④适当提高连接反应温度,平头末端连接与退火无关,适当提高反应温度既可以提高底物末端或分子之间的碰撞概率,又可增加连接酶的反应活性,一般选择 20～25℃较为适宜。

连接体系中高浓度的 ATP 对平头末端的连接极为不利。ATP 浓度超过 1 mmol/L,会发生腺嘌呤核苷酸在连接位点的随机插入;当 ATP 浓度升至 2.5 mmol/L 时,又会显著地抑制平头末端连接反应本身。因此,除非需要特异性抑制平头末端的连接,对大多数连接反应而言,0.5 mmol/L 的 ATP 浓度是较为合适的。

3. 不同黏性末端的连接

不同的黏性末端原则上无法直接连接,但可将它们转化为平头末端后再进行连接,所产生的重组分子往往会增加或减少几个碱基对,并且破坏了原来的酶切位点,使重组的外源 DNA 片段无法酶切回收;若连接位点位于基因编码区内,则会破坏阅读框架,使之不能正确表达。不同黏性末端的连接有四种类型:①待连接的两种 DNA 分子都具有 5′突出末端(图 3-18)。在连接反应之前,两种 DNA 片段或用 Klenow 酶补平,或用 S1 核酸酶切平,然后进行连接。前者产生的重组分子多出 4 对碱基,而后者产生的重组分子则少去 4 对碱基。一般情况下大多使用 Klenow 酶补平的方法,因为 S1 核酸酶掌握不好,容易造成双链 DNA 的降解反应;②待连接的两种 DNA 分子都具有 3′突出末端(图 3-19)。Klenow 酶对这种结构没有活性,可以用 T4 DNA 聚合酶将这两种 DNA 的 3′突出末端切除,形成平头末端后再连接,所产生的重组分子同样少了四对碱基;③一种 DNA 分子具有 3′突出末端,另一种 DNA 分子携带 5′突出末端(图 3-20)。这种情况要求两种 DNA 分子在连接前,分别进行相应的处理,若 5′突出末端用 Klenow 酶补平,而 3′突出末端用 T4 DNA 聚合酶修平,则连接产生的重组 DNA 分子并没有改变碱基对的数目;④两种 DNA 分子均含有不同的两个黏性末端(图 3-21)。通常先用 Klenow 酶补平一种 DNA 分子的 5′突出末端,再用 T4 DNA 聚合酶切平 3′突出的另一末端,而且两种 DNA 分子可以混合一同处理。

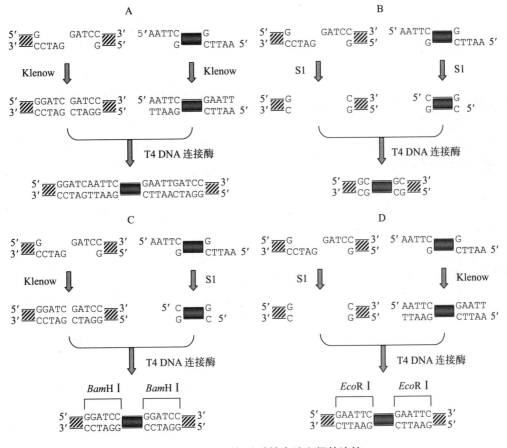

图 3-18　不同的 5′黏性末端之间的连接

在有些情况下,含有不同 5′突出黏性末端的两种 DNA 分子经 Klenow 酶补平连接后,形成的重组分子可恢复一个或两个原来的限制性内切酶识别序列,甚至还可能产生新的酶切位点(图 3-22),如 *Xba* I 与 *Hind* III 的黏性末端 (*Xba* I 切点恢复)、*Xba* I 与 *Eco*R I (两者切点均保留)、*Bam*H I 与 *Bgl* II(产生 *Cla* I 位点)等。

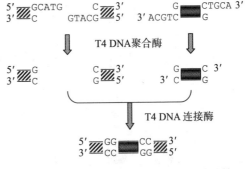

图 3-19　不同的 3′黏性末端之间的连接

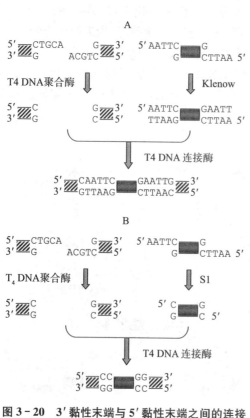

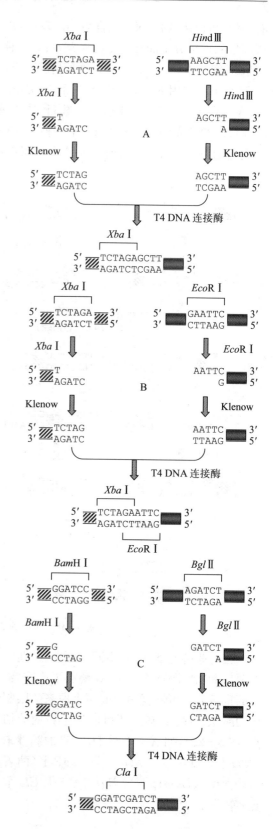

图 3-20　3′黏性末端与 5′黏性末端之间的连接

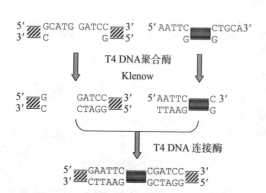

图 3-21　两种均含有不同黏性末端的 DNA 片段的连接

图 3-22　酶切位点在连接后的恢复与更新

4. 人工黏性末端的连接

上述不同黏性末端的连接大都破坏了原来的限制性内切酶识别序列,导致重组的外源 DNA 片段难以酶切回收。为了克服这一困难,可以用 TdT 处理经酶切的 DNA 片段,使之在 3′ 末端增补核苷酸同聚物,然后进行连接,同时由 TdT 酶产生的人工黏性末端还可有效地避免载体分子内或分子间以及外源 DNA 片段之间的连接,以提高重组率。

(1) 5′ 突出的末端(图 3 - 23(a))

若外源 DNA 片段含有 $EcoR$ I 的黏性末端,则先用 Klenow 酶补平,然后用 TdT 酶加上多聚 C 的人工黏性末端,使得 $EcoR$ I 酶切口在连接后完好保留;载体 DNA 分子则在补平后加上多聚 G 的互补人工黏性末端,两种分子退火黏在一起。由于 TdT 酶并不能精确控制多聚核苷酸末端的碱基数目,因此在同一 DNA 分子的两个人工黏性末端以及两个分子之间的人工黏性末端有可能长度不等,但若此时再用 Klenow 酶填补缺刻,经连接后就能形成完整的重组分子,而克隆的外源 DNA 片段仍可用 $EcoR$ I 回收。

(2) 3′ 突出的末端(图 3 - 23(b))

若外源 DNA 片段带有 Pst I 的黏性末端,则用 TdT 酶直接加上多聚 G 的人工黏性末端(目的是保留 Pst I 的酶切位点),而载体分子则加上多聚 C 的互补末端,退火后用 Klenow 酶填补有可能出现的缺刻,并将之连接成重组分子,此时克隆的外源 DNA 片段可用 Pst I 回收。

(3) 平头末端(图 3 - 23(c))

DNA 分子的平头末端不管是否由限制性内切酶产生,经 TdT 酶接上同聚物人工黏性末端后,一般情况下不能用限制性内切酶回收插入片段,但可用 S1 核酸酶从重组分子上切下这个插入片段。其做法是:两种 DNA 分子分别用 TdT 酶增补多聚 A 和多聚 T 的人工黏性末端,退火后用 Klenow 酶填补缺刻,并将之连接成重组分子。此时或克隆后只需将重组分子稍稍加热,AT 配对区域就会出现单链结构,用 S1 核酸酶处理即可回收插入片段,而重组分子的其他区域一般不会出现大面积连续的 AT 区域,因此其 T_m 总是高于 AT 人工黏性末端(通常由 30~50 个 AT 碱基对组成)区域的 T_m,只要掌握合适的加热温度,就能保证 S1 核酸酶作用位点的正确性。

5. 酶切位点的定点更换

在有些分子克隆实验中,需要将 DNA 上的一种限制性内切酶识别序列转化成另一种酶的识别序列,以便 DNA 分子的重组。有以下两种方法可以达到这个目的。

(1) 加装人工接头

接头是一段含有某种限制性内切酶识别序列的人工合成的寡聚核苷酸,通常是八聚体和十聚体。图 3 - 24 表示的是一种利用人工接头片段在 DNA 上更换或增添限制性内切酶识别序列的标准程序。如果 DNA 分子的两端是平头末端,则将人工接头(linker)直接连接上去,然后用相应的限制性内切酶切出黏性末端。若要在 DNA 分子的某一限制性内切酶的识别序列处接上另一种酶的人工接头,可先用前一种酶把 DNA 切开,然后依照 5′ 突出末端用 Klenow 酶补平以及 3′ 突出末端用 T4 DNA 聚合酶切平的原则,处理 DNA 末端使之成为平头,再接上相应的人工接头。

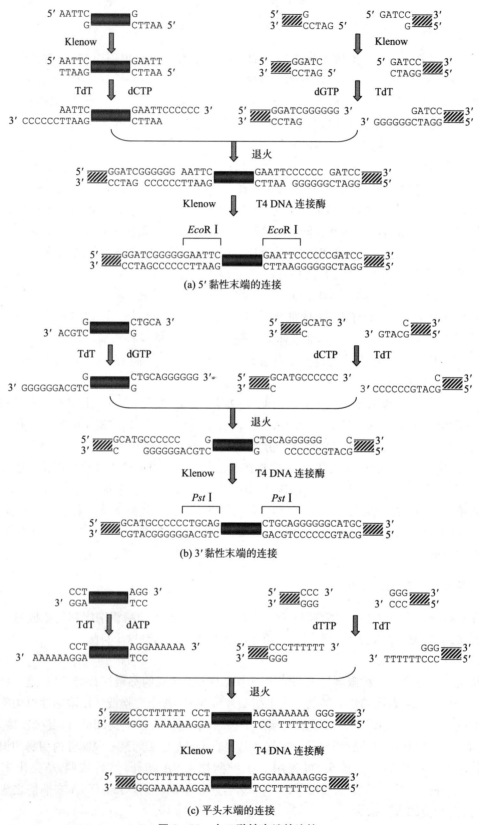

(a) 5′黏性末端的连接

(b) 3′黏性末端的连接

(c) 平头末端的连接

图 3 - 23　人工黏性末端的连接

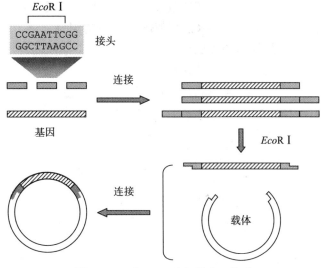

图 3 - 24　在 DNA 上加装人工接头

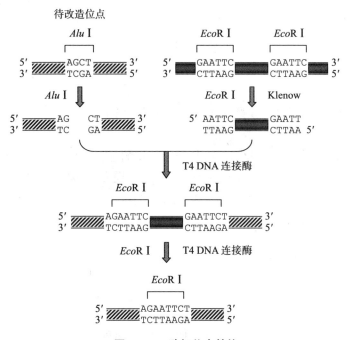

图 3 - 25　酶切位点转换

（2）改造识别序列

改造识别序列的原理是利用一种限制性内切酶的识别序列改造另一种酶的识别序列，从而使前者迁移到后者的位置上。例如，将 DNA 上的 *Alu* I 识别序列改造成 *Eco*R I 识别序列，其操作程序可由图 3 - 25 表示：先用 *Alu* I 切开 DNA 片段，将任何一段含有 *Eco*R I 识别位点的 DNA 片段用 *Eco*R I 切开，并以 Klenow 酶补平黏性末端，两种 DNA 分子连接，再用 *Eco*R I 切开重组分子，原来的 *Alu* I 位点即转化为 *Eco*R I 位点。这里应区分两种情况：第一，DNA 片段上有多个 *Alu* I 位点需要同时换成 *Eco*R I 识别位点；第二，DNA 分子上只有一个 *Alu* I 位点，两种情况的操作方式并不完全相同。由上述操作程序可知，任何能提供 3′ G

的限制性内切酶识别序列,包括其黏性末端经 Klenow 酶补平或经 T4 DNA 聚合酶切平,均可转变为 EcoR I 识别序列以及与 EcoR I 相似的其他酶的识别序列,如 Ava II、BamH I、BstE II 等。根据同样的原理,还可将提供 3′- C、3′- A、3′- T 的限制性内切酶识别序列更换成相应的其他酶识别序列,这些序列的对应关系列在表 3 - 12 中。

表 3 - 12　限制性内切酶切口的定位转换

A 酶切口			→	B 酶切口		
	酶	识别序列			酶切	识别序列
	Alu I	AG/CT			EcoR I	G/AATTC
3′- G	Xba I	T/CTAGA		5′- G	BamH I	G/GATCC
	Xma I	C/CCGGG			$Hinf$ I	G/ANTC
3′- C	BamH I	G/GATCC		5′- C	Xho I	C/TCGAG
	Bgl II	A/GATCT			Xma I	C/CCGGG
	Bcl I	T/GATCA			Hpa II	C/CGG
3′- A	Sal I	G/TCGAC		5′- A	Bgl II	A/GATCT
	Dpn I	GA/TC			Mae II	A/CGT
	Xca I	GTA/TAC			Spe I	A/CTAGT
3′- T	EcoR I	G/AATTC		5′- T	Bcl I	T/GATCA
	EcoR V	GAT/ATC			Xba I	T/CTAGA
	$Hind$ III	A/AGCTT			Taq I	T/CGA

(A 酶切口栏左侧标注: 3′ 碱基对供体; B 酶切口栏左侧标注: 5′ 碱基对供体)

3.5　重组 DNA 分子的转化与扩增(转与增)

DNA 重组分子在体外构建完成后,必须导入特定的受体细胞,使之无性繁殖并高效表达外源基因或直接改变其遗传性状,这个导入过程及操作统称为重组 DNA 分子的转化(transformation),其基本原理和转化方法参见 2.6.3 节,对于不同的受体细胞,往往采取不同的转化战略。

3.5.1　转化率及其影响因素

1. 转化率的定义

转化率是转化(包括感染)效率的评估指标,通常有两种形式表征转化率。一是在待转化 DNA 分子数大于受体细胞数的条件下,转化细胞与细胞总数之比。例如在标准条件下,利用 Ca^{2+} 诱导法转化质粒 DNA 的最大转化率为 10^{-3},即平均每 1 000 个受体细胞中有一个细胞接纳了质粒 DNA。如果假定处于感受态的受体细胞能 100% 地接纳 DNA 分子,则这种转化率直接反映了受体细胞中感受态细胞的含量;转化率的另一种表示形式是在受体细胞数相对于待转化 DNA 分子数大大过量时,每微克 DNA 转化所产生的克隆数。由于在一般规模的转化实验中,所观测到的每个受体细胞只能接纳一个 DNA 分子,因此上述转化率的定义也可表征为每微克 DNA 进入受体细胞的分子数。例如,pUC18 对大肠杆菌的转化率为 $10^8/\mu g$ DNA,其含义是每微克 pUC18 只有 10^8 个分子能进入受体细胞,1 µg pUC18 中共有 $6.02 \times 10^{17}/(2686 \times 660) \approx 3.4 \times 10^{11}$ 个分子,也就是说,每 3 400 个 pUC18 分子中只有一个分子进入受体细胞。如果能够准确确定转化 $1\mu g$ pUC18 所用的受体细胞的总数,则上述两种转化率是可以换算的。

2. 转化率的用途

利用已知的转化率和重组率参数可以帮助设计 DNA 重组实验的规模。例如,某一克隆系统的重组率为 20%,转化率为 $10^7/\mu g$ DNA,经体外切割与连接处理后的载体 DNA 或重组分子的转化率比直接从细菌中制备的载体 DNA 低 100 倍,若载体 DNA 和重组 DNA 分子的转化率差异忽略不计,则欲获得 10^4 个含有重组 DNA 分子的克隆,至少应投入 $0.5\mu g$ 的载体 DNA,其计算方法如下:$10^4/20\% \times 10^{-2} \times 10^7$。按外源 DNA 片段与载体 DNA 分子数为 10∶1 的要求,即可推算出外源 DNA 片段的用量。如果转化培养液全部涂板筛选,理论上可形成 5×10^4 个转化克隆,若使每块平板上平均含有 500 个克隆,则需涂布 100 块平板。涂布过密,会给后期筛选带来很大困难;涂布太稀,既浪费又给筛选造成不必要的麻烦。

3. 转化率的影响因素

转化率的高低对于一般重组克隆实验关系不大,但在构建基因文库时,保持较高的转化率至关重要。影响转化率的因素很多,其中包括:

(1) 载体 DNA 及重组 DNA 方面

载体本身的性质决定了转化率的高低,不同的载体 DNA 转化同一受体细胞,其转化率明显不同。载体分子的空间构象对转化率也有明显影响,超螺旋结构的载体质粒往往具有较高的转化率,经体外酶切连接操作后的载体 DNA 或重组 DNA 由于空间构象难以恢复,其转化率一般要比具有超螺旋结构的质粒低两个数量级。对于以质粒为载体的重组分子而言,相对分子质量大的转化率低,长度大于 30kb 的重组质粒很难进行转化。

(2) 受体细胞方面

受体细胞除了具备限制重组缺陷性状外,还应与所转化的载体 DNA 性质相匹配,如 pBR322 转化大肠杆菌 JM83 株,其转化率不高于 $10^3/\mu g$ DNA,但若转化 ED8767 株,则可获得 $10^6/\mu g$ DNA 的转化率。

(3) 转化操作方面

受体细胞的预处理或感受态细胞的制备对转化率影响最大。对于 Ca^{2+} 诱导的完整细胞转化而言,菌龄、$CaCl_2$ 处理时间、感受态细胞的保存期以及热脉冲时间均是很重要的因素,其中感受态细胞通常在 $12\sim24h$ 内转化率最高,之后转化率急剧下降。对于原生质体转化而言,再生率的高低直接影响转化率,而原生质体的再生率又受诸多因素的制约。在一次转化实验中,DNA 分子数与受体细胞数的比例对转化率也有影响,通常 $50\sim100ng$ 的 DNA 对应 10^8 个受体细胞或原生质体,在此条件下,加大 DNA 量并不能线性提高转化率,甚至反而使转化率下降。不同的转化方法导致不同的转化率,这是不言而喻的,五种细菌常用的转化方法的最佳转化率范围列在表 3-13 中。其中,电穿孔法的转化率与质粒大小密切相关,但明显优于 Ca^{2+} 诱导的转化,接合转化虽然转化率较低,但对于那些不能用其他方法转化的受体细胞来说不失为一种选择,如光合细菌大多数种属的菌株均采用接合转化方式将重组 DNA 分子导入细胞内。

表 3 - 13　大肠杆菌五种常用转化方法的比较

方　　法	最佳转化率频率/(转化子 $\cdot$ μg^{-1} DNA)
Ca^{2+} 诱导	$10^7 \sim 10^8$
原生质体转化	$10^5 \sim 10^6$
λ 噬菌体转化	$10^7 \sim 10^8$
电穿孔法	$10^6 \sim 10^9$ (<100kb)
接合转化	$10^4 \sim 10^5$

3.5.2　转化细胞的扩增

转化细胞的扩增操作单元是指受体细胞经转化后立即进行短时间的培养,如 Ca^{2+} 诱导转化后的受体细胞在 37℃ 培养 1h,原生质体转化后的细胞壁再生过程以及 λ 重组 DNA 分子体外包装后与受体细胞的混合培养等。转化细胞的扩增具有下列三方面的内容:①转化细胞的增殖,使得有足够数量的转化细胞用于筛选环节;②载体 DNA 上携带的标记基因拷贝数扩增及表达,这是进行筛选单元操作的前提条件;③克隆的外源基因的表达,如果重组 DNA 分子的筛选与鉴定依赖于外源基因表达产物的检测,则外源基因必须在转化细胞扩增期间表达。总之,转化细胞扩增的目的只有一个,即为后续的筛选鉴定单元操作创造条件。

3.6　转化子的筛选与重组子的鉴定(检)

在 DNA 体外重组实验中,外源 DNA 片段与载体 DNA 的连接反应物一般不经分离直接用于转化,由于重组率和转化率不可能达到 100% 的理想极限,因此必须使用各种筛选与鉴定手段区分转化子(接纳载体或重组分子的转化细胞)与非转化子(未接纳载体或重组分子的非转化细胞)、重组子(含有重组 DNA 分子的转化子)与非重组子(仅含有空载载体分子的转化子),以及期望重组子(含有目的基因的重组子)与非期望重组子(不含目的基因的重组子)。在一般情况下,经转化扩增单元操作后的受体细胞总数(包括转化子与非转化子)已达 $10^9 \sim 10^{10}$,从这些细胞中快速准确地选出期望重组子的战略是将转化扩增物稀释一定的倍数后,均匀涂布在用于筛选的特定固体培养基上,使之长出肉眼可分辨的菌落或噬菌斑(克隆),然后进行新一轮的筛选与鉴定。

3.6.1　基于载体遗传标记的筛选与鉴定

载体遗传标记法的原理是利用载体 DNA 分子上所携带的选择性遗传标记基因筛选转化子或重组子。由于标记基因所对应的遗传表型与受体细胞是互补的,因此在培养基中施加合适的选择压力,即可保证转化子显现(长出菌落或噬菌斑),而非转化子隐去(不生长),这种方法称为正选择。经过一轮正选择,往往可使转化扩增物的筛选范围缩小成千上万倍。如果载体分子含有第二个标记基因,则可利用这个标记基因进行第二轮的正选择或负选择(视标记基因的性质而定),从众多转化子中筛选出重组子。

1. 抗药性筛选法

抗药性筛选法实施的前提条件是载体 DNA 上携带有受体细胞敏感的抗生素的抗性基因,如 pBR322 质粒上的氨苄青霉素抗性基因(Ap^r)和四环素抗性基因(Tc^r)。如果外源 DNA 是插在 pBR322 的 Bam H I 位点上,则只需将转化扩增物涂布在含有 Ap 的固体平板上,理论上能长出的菌落便是转化子;如果外源 DNA 插在 pBR322 的 Pst I 位点上,则利用 Tc 正向选择转化子(图 3-26(a))。由于转化子通常只有非转化子的 0.1%甚至 0.01%,所以这种正选择法极具威力。

上述正选择获得的转化子中含有重组子与非重组子,为了进一步筛选出重组子,可采用图 3-26(b)所示的方法进行第二轮负选择。用无菌牙签将 Ap^r 的转化子分别逐一挑在只含一种抗生素的 Tc 和 Ap 两块平板上。由于外源 DNA 片段在 Bam H I 位点的重组,导致载体 DNA 的 Tc^r 基因插入灭活,选择的重组子具有 $Ap^r Tc^s$ 的遗传表型,而非重组子则为 $Ap^r Tc^r$,因此重组子只能在 Ap 板上形成菌落而不能在 Tc 板上生长。只要比较两种平板上各转化子的生长状况,即可在 Ap 板上挑出重组子,但是如果转化子有成千上万个,这种方法非常耗时。其改进方法是利用影印培养技术,将一块无菌丝绒布或滤纸接触含有细菌菌落的平板表面,使之定位沾上菌落印迹,然后小心地用 Tc 板压在其上,菌落又印在 Tc 板的相应位置上,经过培养至菌落显现,Tc 板就被影印复制出来。如果 Ap 板的转化子密度较高,则在影印复制过程中容易造成菌落遗漏,为重组子的筛选造成假象。

负选择操作较为烦琐,一种变负选择为正选择的程序如下:在经转化扩增操作后的细菌悬浮液中,加入含有氨苄青霉素、四环素和适量 D-环丝氨酸的培养基,继续培养一段时间后,具有 $Ap^s Tc^s$ 的非转化子被氨苄青霉素杀死,$Ap^r Tc^s$ 型的重组子由于四环素的存在而停止生长,但不死亡,只有含空载质粒的 $Ap^r Tc^r$ 型非重组转化子可以生长,但在生长过程中被 D-环丝氨酸杀死。细菌培养物经离心去除培养基,用新鲜的不含任何抗生素的培养基洗涤菌体,悬浮稀释,涂布在只含有氨苄青霉素的固体培养基上,长出的菌落便是 $Ap^r Tc^s$ 的重组子。

然而,经过上述程序筛选出的菌落的抗药性未必都来自载体分子上的标记基因,相当多的受体菌基因组中存在着一些广谱抗药性基因,它们通常为抗生素诱导表达。另外,受体细胞药物抗性的回复突变也是可能的,因此用抗药性筛选法选择出的重组子必须通过重组质粒的抽提加以验证,事实上这也是重组子鉴定必不可少的操作步骤。

2. 营养缺陷性筛选法

如果载体分子上携带有某些营养成分(如氨基酸或核苷酸等)的生物合成基因,而受体细胞因该基因突变不能合成这种生长所必需的营养物质,则两者构成了营养缺陷性的正选择系统。将待筛选的细菌培养物涂布在缺少该营养物质的合成培养基上,长出的菌落即为转化子,而重组子的筛选仍需要第二个选择标记,并通过插入灭活的方式进行第二轮筛选。营养缺陷性的筛选过程同样存在着受体细胞的回复突变问题,因而需要对获得的转化子做进一步的鉴定。

3. 显色模型筛选法

许多大肠杆菌的载体质粒上含有 $lacZ'$ 标记基因,它包括大肠杆菌 β-半乳糖苷酶基因 $lacZ$ 的调控序列以及氨基端 146 个氨基酸残基的编码序列,其表达产物为无活性的不完全

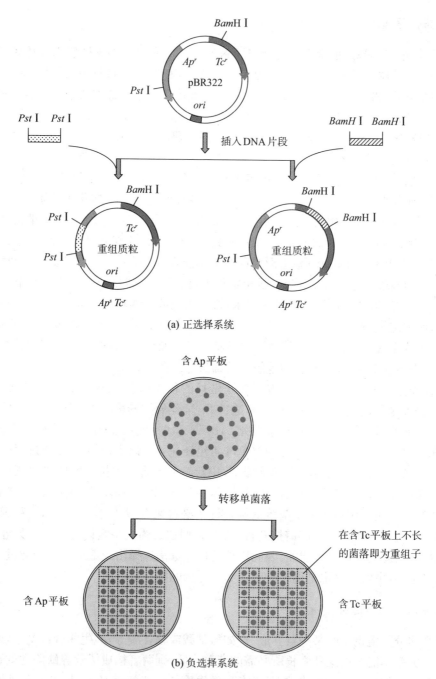

(a) 正选择系统

(b) 负选择系统

图 3 - 26 质粒介导的抗药性筛选系统

酶,称为 α 受体。而许多大肠杆菌的受体细胞在其染色体 DNA 上含有 β-半乳糖苷酶羧基端的部分编码序列,由其产生的蛋白质也无酶活性,但可作 α 供体。无论在胞内还是胞外,受体一旦与供体结合,便可恢复 β-半乳糖苷酶的活性,将无色的 5-溴-4-氯-3-吲哚-D-半乳糖苷(X-gal)底物水解成蓝色产物,这一现象称为 α-互补。

当外源 DNA 片段插到位于 *lacZ'* 基因内部的多克隆位点上时,生长在含有 X-gal 的平板上的重组子因 *lacZ'* 基因的插入灭活而呈白色,非重组子则显蓝色,由此构成颜色选择模型。有些大肠杆菌质粒(如 pUC18/19)的标记基因为 $lacI'-lacOPZ'$,其编码阻遏蛋白的基因 $lacI$ 是缺失的,因而不能在受体菌中合成具有操作子 O_{lac} 结合活性的阻遏蛋白, $lacZ'$ 基因得以全程表达,筛选时只需在培养基中添加 X - gal 即可。另一些大肠杆菌质粒如 pSPORT1,携带完整的 $lacI$ 基因,能在受体菌中产生阻遏物,后者结合在相应的操作子上并关闭 $lacZ'$,此时在筛选培养基中必须同时添加 X - gal 和诱导物异丙基- β - D -硫代半乳糖苷(IPTG),才能根据颜色反应筛选重组子。显色标记基因通常只用于筛选重组子,而转化子的选择则主要利用抗药性标记或营养缺陷型标记,上述两种质粒除了 $lacZ'$ 外都含有 Ap^r 选择标记基因。

4. 噬菌斑筛选法

以 λDNA 为载体的重组 DNA 分子经体外包装后转染受体菌,转化子在固体培养基平板上被裂解形成噬菌斑,而非转化子正常生长,很容易辨认。如果在重组过程中使用的是取代型载体,则噬菌斑中的 λ 噬菌体即为重组子,因为空载的 λDNA 分子不能被包装,在常规的转染实验中不会进入受体细胞产生噬菌斑。在插入型载体的情况下,由于空载的 λDNA 已大于包装下限,所以也能被包装成噬菌体颗粒并产生噬菌斑,此时筛选重组子必须启用载体上的标记基因,如 $lacZ'$ 等。当外源 DNA 片段插入 $lacZ'$ 基因内时,重组噬菌斑无色透明,而非重组噬菌斑则呈蓝色。

3.6.2　基于克隆片段序列的筛选与鉴定

一般而言,上述基于载体遗传标记的筛选与鉴定程序并不能区分期望重组子与非期望重组子。然而在大多数情况下,待克隆的目的基因或 DNA 片段的序列至少部分是已知的,因此下列依据克隆片段序列而设计的筛选与鉴定程序具有广泛的实用性。

1. PCR 鉴定法

根据引物互补区域的不同,PCR 技术既可用于区分重组子与非重组子,也能鉴定期望重组子与非期望重组子,甚至还能探测目的基因或 DNA 片段是否整合在受体细胞的基因组上,其原理如图 3 - 27 所示。然而,上述 PCR 鉴定程序一般需要将筛选平板上的单菌落分别挑出进一步培养,因此不太适用于成千上万个转化子的鉴定。

2. 菌落原位杂交法

菌落原位杂交法(参见 2.6.2 节),又称探针原位杂交法,能从成千上万个转化子中迅速检测出期望重组子,其前提条件是必须拥有与目的基因某一区域同源的探针序列。根据核酸杂交原理,探针序列特异性地杂交目的基因,并通过放射性同位素或荧光基团进行定位检测。该法对平板上的菌落采用影印的手段,无需逐一挑取单菌落,因此易于实现高通量筛选。

3. 限制性酶切图谱法

在外源 DNA 片段的大小以及限制性酶切图谱已知的情况下,对重组分子进行酶切鉴定,不仅能区分重组分子与非重组分子,有时还能初步确定期望重组子与非期望重组子。在经抗药性正选择后,从所有的转化子中快速抽提质粒 DNA,采用合适的限制性内切酶消化之,然

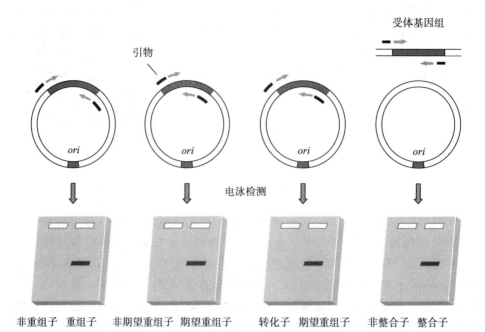

图 3-27 PCR 筛选鉴定法工作原理

后根据电泳图谱分析质粒分子的大小,相对分子质量大于载体质粒的为重组分子,最终利用载体上的已知酶切位点建立重组质粒插入片段的酶切图谱,并与已知数据进行比较,进而确定期望重组子。目前实验室常用的大肠杆菌载体质粒(如 pUC、pSPORT1 及 pSP 系列等)在大肠杆菌 JM83 受体菌中均有上千个拷贝数,从米粒大小的一点菌体中,由沸水浴快速抽提质粒 DNA 的量足够进行 10 次酶切反应,因此限制性酶切图谱法在实验室中被普遍采用。

(1)全酶解法

该法是用一种或两种限制性内切酶切开质粒 DNA 上所有相应的酶切位点,形成全酶切图谱。图 3-28 是利用 pUC18 克隆一个 4.0kb 大小的外源 DNA 片段的实例,从转化子中抽提的质粒 DNA 的酶切鉴定方案如下:

① 如果外源 DNA 片段插入在载体的 Sph I 位点上,则用该酶消化质粒 DNA,电泳分离后,可观察到两条明显的带子,其大小分别为 2.7kb 和 4.0kb,若只有 2.7kb 一条带,则该质粒来自非重组子。

② 上述方案极不经济,因为 Sph I 酶非常昂贵,是 EcoR I 和 $Hind$III 两种酶总和的 50倍。用 EcoR I 和 $Hind$III 联合酶切,同样可以卸下克隆在 Sph I 位点上的外源 DNA 片段,而且这种方法适用于插入在 pUC18 多克隆位点上任何酶切口的 DNA 片段,尤其在处理上百个质粒时,更显出其经济合理性。

③ 如果插入片段与载体质粒一样大,则最好用合适的酶将之线性化,通过比较大小确定其是否重组分子。

④ 在经上述第一轮酶切筛选出重组子后,便可根据已知的外源 DNA 酶切图谱,对重组质粒上的插入片段进行深入鉴定,以确定期望重组子。用 Kpn I 切开重组质粒,可获得3.0kb+3.7kb 或 1.0kb+5.7kb 两组酶切数据,它们分别代表外源 DNA 片段两种可能的插入方向。同样,用 Pst I 切重组质粒,也可获得 0.8kb+5.9kb 或 3.2kb+3.5kb 两组对应的数据。

⑤ 在用 Sal I 鉴定时,B 型重组质粒的酶切图谱只显示 2.0kb 和 2.7kb 两条带,表明该重

组质粒至少有两个酶切位点。存在多于两个 *Sal* I 酶切位点的情况有:第一,两个酶切位点相距很近,比如只有 20bp,一般地,琼脂糖凝胶电泳能检测的最小核酸片段为 100bp,因此实际上切出 3 个 *Sal* I 片段,但凝胶电泳无法显示 20bp 的 *Sal* I 片段;第二,两个 *Sal* I 片段大小相差在 50bp 以内,如 1.98kb 和 2.03kb 两个 *Sal* I 片段在凝胶电泳上无法分辨。但是 2.0kb 左右带子的明亮度明显大于 2.7kb 的带子,据此可以断定存在着两条大小相差很小或完全相同的 *Sal* I 片段。由于染料溴乙锭分子是嵌合在 DNA 两条链之间的,待检测的 DNA 分子越长,染料分子结合得就越多,亮度也越大。对于等分子的酶切片段而言,荧光亮度与 DNA 片段的大小有顺变关系,如果染料加量适中,甚至会呈线性关系,因此在同一种质粒的酶切片段中,如果发现小分子量条带的亮度比大分子量片段的亮度还要强,则可断定小分子量条带中含有两种或两种以上的 DNA 片段。值得注意的是,酶切反应不彻底时也会出现这种现象。

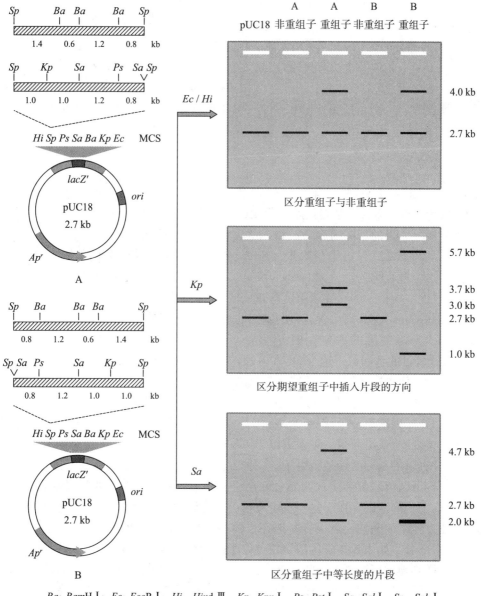

Ba: *Bam*H I ; *Ec*: *Eco*R I ; *Hi*: *Hin*d Ⅲ ; *Kp*: *Kpn* I ; *Ps*: *Pst* I ; *Sa*: *Sal* I ; *Sp*: *Sph* I

图 3 - 28　酶切图谱法鉴定克隆的 DNA

至此,已建立了四种限制性内切酶的酶切图谱。插入的 DNA 片段中还含有 3 个 *Bam*HⅠ位点,对 A 型插入方向而言,*Bam*HⅠ能切出 0.6kb、0.8kb、1.2kb、4.1kb 四种片段,靠近 *Hind*Ⅲ一端的 *Bam*HⅠ切口是可以确定的,因为只有这个片段含有 pUC18 载体,并且这个 *Bam*HⅠ位点与载体上的 *Hind*Ⅲ位点之间的距离为 1.4kb(4.1kb～2.7kb),但另外两个 *Bam*HⅠ位点不能简单地确定,必须通过多酶联合酶切或 *Bam*HⅠ单酶部分酶切的方法才能准确定位。

（2）部分酶切法

部分酶切法是通过限制酶量或限制反应的时间使部分酶切位点发生切割反应,产生相应的部分限制性片段,显然这些片段大于全酶解片段,因此能确定同种酶多个切点的准确位置。在上面的例子中,重组质粒用一定量的 *Bam*HⅠ酶反应不同的时间,然后所有样品分别进行电泳检测,电泳图谱上除了上述四种全酶解片段外,还出现了 1.4kb、2.0kb、2.6kb、4.7kb、5.3kb、5.5kb、5.9kb、6.1kb、6.7kb 等多种部分酶切片段,其中 1.4kb 的片段只能是 0.6kb 和 0.8kb 两个片段的部分酶切结果,说明两者前后相邻排列;同理 2.0kb 的部分酶解片段只能来自 0.8kb 和 1.2kb 两个相连的全酶解片段,因此 3 个 *Bam*HⅠ片段的排列顺序为 0.6 - 0.8 - 1.2 或 1.2 - 0.8 - 0.6。至于这两种情况的确定,则需用 *Bam*HⅠ和 *Pst*Ⅰ联合酶切,如果 1.2kb 的 *Bam*HⅠ片段变小了,则证明这个片段含有 *Pst*Ⅰ位点,并位于插入片段的右侧,于是 0.6 - 0.8 - 1.2 的排列顺序是正确的。

4. 亚克隆法

鉴定出期望重组子后,接下来的工作便是目的基因的定位。如果期望重组子中外源 DNA 的片段为 10kb,而目的基因长度仅为 1.0kb,则目的基因在 DNA 片段上所处的位置必须确定,以便删除非目的基因的 DNA 片段,大大简化目的基因的进一步分析。

从一个克隆的 DNA 片段上分割几个区域,分别将之再次克隆在新的载体上,获得一系列新的重组子,这个过程称为亚克隆(subcloning)。亚克隆作为名词的含义(subclone)是指上述再次克隆过程中所得到的无性繁殖菌落,每个亚克隆都含有一种新的重组分子。亚克隆在定位目的基因的同时,也分离出含有目的基因的最小 DNA 片段。

图 3 - 29 表示亚克隆的基本操作程序。一个在初级克隆中获得的重组分子含有 *Eco*RⅠ外源 DNA 片段,目的基因位于这个 DNA 片段的某个区域。根据限制性酶切图谱,选择几个理想的酶切位点,使得这些酶切片段略大于目的基因(例如 1.0～1.5kb)。为了避免片段中含有原来的载体 DNA 部分,这些酶切位点应包括 *Eco*RⅠ,而且不存在于载体分子中。用选择的限制性内切酶处理重组分子,得到的 DNA 片段分别与具有相应限制性酶切末端的新质粒重组,转化受体细胞,最终获得一系列重组子 A～G,然后使用两种方法在上述七个重组子的范围内确定含有目的基因的期望重组子。一种方法是探针杂交重组质粒(由于亚克隆数量很少,没有必要进行菌落原位杂交),如果七种重组质粒中只有一种重组质粒呈杂交阳性反应,则可基本上确定目的基因存在于这个重组质粒中。遗憾的是,如果事先不知道目的基因的酶切图谱,则亚克隆时的酶切位点很容易选在目的基因内部,造成杂交阳性的重组质粒只含有目的基因的一部分。如果亚克隆的酶切位点位于探针杂交区域内,可能出现两种杂交阳性的重组质粒,这样必须重新选择合适的亚克隆酶切位点。另一种方法是目的基因的遗传表型检测,具有目的基因遗传特征的重组子即为期望重组子。同理,如果亚克隆的酶切位点位于目的基因的内部,则它被分割在两种重组质粒上,造成所有的亚克隆均不能产生期望的遗传

表型。

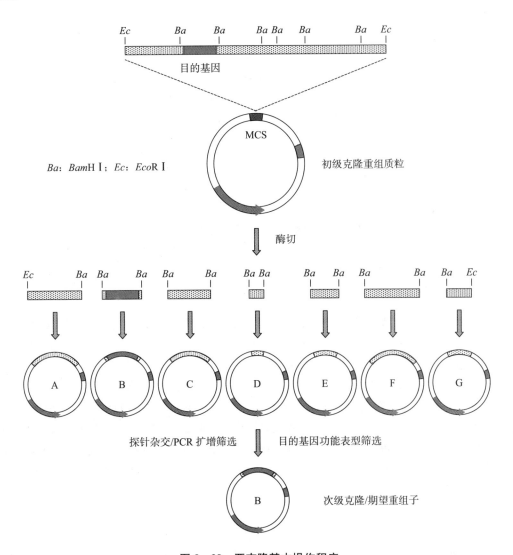

图 3 - 29 亚克隆基本操作程序

　　然而,在上述的探针杂交实验中,即便不能获得含有完整目的基因的期望重组子,但同时掌握了目的基因的限制性酶切位点分布情况,具体做法是将待检测重组分子用多种不同的限制性内切酶处理,然后进行杂交,如果在某个酶的酶切片段中只有一条大于目的基因的 1.3kb 杂交阳性带,这个片段有可能包含完整的目的基因,任何出现两条或多条杂交阳性带的限制性内切酶以及出现小于目的基因长度的均被排除。杂交探针的分子越大,这种检测方法就越有效。

　　如果目的基因的两端附近区域没有合适的酶切位点,那么利用亚克隆法获得的期望重组子上仍会存在一些不需要的 DNA 区域,它们的进一步精细删除可采用图 3 - 30 所示的程序进行,利用 Bal31 核酸酶从重组分子中外源 DNA 一端或两端同时缩短非目的基因区,根据产生的重组子的遗传表型消失与否或者根据测定的 DNA 序列决定降解反应的程度。

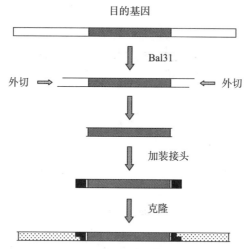

图 3 - 30 利用 Bal31 剔除克隆片段的冗余序列

5. DNA 序列测定法

通过亚克隆法去除大片段无关的 DNA 区域后,对含有目的基因的 DNA 片段进行序列测定与分析,以便最终获得目的基因的编码序列和基因调控序列,精确界定基因的边界,这对目的基因的表达及其功能研究具有重要意义。

DNA 的测序技术(参见 2.6.4 节)的发展也为重组子的筛选和鉴定提供了有效手段。但是 Sanger 测序法是建立在通过聚丙烯酰胺凝胶电泳分离不同大小的 DNA 片段基础上的,因此一次测序能直接读出的 DNA 序列长度受到凝胶分离效果的限制。一般地,从一块 40cm 长的凝胶板上一次最多可以读出 350 个碱基序列,也就是说,聚丙烯酰胺凝胶电泳可以分开 349 个碱基和 350 个碱基两个单链 DNA 分子。超过这种长度的 DNA 大片段必须进行多轮测序,其方法如下。

(1)分段克隆战略。将待测的 DNA 大片段用合适的限制性内切酶切成 300～350bp 大小的小片段,使得每个小片段与其相邻的 DNA 小片段具有 30bp 以上的重叠区域,然后将之亚克隆在质粒上分别进行测序(图 3 - 31)。各亚克隆片段的重叠十分重要,因为有时某种限制内切酶的酶切位点相距很近,由此产生的 DNA 极小片段在亚克隆中容易漏掉,造成测序结果的不完整。上述方法的缺陷是亚克隆甚为耗时,而且在相当多的情况下,待测 DNA 片段上未必含有分布均匀的合适酶切位点。

(2)引物走读战略。这种战略在原理上更为简单(图 3 - 32):将待测 DNA 片段克隆在质粒载体上,首先使用与载体 DNA 互补的引物 P1 进行第一轮测序,根据测出的 DNA 末端序列,人工合成 P2 引物,并在此引物指导下,进行第二轮测序。如此循环下去,直至克隆的 DNA 片段全部完成测序。为了避免引物与 DNA 模板的错配,在这种方法中使用的引物至少应有 24 碱基的长度,此外引物本身不能具有互补结构。这种方法的优越性是显而易见的,它不需要进行多次亚克隆操作,也不需要对待测 DNA 片段进行 DNase Ⅰ 处理,而且每次阅读的长度根据放射性自显影的效果可长可短,缺点是需要多种引物的化学合成。如果实验室装备有 DNA 合成仪,采取这种方法测序则是最理想的选择。

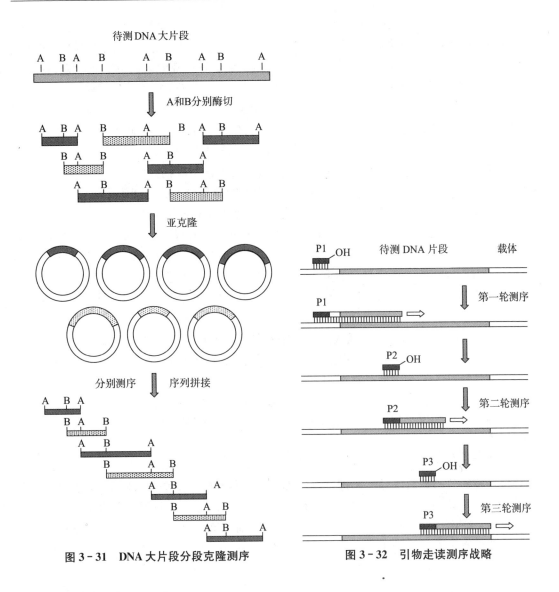

图 3-31　DNA 大片段分段克隆测序

图 3-32　引物走读测序战略

3.6.3　基于外源基因表达产物的筛选与鉴定

如果克隆在受体细胞中的外源基因编码产物是蛋白质,则可通过检测这种蛋白质的生物功能或结构来筛选和鉴定期望重组子。使用这种方法的前提条件是重组分子必须含有能在受体细胞中发挥功能的表达元件,也就是说外源基因必须表达其编码产物,并且受体细胞本身不具有这种蛋白质的功能。

1. 蛋白质生物功能检测法

某些外源基因编码具有特殊生物功能的酶类或活性蛋白(如 α-淀粉酶、葡聚糖内切酶、β-葡萄糖苷酶、蛋白酶、抗菌素抗性蛋白等),设计简单灵敏的平板模型,可以迅速筛选出克隆了上述蛋白编码基因的期望重组子。淀粉酶基因表达的淀粉酶可将不溶性的淀粉水解成可溶性的多糖或单糖,在固体筛选培养基中加入适量的淀粉,则平板呈不透明状,待筛选的重组

菌落若能表达 α-淀粉酶并将之分泌到细胞外,由于酶分子在固体培养基中的均匀扩散作用,会以菌落为中心形成一个透明圈。如果透明圈不甚明显,还可往培养平板上均匀喷洒碘水气溶胶,使之形成蓝色本底,以增强期望重组子克隆与非期望重组克隆之间的颜色反差,易于辨认。利用同样的原理,也可设计出快速筛选含有特定蛋白酶编码基因的重组克隆。

有些待克隆的外源基因编码的产物可将受体细胞不能利用的物质转化为可利用的营养成分,如 β-半乳糖苷酶编码基因或氨基酸、核苷酸的生物合成基因,据此可设计营养缺陷型互补筛选模型,快速鉴定期望重组子。其具体做法是选择上述基因缺陷的细菌为受体,筛选培养基以最小培养基为基础,补加合适的外源基因产物为作用底物。例如,对于 β-半乳糖苷酶而言,补加乳糖。这样,凡是在选择培养基上长出的菌落理论上就是期望重组克隆。

抗生素抗性基因重组克隆的筛选则更为简单,只要选择对该抗生素敏感的细菌作为受体细胞,并在筛选培养基中添加适量的抗生素即可。然而应当值得注意的是,由于抗生素的存在往往会诱导受体细胞产生非特异性的广谱抗菌性,因此在含有抗生素的平板上生长的菌落未必都是该抗生素特异性抗性基因的重组克隆,此时一般需要做进一步的鉴定,其程序为:从获得的重组克隆中抽取相应的重组质粒,并对同一受体细胞进行二次转化,同时以载体质粒作对照。如果二次转化得到的菌落数比对照明显增多,则该重组质粒含有特异性的抗性基因,否则重组分子中的外源 DNA 插入片段必定不是目的基因。另一种方法是将重组克隆挑在液体培养基中,然后不经培养稀释涂布在不含该抗生素的平板上,待菌落长出后,将之影印至另一含有抗生素的平板上。若在影印过程中菌落全部生长,则基本上可以断定原重组克隆中含有该抗生素的特异性抗性基因。上述两种鉴定方法的原理是基于抗生素的抗性诱导作用对受体菌而言是随机低频发生的,而真正克隆的抗性基因则赋予所有的受体细胞以抗性。

2. 放射免疫原位检测法

放射免疫原位检测法的基本原理及操作程序与菌落原位杂交法非常相似,只不过后者是用核酸探针通过碱基互补形式特异性杂交目的 DNA 序列,而前者利用抗体通过特异性免疫反应搜寻目标蛋白质,因此使用放射免疫原位检测法筛选鉴定期望重组子的前提条件是外源基因在受体细胞中必须表达出具有正确空间构象的蛋白产物,同时应具备与之相对应的特异性抗体。放射免疫原位检测法的标准操作程序如图 3-33 所示,它包括:①将硝酸纤维素薄膜或 CNBr 活化纸片覆盖在待检测的菌落平板上,制成影印件;②利用氯仿气体或烈性噬菌体的气溶胶处理影印薄膜,裂解菌落,释放包括外源基因表达产物在内的细胞内含物,此时各种蛋白质分子均原位吸附在薄膜或纸片上;③经固定处理后的薄膜或纸片与含有目标蛋白对应抗体的溶液保温一段时间,使抗原(待检测蛋白质)与抗体发生特异性免疫结合反应;④洗去薄膜未特异性结合的抗体分子,再与事先用同位素[125]I 标记的第二种抗体或金黄色葡萄球菌 A 蛋白溶液进行第二次保温,这种放射性的抗体或蛋白分子特异性地与抗原-抗体复合物中的第一种抗体结合,并指示出抗原所在的位置;⑤最后将薄膜感光 X 光胶片,并根据感光斑点位置在原始平板上挑出相应的期望重组子克隆。

用于最终检测的第二种抗体既可以用同位素标记,也可以事先将之与生物素共价偶联,在免疫结合反应完成之后,薄膜用含有荧光分子的生物素结合蛋白处理,最终通过荧光感光 X 光胶片,这一过程与核酸探针的 ABC 标记法颇为相似。另外还可采取抗体的酶标技术,将第二抗体与一种特定的示踪酶(如碱性磷酸单酯酶)连为一体,经与这种抗体-酶复合物溶液保温后的薄膜,再用相应的化合物处理,后者在碱性磷酸单酯酶的作用下,产生颜色反应,以此定位期望重组克隆。

放射免疫原位检测法远比探针原位杂交法复杂,它需要使用两种不同的抗体。第一种抗体必须具有与待检测蛋白质特异性的结合作用,但在大多数情况下,这种抗体很难通过免疫血清的方法获得足够的数量用于同位素直接标记。因此,通常的做法是将第一种抗体与一种特定的蛋白质用戊二醛交联,而这种特定蛋白质相应抗体的制备方法相当成熟,如兔血清白蛋白与第一种抗体结合后,所形成的蛋白复合物能特异性地为第二种抗体(即羊抗兔血清白蛋白抗体)所识别。

3. 蛋白凝胶电泳检测法

对于那些生物功能难以检测的外源基因编码产物,手头又没有现成的抗体做蛋白免疫原位分析实验,可以通过聚丙烯酰胺凝胶电泳对重组克隆进行筛选鉴定。从重组克隆中分别制备蛋白粗提液,以非重组子作对照,走蛋白凝胶电泳。如果克隆在载体质粒上的外源基因能高效表达,则会在凝胶电泳图谱的相应位置上出现较宽、较深的考马斯亮蓝染色带,由此辨认期望重组子。载体质粒上的选择性标记基因通常也会大量表达,但可通过与对照样品对比以及确定蛋白产物相对分子质量大小而排除。然而,如果外源基因表达率较低,则极有可能为受体细胞内源性表达蛋白干扰而不易区分,此时必须使用特殊受体细胞或体外基因转录翻译系统进行检测,这些技术相当复杂烦琐,但对重组基因的分析鉴定相当重要。

体外转录翻译偶联系统包含基因表达所需要的所有因子,如 RNA 聚合酶、核糖体、tRNA、核苷酸、氨基酸及合适的缓冲液组成成分。将经严格分离纯化的重组质粒置入该系统中,体外进行基因转录与翻译,并用同位素标记新生蛋白质,最终通过 SDS-聚丙烯酰胺凝胶电泳和放射自显影技术检测。尽管这种偶联反应涉及多种成分的严格配比以及它们对许多因素的敏感性,但近年来已发展出若干成熟的体外蛋白质生物合成系统,使其可靠性大大增强。

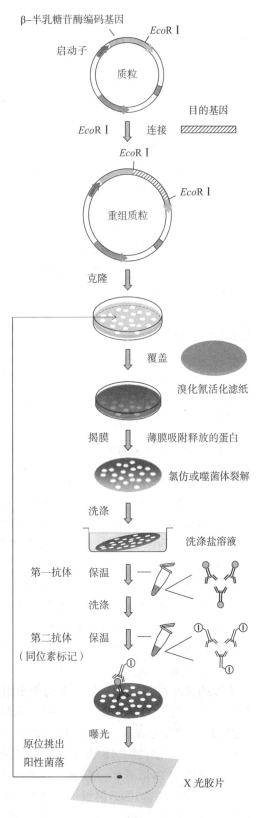

图 3-33　放射免疫原位检测法程序

3.7　目的基因的克隆

基因工程或 DNA 重组技术三大用途的前提条件是从生物体基因组中分离克隆目的基因,目的基因获得之后,或确定其表达调控机制和生物学功能,或建立高效表达系统,构建具有经济价值的基因工程菌(细胞),或将目的基因在体外进行必要的结构功能修饰,然后输回细胞内改良生物体的遗传性状,包括人体基因治疗。一般来说,目的基因的克隆战略分为两大类:一类是构建感兴趣的生物个体的基因组文库,即将某生物体的全基因组分段克隆,然后建立合适的筛选模型从基因组文库中挑出含有目的基因的重组克隆;另一类是利用 PCR 扩增技术甚至化学合成法体外直接合成目的基因,然后将之克隆表达。这两大类战略的选择往往取决于对待克隆目的基因背景知识的了解程度、目的基因的用途以及现有的实验手段等因素,只有在目的基因克隆战略确定之后,才能制订基因克隆的各项单元操作方案。本节着重论述几种目前已相当成熟的目的基因克隆战略及其适用范围,最后对基因组文库的构建原则做一简单的介绍。

3.7.1　鸟枪法

鸟枪法的基本战略如图 3-34 所示,将某种生物体的全基因组或单一染色体切成大小适宜的 DNA 片段,分别连接到载体 DNA 上,转化受体细胞,形成一套重组克隆,从中筛选出含有目的基因的期望重组子。

1. 鸟枪法的基本程序

标准的鸟枪法操作程序如下:

(1) 目的基因组 DNA 片段的制备。从作为供体的生物细胞中按照常规方法分离纯化其染色体 DNA,在一般条件下,由于分离纯化操作中的物理剪切作用,制备出的染色体 DNA 片段平均长度大约在 100kb。然后将染色体 DNA 用下列方法切成片段,以便与载体分子进行体外重组。

① 机械切割。供体染色体 DNA 可用机械方法(如超声波处理等)随机切割成双链平头片段,采取合适的超声波处理强度和时间,可以将切割的 DNA 片段控制在一定的大小范围内,其上限是载体的最大装载量,而下限应至少大于目的基因的长度,否则无法在一个重组克隆中获得完整的目的基因。一般来说,原核生物的基因长度大都在 2kb 以内,真核生物的基因长度变化很大,最大的基因可达 100kb 以上,因而将外源 DNA 片段处理成略小于载体装载量上限的长度始终是正确的,因为每个重组克隆中含有的外源 DNA 片段越大,后续筛选的规模就越小。当染色体 DNA 上目的基因区域的限制性酶切图谱未知时,采用机械切割制备待克隆 DNA 片段是首选方法,但由于这些 DNA 片段具有随机平头末端,因此必须插入在载体 DNA 的平头限制性酶切位点上,而且克隆的外源 DNA 片段很难完整地从重组分子上卸下。

② 限制性内切酶部分酶解。采用识别序列为四碱基对的限制性内切酶(如 Mbo I、Sau3A I、Alu I 等)部分降解染色体 DNA,也可获得大片段的 DNA 分子。由于这些限制性内切酶的识别顺序在任何生物基因组中频繁出现,因此只要采取合适的部分酶解条件,同样可以获得一定长度的 DNA 随机片段,而且经部分酶解获得的 DNA 片段具有黏性末端,可以

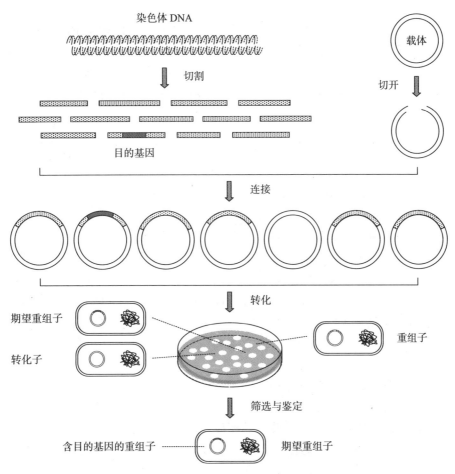

图 3 - 34　鸟枪法克隆目的基因示意图

直接与载体分子拼接。

③ 特定限制性内切酶全酶解。如果染色体 DNA 上目的基因的两侧含有已知的限制性内切酶识别位点，而且两者之间距离不超过载体装载量的上限，那么用这一种（或两种）限制性内切酶全酶解染色体 DNA 片段可能更为有利，所产生的 DNA 片段呈非随机性，在某些程度上可以简化后续的重组和筛选操作。同时，重组分子可用相同的限制性内切酶完全切下插入片段，这使得利用限制性酶切图谱法直接筛选期望重组子成为可能。

（2）外源 DNA 片段的全克隆。根据外源 DNA 片段的末端性质及大小确定克隆载体，鸟枪法一般选择质粒或 λDNA 作为克隆载体，受体细胞大多选择大肠杆菌，只有当后续筛选必须使用外源基因表达产物检测法时，才选择那些能使外源基因表达的相应受体系统。

（3）期望重组子的筛选。从众多的鸟枪法克隆中快速检出期望重组子的最有效手段是菌落（菌斑）原位杂交法或外源基因产物功能检测法，前者需要理想的探针，后者则依赖于简便筛选模型的建立。如前所述，若克隆淀粉酶、蛋白酶或抗生素抗性基因时，利用外源基因产物功能检测法筛选期望重组子是最理想的选择。在既无探针又难以建立快速筛选模型的情况下，也可采用限制性酶切图谱法对所获重组克隆进行分批筛选。例如，已知目的基因位于 2.8kb 的 $EcoR$ I DNA 片段中，可用 $EcoR$ I 分别酶解所有的重组分子，初步确定含有 2.8kb 限制性插入片段的重组克隆，然后再根据目的基因内部的特征性限制性酶切位点进行第二轮酶切筛选,最终找到期望重组子。

(4)目的基因的定位。在绝大多数情况下,利用鸟枪法获得的期望重组子只是含有目的基因的 DNA 片段,必须通过亚克隆在已克隆的 DNA 片段上准确定位目的基因,然后对目的基因进行序列分析,搜寻其编码序列以及可能存在的表达调控序列。鸟枪法克隆目的基因的工作量之大是可想而知的,对目的基因及其编码产物的性质了解得越详尽,工作量就越少。

2. 非随机鸟枪法战略

如果已知目的基因两侧的限制性酶切位点以及两个位点之间的距离,则可在克隆前就制备非随机的待克隆 DNA 片段,这样可以有效地缩小筛选的规模和工作量,其基本程序如图 3 - 35 所示。用特定的限制性内切酶完全降解染色体 DNA,酶解产物通过琼脂糖凝胶电泳分离,然后从电泳凝胶上直接回收特定大小的 DNA 片段,经过适当的纯化后与载体 DNA 直接拼接,此时重组克隆中期望重组子的存在概率就大大增加。

从琼脂糖凝胶电泳上回收 DNA 片段有下列多种方法:

(1)冻融法。从琼脂糖凝胶电泳板上切下对应于一定 DNA 相对分子质量大小的凝胶块,用无菌牙签捣碎,在 −20℃ 冻融 2～3 次,破坏其凝胶网孔结构,释放 DNA 分子,高速离心后吸取液相,乙醇沉淀回收 DNA 片段。

(2)滤纸法。在电泳板上的相应相对分子质量区域前沿用无菌手术刀划开一条缝,将一合适大小的滤纸片插入其中,在紫外灯下继续电泳,直至所需回收的 DNA 样品迁移至滤纸上,然后反向电泳 1～2s,以降低滤纸对 DNA 样品的吸附程度,迅速从凝胶上取下滤纸,然后将之固定在 Eppendorf 管中,高速离心,这时 DNA 样品水溶液从滤纸上脱离并进入离心管底部。如果 DNA 样品浓度较高,则可不经沉淀浓缩,直接用于体外重组。

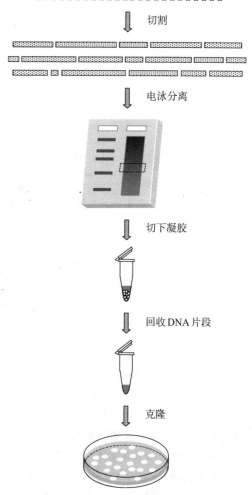

图 3 - 35　非随机鸟枪法克隆示意图

(3)吸附法。用 5 mol/L 的 NaI 溶液溶解含有待回收 DNA 片段的琼脂糖凝胶块,然后将其稀释至 NaI 最终浓度在 1mol/L 以下,用一种特殊的树脂吸附 DNA,并以高盐浓度的水溶液从树脂上洗脱 DNA,沉淀回收。

(4)溶解法。在 DNA 重组实验中有如下较为简便有效的 DNA 回收程序:将凝胶块置于一个 Eppendorf 管中用无菌牙签捣碎,并用已烧红的针头在 Eppendorf 管底部扎一小孔(越小越好),然后将之套在另一个 Eppendorf 管上,高速离心,此时凝胶块在通过小孔时其网孔结构已遭到不同程度的损坏。吸取上清液于另一个离心管中,剩余的凝胶碎片按照上述程序重复操作一次,合并两次上清液,沉淀浓缩。以此法回收 10kb 以下的 DNA 片段,其回收率高达 70%,且 DNA 样品无需进一步纯化,即可用于连接、酶切或缺口前移的同位素标记反应。

(5) 低熔点琼脂法。这种方法回收 DNA 片段需要使用昂贵的低熔点琼脂糖凝胶,它在 37℃以上即熔化,DNA 样品通常在 10℃左右进行电泳分离。凝胶块切下后,加入适量的无菌水,然后加热至 37℃,使之熔化为均相。在一定的稀释度下,这种 DNA 溶液可直接用于连接反应。

除了以上几种方法外,DNA 凝胶回收试剂盒也是实验室广泛使用的手段,其原理是在特定溶液环境(如高盐、pH 较小)下 DNA 结合在固相介质(一般为硅胶膜)上,洗涤去除杂质后,通过改变溶液环境(如低盐、pH 较大)使 DNA 洗脱下来,一般用纯水或 TE。目前的回收试剂盒主要有离心柱型和磁珠型两种,离心柱型主要是通过将硅胶膜固定在离心管中,让含有 DNA 的溶液用离心力或者负压让液体通过硅胶膜,使 DNA 在特定溶液环境中吸附在硅胶膜上,经过洗涤、洗脱等步骤得到纯的 DNA,该法操作简单、耗时短。磁珠型则是通过磁珠表面包裹的材料实现对 DNA 的吸附,其最大的优势是不需要离心,可以用于自动化操作。

3. 鸟枪法克隆目的基因的局限性

在一般情况下,利用探针原位杂交法筛选和检测重组质粒,可以较为简便地获得目的基因 DNA 片段,但若没有合适的探针可用,鸟枪法克隆目的基因的工作量很大,如同盲人打鸟,鸟枪法的名字由此而得。此外,鸟枪法与其克隆目的基因,倒不如说是克隆含有目的基因的 DNA 片段,如果目的基因是用于构建高效表达系统,则需要的是其编码序列而不是整个 DNA 片段,只有在其编码序列的上下游合适位点含有特征的限制性内切酶识别位点,后续操作才能顺序进行,遗憾的是这种情况并不多见。最后,90%以上的真核生物结构基因都具有内含子结构,这种真核基因不能在原核细菌受体细胞中表达,因此如果从真核生物中克隆目的基因并在原核细菌中高效表达,使用鸟枪法显然是不合适的。

3.7.2　cDNA 法

cDNA 是与 mRNA 互补的 DNA(complementary DNA),严格地讲,它并非生物体内的天然分子,有些 RNA 肿瘤病毒能够通过其自身基因组编码的逆转录酶(即依赖于 RNA 的 DNA 聚合酶),将 RNA 反转录成 DNA,作为基因复制和表达的中间环节,但这种 DNA 分子并非是与特定 mRNA 相对应的 cDNA。将供体生物细胞的 mRNA 分离出来,利用逆转录酶在体外合成 cDNA,并将之克隆在受体细胞内,通过筛选获得含有目的基因编码序列的重组克隆,这就是 cDNA 法克隆蛋白质编码基因的基本原理。

与鸟枪法相比,cDNA 法的优点是显而易见的。首先,cDNA 法能选择地克隆蛋白编码基因,而且由 mRNA 反转录合成的 cDNA 对特定的基因而言只有一种可能性,这样大大缩小了后续筛选样本的范围,减轻了筛选工作量;其次,cDNA 法克隆的目的基因相当"纯净",它既不含有基因的 5′ 端的调控区,同时又剔除了内含子结构,有利于在原核细胞中的表达;最后,cDNA 通常比其相应的基因组拷贝要小数倍甚至数十倍,一般只有 2~3kb 或更小,便于稳定地克隆在一些表达型质粒上。因此,利用 cDNA 法将真核生物蛋白编码基因克隆在原核生物中进行高效表达,是基因工程常用的战略思想。

1. mRNA 的分离纯化

从生物细胞中分离 mRNA 比分离 DNA 困难得多,mRNA 在细胞内尤其在原核细菌内的半衰期极短,平均只有几分钟,而且由于基因表达具有严格的时序性,目的基因的表达程序对相应 mRNA 的成功分离至关重要。此外,mRNA 在体外也不甚稳定,这对分离纯化过程和方法都提出了更高的要求。尽管如此,目前发展起来的基因表达检测技术以及 mRNA 高效分离方法已较圆满地解决了上述难题,即使在细胞中只存在 1~2 个 mRNA 分子,也可由 cDNA 法成功克隆。

绝大多数的真核生物 mRNA 在其 3′ 末端都有一个多聚腺苷酸(polyA)的尾巴,不管这种结构在细胞内的生物功能如何,客观上却为 mRNA 的分离纯化提供了极为便利的条件,利用它可以迅速将 mRNA 从细胞总 RNA 的混合物中分离出来,其程序如图 3-36 所示。将寡聚脱氧胸腺嘧啶(oligo-dT)共价交联在纤维素分子上,制成 oligo-dT 型纤维素亲和层析柱,然后将细胞总 RNA 的制备物上柱层析分离,其中 mRNA 分子通过其 polyA 结构与 oligo-dT 特异性碱基互补作用挂在柱上,而其他的非 mRNA 分子(如 tRNA、rRNA、snRNA)则流出柱外。最终用含有高盐的缓冲液将 mRNA 从柱上洗下,从而纯化得到在细胞总 RNA 中含量只有 1‰~2‰ 的 mRNA 流分。

由于基因表达的时序和程度不同,各种 mRNA 在细胞总 mRNA 中的比例或丰度差异很大,例如珠蛋白、免疫球蛋白和卵清蛋白 mRNA 的丰度通常高达 50%~90%。这种高丰度的 mRNA 既可在 cDNA 合成前先经琼脂糖凝胶电泳分离,从亮度最大的区域中回收 mRNA,然后再进行 cDNA 合成和克隆,也可不经电泳分级分离直接合成并克隆 cDNA,或在 cDNA 合成之后进行电泳分级分离。对于绝大多数丰度低于 0.5% 的 mRNA(如干扰素、胰岛素和生长激素等),则最好在 cDNA 合成之前进行特异性富集,以提高 cDNA 期望重组克隆的检出成功率,减少筛选工作量。低丰度 mRNA 的富集方法大致有蔗糖密度梯度离心分级分离和特异性多聚核糖体免疫纯化两种。前者或依据低丰度 mRNA 的相对分子质量大小专一性回收目的

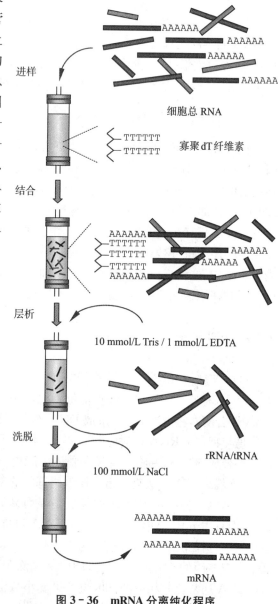

进样

结合

层析

10 mmol/L Tris / 1 mmol/L EDTA

洗脱

100 mmol/L NaCl

细胞总 RNA

寡聚 dT 纤维素

rRNA/tRNA

mRNA

图 3-36　mRNA 分离纯化程序

mRNA,或将离心管中的各梯度流分通过无细胞外体翻译系统分别检测目的 mRNA 的翻译产物,以此确定各种 mRNA 流分的取舍,从而获得高浓度目的 mRNA 的制备物;后者的一种方法则是利用特异性目的 mRNA 编码蛋白的抗体把正在合成新生多肽链的多聚核糖体吸附到金黄色葡萄球菌 A 蛋白–琼脂糖亲和层析柱上,然后用 EDTA 将多聚核糖体解离下来,并通过 oligo‑dT 层析柱分离目的 mRNA。这种方法可用于分离丰度只有 $0.01\%\sim0.05\%$ 的 mRNA,但由于特异性抗体难以获得而限制了它的实用性。

2. 双链 cDNA 的体外合成

真核生物 mRNA 的 polyA 结构不但为 mRNA 分离纯化提供了便利,而且也使得 cDNA 的体外合成成为可能。将纯化的 mRNA 与事先人工合成的 oligo‑dT($12\sim20$bp)退火,后者成为逆转录酶以 mRNA 为模板合成 cDNA 第一链的引物(图 3‑37)。逆转录酶以四种 dNTP 为底物,沿 mRNA 链聚合 cDNA 至 $5'$ 末端帽子结构处,完成 cDNA 第一链的合成。有时,逆转录酶会在接近 $5'$ 末端帽子结构途中停止聚合反应,尤其当 mRNA 分子特别长时,这种情况发生的频率很高,导致 cDNA 第一链的 $3'$ 端区域不同程度的缺损。为了克服这一困难,发展出一种随机引物的合成方法,即事先合成一批 $6\sim8$ 个碱基的寡聚核苷酸随机序列,以此替代 oligo‑dT 为引物合成 cDNA 第一链,然后用 T4 DNA 连接酶修补由多种引物合成的 cDNA 小片段缺口,最终的产物仍是 DNA‑RNA 的杂合双链。

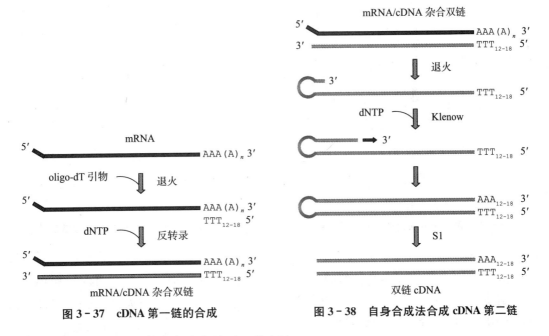

图 3‑37　cDNA 第一链的合成　　　图 3‑38　自身合成法合成 cDNA 第二链

cDNA 第二条链的合成大致有以下三种方法:

(1) 自身合成法

cDNA 与 mRNA 的杂合体通过煮沸或用 NaOH 溶液处理,获得单链 cDNA,其 $3'$ 端随即形成短小的发夹结构,其机理不明。这种发夹结构恰好可作为 cDNA 第二条链合成的引物(图 3‑38),在 Klenow 酶和逆转录酶的共同作用下,形成双链 cDNA 分子。理论上两种酶中的任何一种均可进行聚合反应,但常常会导致聚合中途停止,因为模板中可能存在着引起聚合反应中止的特殊序列,这种序列因聚合酶的性质而异,因此联合使用两种酶可最小程度地降低聚合反应的不完全性,获得长度完整的双链 cDNA。聚合反应结束后,用 S1 核酸酶去除发夹结构以及另一端可能存在的单链 DNA 区域,所形成的双链 cDNA 即可用于克隆。这种方法的缺点是 S1 核酸酶酶解条件难以控制,常常会将双链 cDNA 的两个末端切去几个碱基对,有时直接导致目的基因编码序列的缺失。

(2) 置换合成法

cDNA 第一链合成反应的产物 cDNA - mRNA 不经变性直接与 RNA 酶 H 和大肠杆菌 DNA 聚合酶 I 混合,此时 RNA 酶 H 在杂合双链的 mRNA 链上产生缺口(内切作用)并形成部分 cDNA 单链区(外切作用),DNA 聚合酶 I 则以残存的 mRNA 作为引物合成 cDNA 第二链,最后用 T4 DNA 连接酶修复缺口。用这种方法获得的 cDNA 双链分子含有残留的一小段 RNA(图 3 - 39),但这并不影响后续的克隆操作。此方法的优点是 cDNA 双链合成效率高,且操作简捷,无需对第一链合成产物进行额外的变性处理,更重要的是避免了 cDNA 双链分子末端的缺损。

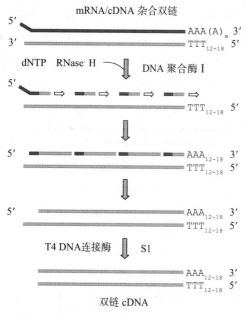

图 3 - 39　置换合成法合成 cDNA 第二链

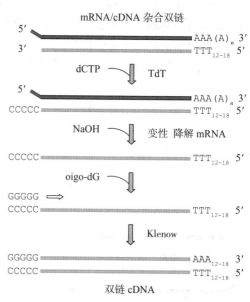

图 3 - 40　引物合成法合成 cDNA 第二链

(3) 引物合成法

在第一链合成完毕后,变性残留的 mRNA,用末端脱氧核苷酰转移酶在 cDNA 游离的 3′ 羟基上添加同聚物(dC)末端,然后将之与人工合成的 oligo - dG 退火,形成引物结构,在 Klenow 酶的作用下合成第二条 cDNA 链(图 3 - 40)。

3. 双链 cDNA 的克隆

上述方法合成的双链 cDNA 均为平头末端,根据所选用载体(通常是质粒或 λDNA)克隆位点的性质,双链 cDNA 或直接与载体分子拼接,或分别在 cDNA 和线性载体分子两个末端上添加互补的同聚核苷酸尾,或在 cDNA 分子两端装上合适的人工接头,创造可从重组分子中重新回收克隆片段的限制性酶切位点序列,甚至还可在 cDNA 合成时就进行周密的设计,联合使用上述方法,其程序如图 3 - 41 所示。在人工合成 oligo - dT 引物的同时,于其 5′ 端接

上含有 *Sal* I 识别序列的寡聚核苷酸片段,组成复合引物。它与 mRNA 退火后,在逆转录酶作用下合成 cDNA 第一链,然后用 NaOH 溶液水解杂合双链中的 mRNA 链,获得的单链 cDNA 用 TdT 添加 dC 同聚尾。cDNA 第二链采用引导合成法制备,所使用的引物是含有 *Sal* I 酶切位点和寡聚鸟嘌呤核苷酸的 DNA 单链片段,在 Klenow 酶的作用下,聚合反应分别在两条链上进行,最终形成两端各有一个 *Sal* I 酶切口的双链 cDNA 分子,它经 *Sal* I 消化后,即可直接克隆在 pBR322 或 pUC18 的相应位点上。

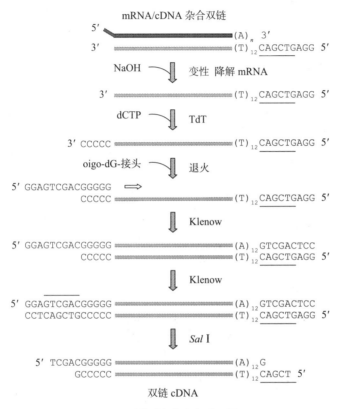

图 3 - 41　引物/接头法合成双链 cDNA

　　上述克隆程序都是先体外合成 cDNA 双链分子,然后再将其与载体 DNA 进行拼接。另一种方法则通过巧妙的设计,将 mRNA 直接黏附在特定的质粒载体上,进行 cDNA 合成,从而使得 cDNA 合成与克隆融为一体,大大提高了克隆效率,其程序如图 3 - 42 所示:①用 *Kpn* I 使含有一段 SV40 DNA 的 pBR322 重组质粒线性化,TdT 处理其两个 3′末端,添加 oligo - dT 尾,然后再用 *Hpa* I 切平一端。通过琼脂糖凝胶电泳和 oligo - dA 纤维素亲和层析分离一端具有 dT 同聚尾而另一端为平头的质粒大片段。②将 mRNA 与这个质粒大片段退火,由逆转录酶以 mRNA 为模板合成 cDNA 第一链。聚合反应结束后,即用 TdT 增补 dC 同聚尾,最终用 *Hind* Ⅲ 切去质粒载体一端的 dC 同聚尾。③用 *Pst* I 切开另一个 pBR322 重组分子(含有另一段 SV40 DNA 片段),同样用 TdT 处理其 3′末端,但这里增补的是 oligo - dG 尾,随后再用 *Hind* Ⅲ 消化,电泳分离最小的 SV40 DNA 片段,其一端为 *Hind* Ⅲ 黏性末端,而另一端为 dG 同聚尾。④将这个处理过的 SV40 DNA 小片段连接在含有 mRNA - cDNA 杂合双链的重组质粒上,形成共价环状分子。⑤依照置换合成路线合成 cDNA 第二链,并用 T4 DNA 连接酶修复重组质粒上的所有缺口,即可直接转化大肠杆菌。

自 20 世纪 90 年代 PCR 技术的普及以来,人们通常将 mRNA 的逆转录与 PCR 技术相偶联,以高效特异性合成双链 cDNA 分子,此项技术称为 RT-PCR(详见 2.5.3 节)。

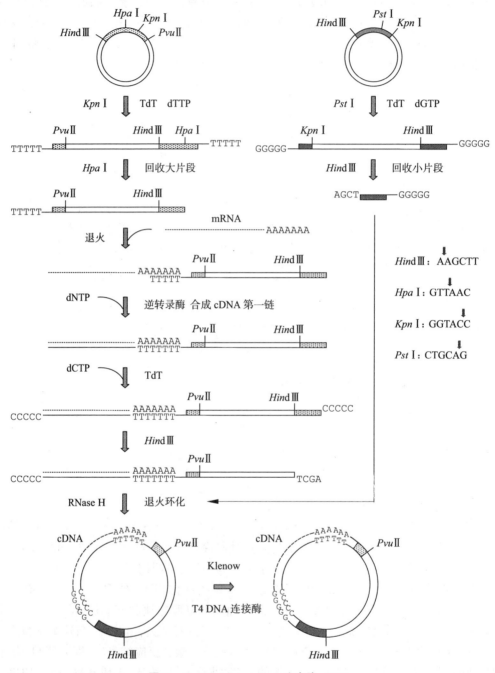

图 3-42　Okayama-Berg 法克隆 cDNA

4. cDNA 重组克隆的筛选

常规的期望重组子筛选法均可用于 cDNA 重组克隆的筛选,其中较为理想的首推探针原位杂交法。但在某些情况下,探针并不容易或根本无法获得,此时可采用所谓的差示杂交法来筛选出较为特殊的目的基因 cDNA 重组子,如某些组织特异性或时序特异性表达的目的基因等。差示杂交法筛选这种目的基因的战略是将细胞分成两大组,在一组中具备目的基因转录成相应的 mRNA 的条件,而另一组中同样的目的基因并不表达,至于这个目的基因的序列或功能无需知道,图 3 - 43 是某个受生长因子控制的目的基因的差示杂交筛选程序。将细胞涂布在两个培养皿 A 和 B 上,在 A 中加入血清(含生长因子)使细胞生长一段时间后,分别从两组细胞系中分离纯化细胞总 mRNA,两种 mRNA 的制备物基本相同,只是来自 A 培养皿的 mRNA 中含有目的基因的 mRNA,而来自 B 培养皿的 mRNA 中不含目的 mRNA。由 A 组 mRNA 合成 cDNA 并克隆之,形成 cDNA 重组克隆,用硝酸纤维素薄膜复制两份。同时分别由 A、B 两组 mRNA 制备放射性 cDNA 探针,然后杂交经过处理后的硝酸纤维素薄膜,并对两张放射自显影 X 光胶片进行原位比较。凡是在 A 组 cDNA 探针杂交膜上存在,而在 B 组 cDNA 探针杂交膜上不出现的相应 cDNA 重组克隆,必定含有目的基因,并可从原始 cDNA 重组克隆平板的相应位置上分离得到。

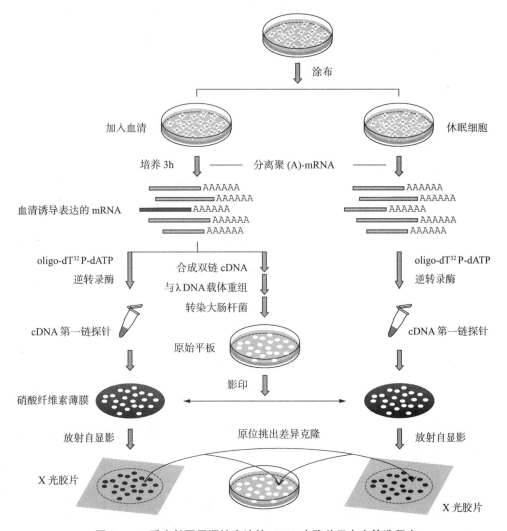

图 3 - 43 受生长因子调控表达的 cDNA 克隆差示杂交筛选程序

上述方法对筛选表达率较高的目的基因颇为有效,但在分离由低丰度 mRNA 克隆的 cDNA 重组子时相当困难。一种改进的程序如图 3-44 所示。T 淋巴细胞受体通常只在 T 淋巴细胞中少量表达,而在 B 淋巴细胞中根本不表达。从 T 细胞中制备总 mRNA,并合成相应的 cDNA 第一链,然后将从 B 细胞中制备的总 mRNA,两者进行退火杂交。由于两种淋巴细胞 mRNA 的唯一差别是 T 细胞受体蛋白 mRNA 的存在与否,因此在上述杂交物中只有来自 T 细胞的 T 受体 cDNA(亦即目的 mRNA 的 cDNA)为单链形式,其余均为 mRNA-cDNA 的杂交双链。将这种杂交混合物用特异性吸附双链核酸的羟基磷灰石层析柱分离,流出的是 T 受体单链 cDNA,它或作为探针重新杂交 T 细胞 cDNA 重组克隆,筛选出含有 T 淋巴细胞受体编码基因的期望重组子,或合成 cDNA 双链,并直接克隆在载体上。

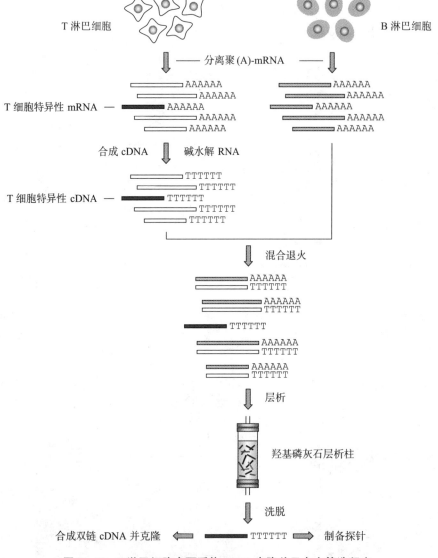

图 3-44 T 淋巴细胞表面受体 cDNA 克隆差示杂交筛选程序

3.7.3　PCR 扩增法

PCR 扩增技术是一种在生物体外迅速扩增 DNA 片段的技术,它能以极少量的 DNA 为模板,在几小时内复制出上百万份 DNA 拷贝(参见 2.6.4 节)。从目的基因的分离克隆角度上讲,PCR 扩增法比目前已经建立起来的任何方法都要简便、快速、有效和灵敏。

利用 PCR 技术可以大量扩增包括目的基因在内的 DNA 特定靶序列,但在某些情况下,PCR 扩增产物仍需克隆在受体细胞中,如目的基因的高效表达及永久保存等。有时目的基因或目的基因组长达数万碱基对,用 Taq DNA 聚合酶难以一次扩增这种全长的目的基因,在这种情况下,通常采用分段扩增的方法,以 1～2kb 为一个扩增单位,然后将多个扩增 DNA 片段拼接成全基因。

在用 Taq DNA 聚合酶进行 PCR 扩增时,扩增产物的两个 3′ 端往往会各含有一个非模板型的突出碱基 A。由于该突出碱基的存在,克隆时即可以采用 TdT 末端加同聚尾的方法与载体拼接,也可以使用一种专门的线形载体,即如图 3 - 45 所示的 T 载体(来自 pUC18/19)。如果用于扩增反应的引物末端是非磷酸化的,则扩增产物首先须用 T4 核苷酸磷酸激酶将其 5′ 端磷酸化,然后才能与 T 载体连接。然而在实际操作过程中,为了提高重组率及回收克隆片段,往往在双引物合成前已将合适的限制性酶切位点设计进去,使得扩增产物经相应的限制性内切酶处理后,方便地与任意载体 DNA 拼接。有时甚至还可利用 PCR 扩增技术直接更换预先已克隆在载体上的目的基因两端的酶切位点,例如将期望的酶切位点与引物互补序列连在一起,而后者即可选择目的基因两端的内部序列,亦可采用载体克隆位点外侧的 DNA 序列。扩增后的 DNA 产物经酶切后,再次克隆到另一种载

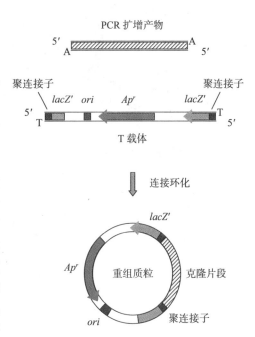

图 3 - 45　PCR 扩增产物 T 载体克隆法

体上,显然这种方法比传统更换酶切口的程序更为精确。

PCR 扩增产物甚至还能在一种特殊的 In-Fusion 酶作用下直接与任意载体拼接,此时待克隆片段两端无需限制性酶切口,重组过程也不需要 DNA 连接酶。事实上,这种 In-Fusion 克隆程序模拟的是广泛存在于细胞内的 DNA 同源重组过程,因此要求待克隆片段两端分别含有至少 15bp 与载体克隆位点相同的序列(即同源序列),具体操作原理如图 3 - 46 所示。In-Fusion 克隆程序具有极高的实用性,不会产生冗余序列,同时也允许多片段克隆。

PCR 技术不仅能扩增两段已知序列之间的 DNA 区域,而且还可克隆一段已知序列两侧的 DNA 片段,其设计程序如图 3 - 47 所示。用一种合适的限制性内切酶切开染色体 DNA,使得含有已知序列的限制性片段长度小于 PCR 扩增的极限长度,连接环化该 DNA 片段。根据已知序列合成两种引物分子,并以此引导 PCR 扩增反应。最终产物为双链线状 DNA 片段,其两端为部分已知序列,中部为位于已知序列两侧的 DNA 片段,两者的分界线就是第一

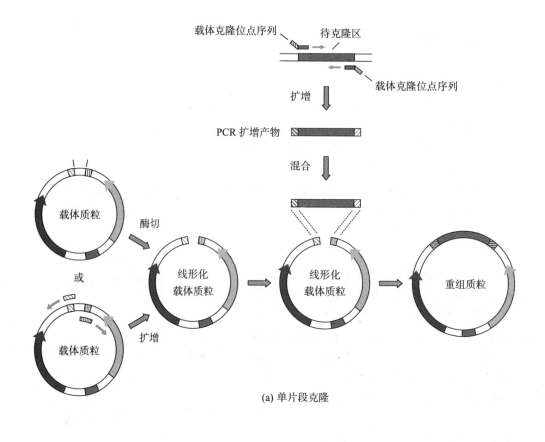

(a) 单片段克隆

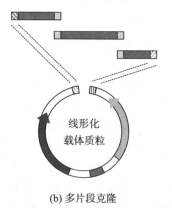

(b) 多片段克隆

图 3 - 46   PCR 扩增产物 In-Fusion 克隆法

步中用于切割染色体 DNA 的限制性酶切位点。如果分别以上述扩增获得的 DNA 片段外侧末端为已知序列重复上述操作,即可双向扩增和克隆更远处的染色体 DNA 片段,因此这一程序称为染色体缓移法。

根据单一已知序列 PCR 克隆其旁侧序列的另一种方法如图 3 - 48 所示。用 E 的限制性内切酶消化待克隆的 DNA 片段;然后与含有 E 酶黏性末端的盒式小片段(人工合成)连接,该片段的 5′端没有磷酸基团;以盒式小片段的引物 C1 和根据已知序列设计的引物 S1,进行第一次 PCR 反应。由于从 C1 开始的延伸反应在连接处终止,限制了两个 C1 引物之间的扩增,从而大大降低了非特异性 PCR 扩增,只有从 S1 开始延伸合成的 DNA 链才能成为 C1 的模板,进行旁侧 DNA 区域的特异性扩增;取一部分上述 PCR 反应液作为模板,以内侧引物 C2 和 S2 进行第二次 PCR 反应,便可高效扩增获得已知序列的旁侧 DNA 区域。这种程序称为盒式 PCR 扩增法。

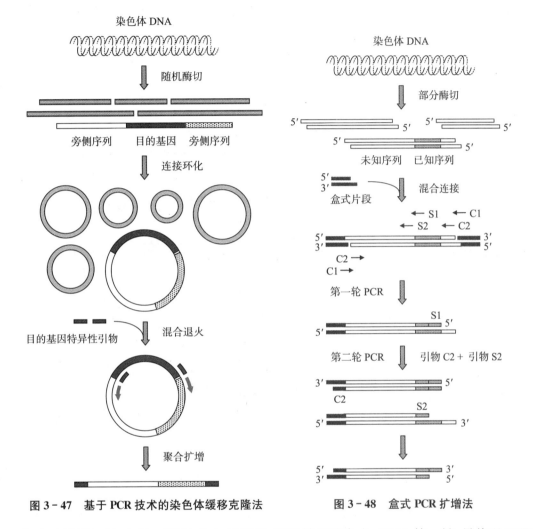

图 3-47　基于 PCR 技术的染色体缓移克隆法　　　　　图 3-48　盒式 PCR 扩增法

　　与上述情形相似,在以 mRNA 为初始模板,以逆转录酶合成 cDNA 第一链,最终以 PCR 技术扩增 cDNA 双链分子的 RT-RCR 过程中,同样会遇到由已知的部分 mRNA 或 cDNA 序列如何克隆完整 cDNA 的问题,而 cDNA 末端快速扩增(Rapid Amplification of cDNA Ends,简称 RACE)技术是解决这一问题的有效方法。

　　RACE 的总体思路是,首先从已知序列的 3′ 和 5′ 端实施双向 PCR,然后再将这两段含重叠序列的 3′ 和 5′ RACE 产物进行拼接,由此获得全长 cDNA;或者依据 RACE 产物的 3′ 和 5′ 末端序列设计引物,再扩增出全长 cDNA。因此,RACE 技术有 3′ RACE 和 5′ RACE 之分。

　　RACE 引物的设计如图 3-49(a)所示。Q_1 引物含有酶切位点;Q_0 与 Q_1 通过一个核苷酸重叠,两者组合后再加上 oligo-dT 就构成锚定引物 Q_T 引物($5′-Q_0-Q_1-TTTT-3′$);GSP_1 和 GSP_2 分别是基因的特异性引物。进行 3′ RACE 时,利用锚定引物 Q_T 与 mRNA 3′ 端的 polyA 配对,逆转录出 3′ 端完整的 cDNA 第一链;然后以 Q_0 和 GSP_1 为以引物、cDNA 第一链为模板进行第一轮 PCR 扩增,得到双链 cDNA;最后再用嵌套引物(Q_1 与 GSP_2)进行第二轮

PCR 扩增,以防止非特异性扩增产物的形成(图 3-49(b))。5′ RACE 与 3′ RACE 略有不同(图 3-49(c)),利用基因特异性引物(GSP-RT)以 mRNA 为模板合成 cDNA 第一链,以富

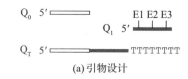

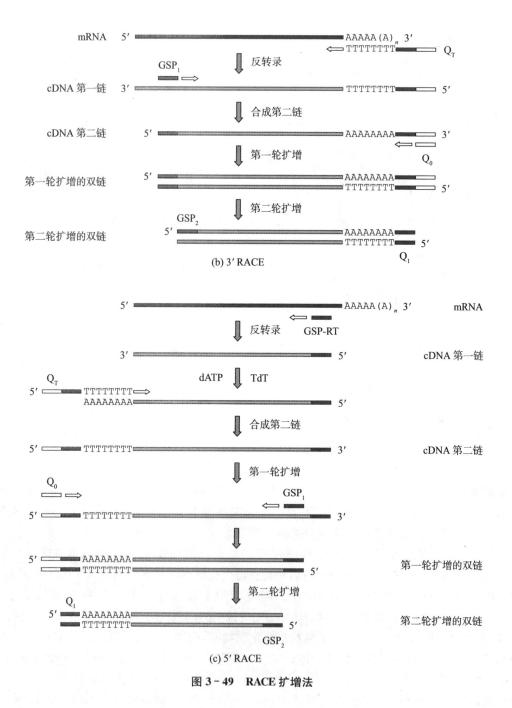

图 3-49　RACE 扩增法

集与已知基因片断互补的所有不同长度的 cDNAs(使延伸到 5′ 末端的潜力达到最大);然后使用 TdT 在 cDNA 第一链的 3′ 端加 polyA 尾,再以 Q_T 引物合成 cDNA 第二链;随即用 Q_0 与 GSP_1 扩增 cDNA;最终以嵌套引物进行第二轮 PCR 扩增。

3.7.4　化学合成法

如果目的基因的全序列是已知的,则可以利用化学合成法直接合成之。随着核酸有机化学的发展,目前已能利用 DNA 合成仪自动合成不超过 50 个碱基任何特定序列的寡聚核苷酸单链(参见 2.6.6 节)。一方面,化学合成的 DNA 单链小片段可以直接作为核酸杂交的探针、分子克隆中的人工接头以及 PCR 扩增中的引物;另一方面,由序列部分互补或全互补的一套寡聚核苷酸单链样本,通过彼此退火,可直接装配成双链 DNA 片段或基因。化学合成目的基因的一个不可替代的优点是,根据受体细胞蛋白质生物合成系统对密码子使用的偏爱性,在忠实于目的基因编码产物序列的前提下,更换密码子的碱基组成,从而大幅度提高目的基因尤其是真核生物基因在原核受体中的表达效率,因此 DNA 的化学合成是分子生物学的一项重要技术。

目的基因的化学合成实质上是双链 DNA 的合成。对于 60～80bp 的短小目的基因或 DNA 片段,可以分别直接合成其两条互补链,然后退火即可,而合成大于 300bp 的长目的基因,则必须采用特殊的战略,因为一次合成的 DNA 单链越长,收率越低,甚至根本无法得到最终产物,因此大片段双链 DNA 或目的基因的合成通常采用单链小片段 DNA 模块拼接的方法,它有以下三种基本形式:

(1) 小片段黏接法(图 3-50(a))

将待合成的目的基因分成若干小片段,每段长 12～15 个碱基,两条互补链分别设计成交错覆盖的两套小片段,然后化学合成之,并退火形成双链 DNA 大片段。若一个目的基因 500bp 长,则每条链各由 30～40 个不同序列的寡聚核苷酸组成,总计合成 60～80 种小片段产物,将之等分子混合退火,由于互补序列的存在,各 DNA 片段会自动排序,最后用 T4 DNA 连接酶修补缺口处的磷酸二酯键。这种方法的优点是化学合成的 DNA 片段小,收率较高,但各段的互补序列较短,容易在退火时发生错配,造成 DNA 序列的混乱。

(2) 补钉延长法(图 3-50(b))

将目的基因的一条链分成若干 40～50 个碱基大小的片段,而另一条链设计成与上述大片段交错互补的小片段(补钉),约 20 碱基长。两组不同大小的 DNA 单链片段退火后,用 Klenow 酶将空缺部分补齐,最后再用 T4 DNA 连接酶修复缺口。这种化学合

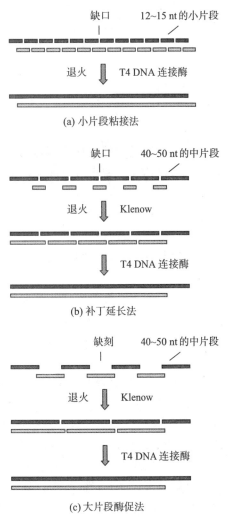

图 3-50　大片段双链 DNA 合成策略

成与酶促合成相结合的方法可以减少寡聚核苷酸的合成工作量,同时又能保证互补序列的足够长度,是目的基因化学合成常采用的战略。

(3) 大片段酶促法(图 3 – 50(c))

将目的基因两条链均分成 40~50 碱基长度的单链 DNA 片段,分别进行化学合成,然后用 Klenow 和 T4 DNA 连接酶补平。这种方法虽然需要合成大片段的 DNA 单链,但拼接模块数大幅度减少,较为适用于较大的目的基因合成。

在目的基因化学合成前,除了按上述三种方法对模块大小及序列进行设计外,通常在每条链两端的模块中额外加上合适的限制性酶切位点序列,这样合成好的双链 DNA 片段只需要用相应的限制性内切酶处理即可方便地克隆到载体分子上进行表达。

3.7.5　基因文库的构建

基因文库(gene library 或 gene bank)是指某一特定生物体全基因组的克隆集合。基因文库的构建就是将生物体的全基因组分成若干 DNA 片段,分别与载体 DNA 在体外拼接成重组分子,然后导入受体细胞中,形成一整套含有该生物体全基因组 DNA 片段的克隆,并将各克隆中的 DNA 片段按照其在细胞内染色体上的天然序列进行排序和整理,因此某一生物体的基因文库实质上就是一个基因银行。人们既可以通过基因文库的构建贮存和扩增特定生物基因组的全部或部分片段,同时又能够在必需时从基因文库中调出其中的任何 DNA 片段或目的基因。

1. 基因文库的完备性

基因文库的构建与目的基因的克隆在操作程序上是基本一致的,但两者的目的有所不同。构建基因文库要求尽可能克隆生物体的全部基因组,或者基因组中同种性质的全部基因(如蛋白质编码基因、tRNA 编码基因或 rRNA 编码基因),而后者只要求克隆目的基因。在利用鸟枪法或 cDNA 法克隆目的基因时,为了最大限度地提高期望重组子在重组子中的比率,往往在克隆之前已将供体细胞的基因组 DNA 片段或 mRNA 进行分级分离,由此获得的克隆通常只含有供体细胞全基因组中的一部分 DNA 片段,也就是说,这些克隆的集合不具有基因组的完备性。

基因文库完备性的定义是从基因文库中筛选出含有某一目的基因的重组克隆的概率。从理论上讲,如果生物体的染色体 DNA 片段被全部克隆,并且所有用于构建基因文库的 DNA 片段均含有完整的基因,那么这个基因文库的完备性为 1。但在实际操作过程中,上述两个前提条件往往不可能同时满足,因此任何一个基因文库的完备性只能最大限度地趋近于 1,但不可能达到 1。尽可能高的完备性是基因文库构建质量的一个重要指标,它与基因文库中重组克隆的数目、重组子中 DNA 插入片段的长度以及生物单倍体基因组的大小等参数的关系可用 Charke – Carbon 公式描述:$N = \ln(1-P)/\ln(1-f)$。其中,N 为构成基因文库的重组克隆数,P 表达基因文库的完备性(即某一基因被克隆的概率),f 是克隆片段长度与生物单倍体基因组总长之比。由上述公式可以看出,某一基因文库所含有的重组克隆越多,其完备性就越高;当完备性一定时,载体的装载量或允许克隆的 DNA 片段越大,所需的重组克隆越少。例如,人的单倍体 DNA 总长为 2.9×10^6 kb,若载体的装载量为 15kb,则构建一个完备性为 0.9 的基因文库需要大约 45 万个重组克隆;而当完备性提高到 0.999 9 时,基因文库需要 180 万个重组克隆。也就是说,为了保证某一个基因以 99.99％的把握至少被克隆一次,需要构建含有 180 万个不同重组克隆的基因文库。

除了尽可能高的完备性外,一个理想的基因文库还应具备下列条件:①重组克隆的总数不宜过大,以减轻筛选工作的压力;②载体的装载量必须大于绝大多数基因的长度,以免基因被分隔在不同的克隆中;③含有相邻 DNA 片段的重组克隆之间,必须具有部分序列的重叠,以利于基因文库各克隆的排序;④克隆片段易于从载体分子上完整卸下且最好不带有任何载体序列;⑤重组克隆应能稳定保存、扩增及筛选。上述条件的满足极大程度上依赖于基因文库的构建战略。

2. 基因文库的构建战略

基因文库的构建通常采用鸟枪法和 cDNA 法两种方法。由鸟枪法构建的基因文库又称为基因组文库(genomic bank),理论上它含有某一生物染色体的所有 DNA 片段,包括基因编码区和间隔区 DNA;由 cDNA 法构建的基因文库则称为 cDNA 文库(cDNA bank),它只含有生物体的全套蛋白质编码序列,一般不含有 DNA 调控序列,显然由 cDNA 文库筛选蛋白编码基因比从基因组文库中筛选要简捷得多。

为了最大限度地保证基因在克隆过程中的完整性,用于基因组文库构建的外源 DNA 片段在分离纯化操作中应尽量避免破碎。外源 DNA 片段的相对分子质量越大,经进一步切割处理后,含有不规则末端的 DNA 分子比率就越小,切割后的 DNA 片段大小越均一,同时含有完整基因的概率相应提高。用于克隆外源 DNA 片段的切割主要采用机械断裂或限制性部分酶解两种方法,其基本原则有两个:第一,DNA 片段之间存在部分重叠序列;第二,DNA 片段大小均一。在部分酶解过程中,为了尽量随机产生 DNA 片段,一般选择识别序列为四对碱基的限制性内切酶,如 *Mbo* I 或 *Sau*3A I 等,因为在绝大多数生物基因组 DNA 上,四对碱基的限制性酶切位点数目明显大于六对碱基的酶切位点数目,从而大大增加了所产生的限制性DNA 片段的随机性。从克隆操作以及插入 DNA 片段的回收角度上来看,上述两种 DNA 切割方法各有利弊,机械切割的 DNA 片段一般需要加装接头片段,操作较为烦琐,然而克隆的DNA 片段可以从载体分子完整卸下(外源 DNA 片段中不含有接头片段携带的酶切位点);部分酶切法产生的限制性片段可以直接与载体分子拼接,但一般情况下不利于克隆片段的完整回收。

待克隆 DNA 随机片段的大小应与所选用的载体装载量相匹配,出于尽可能压缩重组克隆数量的目的,用于基因文库构建的载体通常选用装载量较大的 λDNA、考斯质粒,甚至酵母人造染色体(YAC,参见 5.2.6 节)或细菌人造染色体(BAC)。对于构建一个完备性为 0.99 的人基因组文库,用 λDNA 为载体(装载量以 15kb 计),至少需要 90 万个重组克隆,而用考斯质粒作载体(装载量以 40kb 计),只需要 23 万个重组克隆。然而,与 λDNA 相比,考斯质粒在应用中存在如下缺陷:①用于筛选考斯质粒基因组文库的均落原位杂交技术一般不如噬菌斑原位杂交技术灵敏,因为菌落的不完全破壁影响重组质粒的释放;②噬菌体的生存能力比细菌更强,用 λDNA 构建的基因文库更易于长期保存和稳定扩增;③重组 λ 噬菌体在受体细胞内能够进行正常包装,且重组分子的扩增拷贝数多而恒定,而考斯重组质粒丧失了体内包装能力,且重组分子较大,扩增拷贝数往往比原载体分子要少,有时甚至会发生重组分子之间或内部的重排现象。

对于 cDNA 文库而言,由于绝大多数的真核生物基因蛋白编码序列小于 5kb,因此较为理想的克隆载体是普通质粒,尤其是表达型质粒载体,这样可以直接利用目的基因表达产物的性质和功能筛选基因文库。

用于基因文库构建的受体细胞在大多数情况下选用大肠杆菌,因为其繁殖迅速,易于保存,而且克隆操作简便,转化效率高。在某些特殊情况下,如为了使目的基因的高效表达,也可选择相应的动植物细胞。人的完备基因组文库一般由数十万甚至数百万个重组克隆组成,从中筛选一个含有特定目的基因的重组克隆其工作量之大可想而知。在众多的重组子筛选鉴定方法中,唯有菌落(菌斑)原位杂交法或免疫原位检测法可用于快速筛选基因文库。然而在实际操作过程中,通常不能按常规程序进行,试想一下,为了准确辨认期望重组克隆,一块直径为9cm的平板上,最多能容纳500个左右的噬菌斑或菌落,一个由50万个重组克隆组成的基因文库,至少需要在1 000块平板上进行原位杂交,这几乎是难以想象的。然而,采取两步甚至三步原位杂交法,可以在最短的时间内完成全基因文库的筛选,其程序如下:第一步制备高密度平板,使每块平板密集分布5 000~10 000个菌落或噬菌斑,此时虽然菌落或菌斑相互重叠,但仍可进行原位杂交;第二步由感光胶片上的斑点位置在原杂交阳性平板的相应区域内挖下固体琼脂,并用新鲜培养基洗涤稀释;第三步将稀释液再次涂布平板,使每块平板只含有200~500个可辨认的菌落或菌斑;第四步用相同的探针进行两轮杂交,直至准确挑出期望的重组克隆。

基因文库构建的一个极为重要的原则是严禁外源DNA片段之间的连接。由于待克隆的外源DNA片段是随机断裂的,且各片段的末端缺少像限制性内切酶全酶解所产生的特殊序列,因此当任意两个不相干的DNA分子连在一起后,就会造成克隆片段序列与其在染色体上天然序列的不一致性,更为严重的是,两个DNA片段难以准确地重新切开,甚至两者的连接位点也无从知道。由部分酶解法产生的限制性片段虽然具有酶切识别序列,但它在DNA分子中并不唯一,因此同样难以辨认。下列三种措施之一或联合使用可有效地防止这种现象发生:①对随机切割处理过的外源DNA片段按相对分子质量大小进行分级分离,回收与λDNA或考斯质粒装载量相适宜的DNA片段,然后进行重组。在这种情况下,任何外源DNA片段双分子的重组均超过了λ噬菌体包装的上限,不能形成噬菌斑或转化克隆。②用磷酸单酯酶去除外源DNA的5′末端磷酸基团,杜绝外源DNA分子间连接的可能性。③用TdT酶在外源DNA片段的两个末端上增补同聚尾,使之无法相互或自身重组。应值得注意的是,上述三种方法并非100%的可靠,因而最好采取①和②,或①和③两种方法联合处理外源DNA片段,确保万无一失。

3.基因组文库重组克隆的排序

基因组文库通常以重组克隆的形式存在,每个重组克隆均含有来自生物染色体上的一段随机DNA片段,如果所构建的基因文库完备性足够高,则所有重组克隆中的DNA片段几乎覆盖了个体生物的整个基因组。然而,天然的基因组是众多基因的有序排列形式。基因组文库的实用性不仅仅表现在目的基因的分离,而且更为重要的是对生物体全基因组序列组织的了解以及各基因生物功能的注释,这就首先需要对基因组文库各重组克隆进行排序及整理。20世纪90年代初启动的人类基因组计划的相当一部分工作内容就在于此。

基因组文库重组克隆的排序一般使用染色体走读法(chromosome walking),其原理如图3-51所示。从某一基因组文库中任取一重组克隆,提取其重组DNA,并将插入片段两个末端的DNA区域(0.2~2.0kb)亚克隆在新的质粒DNA上进行扩增,然后以这两个末端DNA

片段为探针,分别搜寻基因组文库。杂交阳性的重组克隆中必定含有携带与探针片段重叠的另一个 DNA 片段。在一般情况下,这个 DNA 插入片段的一段位于初始重组片段的内部,另一端则是新出现的 DNA 区域,以此区域为探针第二轮杂交基因组文库,又可获得第三组 DNA 插入片段。重复上述操作即可将重组克隆双向逐一排序。

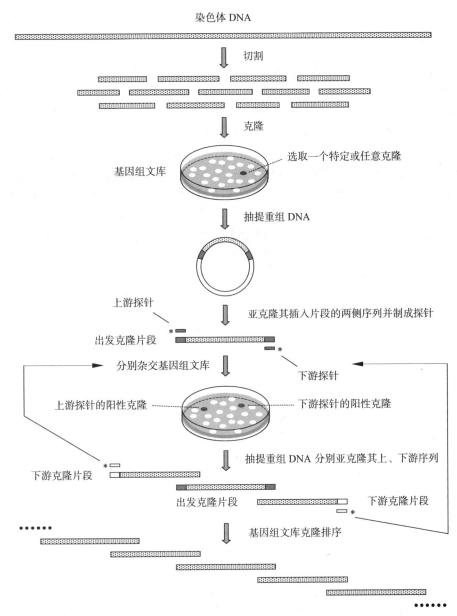

图 3-51　染色体走读法工作原理

染色体走读法的行走速度很大程度上取决于重组克隆所含 DNA 片段之间的重叠程度,重叠率越高,行走速度越慢;克隆片段越长(这通常由载体的装载量决定),行走速度越快。为了提高行走速度,另一种战略是利用酵母人造染色体构建人基因组文库,其装载量可高达数百碱基对,同时构建非随机末端的 DNA 片段库,以此作为杂交探针,可以最大限度地减少两个克隆 DNA 片段之间的重叠程度,这一方法称为染色体跳跃法。然而不管是染色体走读法还是染色体跳跃法都具有一定的局限性,即在真核生物尤其是高等哺乳动物基因组中,存在着大量的重复序列,它们短则数十碱基对,长则高达数万碱基对。如果所选用的探针片段含有这种重复序列,染色体走读法便不能有效地进行下去。在此情况下,往往需要对已排序的DNA片段进行序列分析,准确定位众多重复序列两侧的非重复DNA区域,并以此为探针继续搜寻基因组文库。

4. 基因文库的筛选

从基因文库中迅速准确地锁定目的基因至关重要,其成败与所掌握的有关目的基因的背景知识密切相关。这里所谓的目的基因背景知识大致包括下列三种情况:①目的基因的部分或全部碱基序列已知;②目的基因编码产物的结构或功能已知;③目的基因与某些生物表型(如疾病等)的相关性已知。具备第一种已知条件时,理论上可选择鸟枪法、cDNA法、PCR扩增法、化学合成法或其组合获得全长基因。仅具备第二种已知条件时,可依据目的基因表达产物的结构或功能设计合理的筛选模型,并借此从基因文库中筛选目的基因。当仅具备第三种已知条件时,则需依据生物表型建立独特的筛选程序才能奏效,这种筛选程序被称为表型克隆。

简言之,表型克隆是通过关联生物表型和目的基因结构或表达特征实现分离特定表型相关基因的克隆策略。迄今为止,已建立了多种有效的表型克隆程序,如基因组错配筛选技术(GMS)、代表差异分析技术(RDA)、RNA差异显示技术(mRNA DD)、抑制性差减杂交技术(SSH)、以二维蛋白质电泳技术为核心的比较蛋白质组技术以及转译抑制和转译释放技术等,此处不再赘述。

第4章 大肠杆菌的基因工程

大肠杆菌是迄今为止研究得最为详尽的原核细菌,其 K-12 MG1655 株四百万余碱基对的染色体 DNA 早已测序完毕,全基因组共含有 4 405 个开放阅读框,其中大部分基因的生物功能已被鉴定。作为一种成熟的基因克隆表达受体,大肠杆菌被广泛应用于分子生物学研究的各个领域,如基因分离扩增、DNA 序列分析、基因表达产物功能鉴定等。由于大肠杆菌繁殖迅速,培养代谢易于控制,利用 DNA 重组技术构建大肠杆菌工程菌,以规模化生产真核生物基因尤其是人类基因的表达产物,具有重大的经济价值。目前已经利用重组大肠杆菌实现了很多基因工程产品的商品化。

然而,正是由于大肠杆菌的原核性,也有为数不少的真核生物基因不能在大肠杆菌中表达出具有生物活性的功能蛋白,其原因是:第一,大肠杆菌细胞内不具备真核生物的蛋白质复性系统,许多真核生物基因仅在大肠杆菌中合成出无特异性空间构象的多肽链;第二,与其他原核细菌一样,大肠杆菌缺乏真核生物的蛋白质加工系统,而许多真核生物蛋白质的生物活性恰恰依赖于其侧链的糖基化或磷酸化等修饰作用;第三,大肠杆菌内源性蛋白酶易降解空间构象不正确的异源蛋白,造成表达产物不稳定;第四,大肠杆菌细胞膜间隙中含有大量的内毒素,痕量的内毒素即可导致人体热原反应。上述缺陷在一定程度上制约了重组大肠杆菌作为微型生物反应器在药物蛋白大规模生产中的应用。尽管如此,大肠杆菌系统还是最受欢迎的重组药物蛋白表达宿主,据文献统计,截至 2009 年,FDA/EMEA(美国食品药品监督管理局/欧洲药品管理局)所批准的生物制药重组蛋白有 29.8% 是使用大肠杆菌作为表达宿主。

4.1 外源基因在大肠杆菌中的高效表达原理

包括大肠杆菌在内的所有原核细菌高效表达真核基因,都涉及强化蛋白质生物合成、抑制蛋白产物降解、维持或恢复蛋白质特异性空间构象三个方面的因素。其中,强化异源蛋白的生物合成主要归结为外源基因剂量(拷贝数)、基因转录水平、mRNA 翻译速率的时序性控制,而这种控制又是在重组分子构建过程中通过相应表达调控元件的精确组装来实现的。

4.1.1 启动子

大肠杆菌及其噬菌体的启动子是控制外源基因转录的重要元件,在一定条件下,mRNA

的生成速率与启动子的强弱密切相关,而转录又在很大程度上影响基因的表达。大肠杆菌启动子的强弱取决于启动子本身的序列,尤其是-10区和-35区两个六聚体盒的碱基组成以及彼此的间隔长度,同时也与启动子和外源基因转录起始位点之间的距离有很大关系。有些大肠杆菌启动子的转录活性还受到相应基因内部序列的影响,实际上这部分基因内序列可看作是启动子的组成部分。这种启动子往往特异性启动所属基因的转录,缺乏通用性。目前几种广泛用于表达外源基因的大肠杆菌启动子,其促进转录启动的活性几乎与外源基因的性质无关。

1. 启动子最佳作用距离的探测

在大肠杆菌中,虽然大多数启动子与所属基因转录起始位点之间的距离为6～9对碱基,但对外源基因而言,这个距离未必最佳。一种能准确测定启动子最佳作用距离的重组克隆方法如图4-1所示:目的基因克隆在质粒的 $EcoR$ I 位点上,在距目的基因5′端100～200碱基对处的上游区域选择一个单一的限制性酶切位点,并用相应的酶将重组质粒线性化;然后用Bal31核酸外切酶在严格控制反应速度的条件下处理线状DNA分子,当酶切反应进行到目的基因转录起始位点时,迅速灭活Bal31;最后将启动子片段与上述处理的DNA重组分子连接和克隆。由于Bal31酶解速度在重组DNA分子之间的差异性,由此获得的重组克隆必定含有一系列不同长度的启动子——目的基因间隔区域,其中目的基因表达量最高的克隆即具有最佳的启动子作用距离。

将目的基因插在一个较强的启动子下游,若克隆菌细胞内检测不到相应的mRNA,有必要考虑调整启动子基因之间的距离。

2. 启动子的筛选与构建

大肠杆菌及其噬菌体的基因组DNA上含有数以千计的启动子,只要建立一个能快速准确衡量启动子转录效率的检测系统,即可从中筛选克隆到强的启动子。这种检测系统通常使用启动子探针质粒,其中的报告基因大多选择催化定量反应的酶编码基因(如大肠杆菌的半乳糖激酶结构基因 $galK$)或抗生素抗性基因。半乳糖激酶活性的高低与 $galK$ 基因的表达效率相关,它可通过测定放射性同位素 ^{32}P 从ATP传递到半乳糖形成放射性半乳糖-1-磷酸产物而灵敏地定量,由此比较启动子片段的强弱。抗生素抗性基因的表达效率则可通过测定相

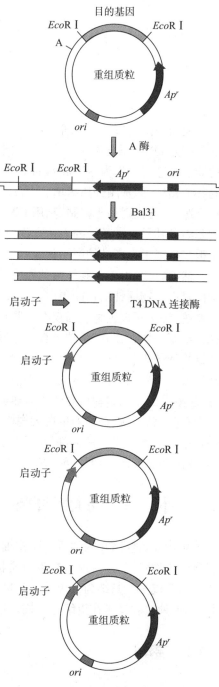

图4-1　启动子最佳作用距离探测

应抗生素对克隆菌的最少抑制浓度而衡量,然而由于抗生素容易导致受体细胞产生诱导抗性,因此在实际操作中,克隆菌往往需要进一步鉴定。

pKO1 是一个典型的大肠杆菌启动子探针质粒(图 4-2),它含有无启动子的 *galK* 报告基因、用于质粒筛选的氨苄青霉素抗性基因(Ap^r),以及位于克隆位点与 *galK* 基因之间的三种阅读框架的终止密码子。这组终止密码子可有效地阻止外源 DNA 片段和载体上其他基因转录产物 mRNA 可能造成的翻译过头,进而带动 *galK* 基因的间接表达,造成假阳性。

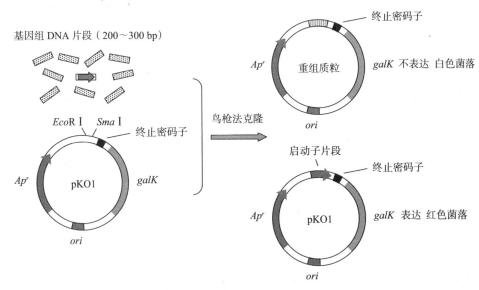

图 4-2　启动子克隆与筛选

含有启动子活性的 DNA 片段的分离大体上有下列三种方法:

(1) 鸟枪法克隆

将 DNA 随机片段直接克隆到 pKO1 探针质粒上,重组分子转化 $galE^+$、$galT^+$、$galK^-$ 的大肠杆菌受体细胞,转化液涂布在以半乳糖为唯一碳源的 McConkey 选择性培养基上进行筛选。凡具有启动子活性的插入片段才有可能启动 *galK* 报告基因的表达,并使半乳糖在受体细胞中发生糖酵解反应,重组克隆分泌红色素。

(2) 酶保护法分离

酶保护法是依据 RNA 聚合酶与启动子区域的特异性结合原理设计的。将大肠杆菌基因组文库中的重组质粒与 RNA 聚合酶在体外保温片刻,然后选择合适的限制性内切酶对其进行消化,未与 RNA 聚合酶保温的同一重组质粒作酶切对照。如果试验质粒的限制性片段比对照质粒减少,则表明被钝化的酶切位点位于 RNA 聚合酶保护区域内,即该区域存在启动子结构。将这个区域的 DNA 片段次级克隆在启动子探针质粒上,测定其所含有启动子的转录活性。

(3) 滤膜结合法分离

滤膜结合法分离原理是双链 DNA 不能与硝酸纤维素薄膜有效结合,而 DNA-蛋白质复合物却能在一定条件下结合在膜上。将待检测 DNA 片段与 RNA 聚合酶保温,并转移保温混合物至膜上,温和漂洗薄膜,除去未结合 RNA 聚合酶的双链 DNA 片段,然后再用高盐溶液将结合在薄膜上的 DNA 片段洗下。一般来说,这种 DNA 片段在膜上的滞留程度与其同

RNA 聚合酶的亲和性(即启动子的强弱)成比例,然而这种强弱难以量化,通常仍需要将之克隆在探针质粒上进行检测。

目前在表达型载体上应用最为广泛的大肠杆菌天然启动子有四种,即 P_{lac}、P_{trp}、P_L、P_{recA},它们分别来自乳糖操纵子、色氨酸操纵子、λ 噬菌体左早期操纵子、$recA$ 基因,其－10区和－35区的保守序列以及相对强弱列在表 4－1 中。尽管上述启动子这两个区域的序列相当保守,但并非完全相同,而且它们的相对强弱差别也较大。因此为了获得更强的启动子,除了从基因组 DNA 上进行筛选甄别外,还可利用已知的启动子重新构建新的杂合启动子,以满足不同外源基因的表达要求。

表 4 - 1　大肠杆菌典型启动子的保守序列

启动子	－ 35 区	－ 10 区
保守序列	TTGACA	TATAAT
λP_L	TTGACA	GATACT
$recA$	TTGATA	TATAAT
trp	TTGACA	TTAACT
lac	TTTACA	TATAAT
tac	TTGACA	TATAAT
$traA$	TAGACA	TAATGT

从表 4－1 中可以看出,由 P_{trp}-35 区序列和 P_{lac}-10 区序列重组而成的杂合启动子 P_{tac},其相对强弱分别是 P_{trp} 的 3 倍和 P_{lac} 的 11 倍。在某些情况下,两种相同启动子的同向串联也可大幅度提高外源基因的表达水平,如双 P_{lac} 启动子的强度大约是单启动子的 2.4 倍,但这些结果与所控制的结构基因的性质密切相关。

3. 启动子的可控性

从理论上讲,将外源基因置于一个具有持续转录活性的强启动子控制下,是高效表达的理想方法,然而外源基因的全程高效表达往往会对大肠杆菌的生理生化过程造成不利影响。此外,外源基因持续高效表达的重组质粒在细胞若干次分裂循环之后,往往会部分甚至全部丢失,而不含质粒的受体细胞因生长迅速最终在培养物中占据绝对优势,导致重组菌的不稳定性。利用可控性的启动子调整外源基因的表达时序,即通过启动子活性的定时诱导,将外源基因的转录启动限制在受体细胞生长循环的某一特定阶段,是克服上述困难的有效方法。

目前广泛应用的大部分大肠杆菌启动子来自相应的操纵子,它们都含有与阻遏蛋白特异性结合的操作子序列,换句话说,由这些启动子介导的外源基因在大肠杆菌细胞内通常是以极低的基底水平表达的。例如在不含乳糖的培养基中,重组大肠杆菌的 P_{lac} 启动子处于阻遏状态,此时外源基因痕量表达甚至不表达。当重组大肠杆菌生长到某一阶段时,向培养物中加入乳糖或 IPTG,它们特异性与阻遏蛋白结合,并使之从操作子上脱落下来,P_{lac} 遂打开并启动外源基因转录。野生型大肠杆菌的 P_{lac} 启动子除可被乳糖或 IPTG 诱导外,同时又能为葡萄糖及其代谢产物所抑制,而在培养重组大肠杆菌时,培养基中必须加入葡萄糖,因此在实际操作中通常使用的是野生型 P_{lac} 的一种突变体 P_{lacUV5}。它含有一对突变碱基,其活性比野生型 P_{lac} 更强,而且对葡萄糖及分解代谢产物的阻遏作用不敏感,但仍为受体细胞中的 Lac 阻遏蛋白阻遏,因此可以用乳糖或 IPTG 诱导。人工构建的 P_{tac} 由于含有 lac 操作子序列,所以其阻遏诱导性质与 P_{lacUV5} 相同。

P_{trp} 与 P_{lac} 的调控模式稍有不同,其阻遏作用的产生依赖于色氨酸/阻遏蛋白复合物与 trp 操作子的特异性结合。因此 P_{trp} 的激活可以采取两种方法,即从培养基中除去色氨酸或者加入 3-吲哚丙烯酸(IAA),后者与阻遏蛋白特异性结合,从而解除阻遏作用。

λ 噬菌体的 P_L 启动子在大肠杆菌中是由噬菌体 DNA 编码的 CI 阻遏蛋白控制的,其去阻遏途径与若干宿主和噬菌体蛋白的功能有关,很难直接诱导,因此在实际操作中常常使用 CI 阻遏基因的温度敏感型突变体 CI_{857} 控制 P_L 介导的外源基因转录。将基因组上携带有 CI_{857} 突变基因的大肠杆菌工程菌首先置于 28～30℃ 进行培养,在此温度范围内,由大肠杆菌合成的 CI_{857} 阻遏蛋白与 P_L 的操作子区域结合,关闭外源基因的转录。当工程菌培养到合适的生长阶段(一般为对数生长中期)时,迅速将培养温度升至 42℃,此时 CI_{857} 失活,从操作子上脱落下来,P_L 启动子遂启动外源基因转录。

上述阻遏蛋白灭活以及外源基因转录激活(诱导作用)的效率很大程度上取决于工程菌细胞内阻遏蛋白的分子数与启动子的拷贝数之比(即重组质粒的拷贝数)。这个比值过高,诱导作用的效果并不理想;相反,如果阻遏蛋白分子过少,则启动子的可控制性便失去了意义。能够有效避免上述两种情况发生的方法很多,例如可将阻遏蛋白基因及其对应的启动子分别克隆在拷贝数不同的两种质粒上,从而确保阻遏蛋白分子数和启动子拷贝数维持在一个合适的比例上。通常将阻遏蛋白编码基因置于低拷贝质粒上,使每个工程菌细胞只含有 1～8 个阻遏蛋白基因拷贝;而启动子和外源基因则克隆在高拷贝质粒上,其拷贝数控制在每个细胞 30～100 内。

可控性启动子的温度诱导和 IPTG 诱导在容积较小(1～5 L)的培养器中通常很容易做到,但对于 20 L 以上的发酵罐而言,42℃ 诱导既耗费大量能源,诱导效果又不理想,因为温度从 28℃ 升到 42℃ 往往需要数分钟。在大规模发酵过程中,添加 IPTG 诱导物成本也很高。这些都是工程菌大规模培养时才会出现的问题,解决这一技术难题的途径仍应从工程菌的构建方案来考虑。例如,涉及 P_L 启动子的工程菌构建可采用双质粒表达系统:将 CI 阻遏蛋白生物合成置于 P_{trp} 启动子控制之下,并克隆在一个低拷贝质粒上,从而保证 CI 阻遏蛋白表达不至于过量;第二个重组质粒则含有 P_L 启动子控制的外源基因。当培养基中缺少色氨酸时,P_{trp} 打开,CI 阻遏蛋白合成,由 P_L 介导的外源基因不表达(图 4-3(a));相反,当色氨酸大量存在时,P_{trp} 启动子关闭,CI 阻遏蛋白不再合成,P_L 开放(图 4-3(b))。从整体上看,外源基因虽然处于 P_L 控制之下,但可用色氨酸取代温度进行诱导表达。

由此构建的重组大肠杆菌可以使用仅由糖蜜和酪蛋白水解物组成的廉价培养基进行发酵,这种培养基含有微量的色氨酸,而外源基因表达则可通过加入富含色氨酸的胰蛋白胨进行诱导。

4. 依赖于噬菌体 RNA 聚合酶的启动子

上述 P_{lac}、P_{trp}、P_{tac}、P_L 启动子都是大肠杆菌 RNA 聚合酶特异性的识别和作用元件,外源基因转录的启动效率取决于 RNA 聚合酶与这些启动子的作用强度。然而转录效率不仅与外源基因在单位时间内的转录次数有关,而且还受到转录启动后 RNA 聚合酶沿 DNA 模板链移动速度的影响。来自大肠杆菌 T7 噬菌体的 T7 表达系统利用噬菌体 DNA 编码的 RNA 聚合酶表达重组大肠杆菌中的外源基因,这种 RNA 聚合酶选择性地与 T7 噬菌体 DNA 的启动子结合,在不降低转录启动效率的前提下,它沿 DNA 模板链聚合 mRNA 的速度比大肠杆

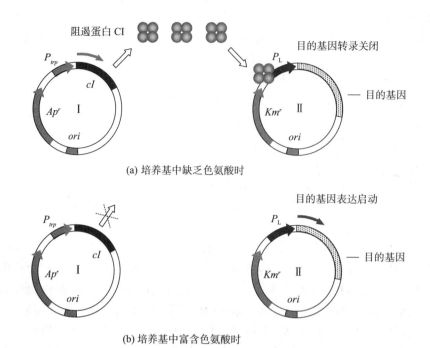

(a) 培养基中缺乏色氨酸时

(b) 培养基中富含色氨酸时

图 4-3 基于 P_L 启动子的双质粒表达系统

菌的 RNA 聚合酶快 5 倍。装有 T7 启动子的表达载体很多,如 pET 载体家族等(参见表 3-5)。

T7 表达系统实质上是一种基因表达的级联反应。克隆在 pET 质粒上的外源基因通过 T7 RNA 聚合酶在细胞中的诱导表达而启动转录;而 T7 RNA 聚合酶的表达则由 P_{lacUV5} 启动子控制。然而即使不诱导,T7 RNA 聚合酶基因仍能合成少量的 RNA 聚合酶。在这种情况下,外源基因的转录实质上已由 T7 启动子单独控制。

pET 质粒上的 T7 启动子通常选用 T7 噬菌体 DNA 六个启动子中的 ϕ_{10} 启动子,与之相匹配的转录翻译元件还包括相应的 SD 序列以及转录终止子 $T\phi$。在大多数情况下,使用 T7 表达系统必须选择特殊的大肠杆菌受体菌,如 BL21(DE3)和 HNS174(DE3)等。大肠杆菌 DE3 株是 λ 噬菌体的溶原衍生菌,其染色体 DNA 上含有由 P_{lacUV5} 控制的 T7 RNA 聚合酶基因。

4.1.2 终止子

外源基因在强启动子的介导下表达,容易发生转录过头现象,即 RNA 聚合酶滑过终止子结构继续转录质粒上的邻近 DNA 序列,形成长短不一的 mRNA 混合物,这种情况的发生在 T7 表达系统中尤为明显。过长转录物的产生不仅影响 mRNA 的翻译效率,同时也使外源基因的转录速度大幅度降低。首先,转录产物越长,RNA 聚合酶转录一分子 mRNA 所需的时间就相应增加,外源基因本身的转录效率下降;其次,如果外源基因下游紧邻载体质粒上的其他重要基因或 DNA 功能区域,如选择性标记基因和复制子结构等,则 RNA 聚合酶在此处的转录可能干扰质粒的复制及其他生物功能,甚至导致重组质粒的不稳定性;再次,转录过长的 mRNA 往往会产生大量无用的蛋白质,增加工程菌的能量消耗;最后也是最为严重的是,过长的转录物往往不能形成理想的二级结构,从而大大降低外源基因编码产物的翻译效率。因此,重组表达质粒的构建除了要安装强的启动子以外,还必须注意强终止子的合理设置。目前在外源基因表达质粒中常用的终止子是来自大肠杆菌 rRNA 操纵子上的 $rrnT_1T_2$ 以及 T7 噬菌体 DNA 上的 T_ϕ,对于一些终止作用较弱的终止子,往往采用二聚体的特殊结构。

终止子也能像启动子那样通过特殊的探针质粒从细菌或噬菌体基因组 DNA 中克隆筛选。在这种终止子探测质粒上,唯一的克隆位点处于启动子和报告基因的翻译起始密码子之间。当含有终止子序列的 DNA 片段插入该位点上时,由启动子介导的报告基因转录被封闭,从而减少或阻断了报告基因的表达。

4.1.3　SD 序列

外源基因在大肠杆菌中的高效表达不仅取决于转录启动频率,而且在很大程度上还与 mRNA 的翻译起始效率密切相关。大肠杆菌细胞中结构不同的 mRNA 分子具有不同的翻译效率,它们之间的差别有时可高达数百倍。mRNA 的翻译起始效率主要由其 5′ 端的结构序列所决定,称为核糖体结合位点(RBS),它包括下列四个特征结构要素:① 位于翻译起始密码子上游的 6~8 个碱基序列 5′ UAAGGAGG 3′,即 Shine-Dalgarno(SD)序列。它通过与大肠杆菌核糖体小亚基中的 16S rRNA 3′ 端序列 3′ AUUCCUCC 5′ 互补,将 mRNA 定位于核糖体上,从而启动翻译。② 翻译起始密码子。大肠杆菌绝大部分基因以 AUG 作为翻译起始密码子,但有些基因也使用 GUG 或 UUG。③ SD 序列与翻译起始密码子之间的距离及碱基组成。④ 基因编码区 5′ 端若干密码子的碱基序列。

一般来说,mRNA 与核糖体的结合程度越强,翻译的起始效率就越大,而这种结合程度主要取决于 SD 序列与 16S rRNA 的碱基互补性,其中以 GGAG 四个碱基序列尤为重要。对多数基因而言,这四个碱基中任何一个换成 C 或 T,均会导致翻译效率大幅度降低。SD 序列与起始密码子 AUG 之间的序列对翻译起始效率的影响则表现在碱基组成和间隔长度两个方面。实验结果表明,SD 序列后面的碱基若为 AAAA 或 UUUU,翻译效率最高;而 CCCC 或 GGGG 的翻译效率则分别是最高值的 50% 和 25%。紧邻 AUG 的前三个碱基对翻译起始也有影响,对于大肠杆菌 β-半乳糖苷酶的 mRNA 而言,在这个位置上最佳的碱基组合是 UAU 或 CUU,如果用 UUC、UCA 或 AGG 取代之,则酶的表达水平低 20 倍。

SD 序列与起始密码子之间的精确距离保证了 mRNA 在核糖体上定位后,翻译起始密码子 AUG 正好处于核糖体中的 P 位,这是翻译启动的前提条件。在很多情况下,SD 序列位于 AUG 之前大约 7 个碱基处,在此间隔中少一个或多一个碱基,均会导致翻译起始效率不同程度的降低。大肠杆菌中的起始 tRNA 分子可以同时识别 AUG、GUG、UUG 三种密码子,但其识别频率并不相同,通常 GUG 为 AUG 的 50%,而 UUG 只及 AUG 的 25%。mRNA 5′ 端非编码区自身形成的特定二级结构能协助 SD 序列与核糖体结合,任何错误的空间结构均会不同程度地削弱 mRNA 与核糖体的结合强度。由于真核生物和原核生物的 mRNA 5′ 端非编码区结构序列存在很大的差异,因此要使真核生物基因在大肠杆菌中高效表达,应尽量避免基因编码区内前几个密码子碱基序列与大肠杆菌核糖体结合位点之间可能存在的互补作用。

目前广泛用于外源基因表达的大肠杆菌表达型质粒上,均含有与启动子来源相同的核糖体结合位点序列,例如所有含 P_{lac} 启动子以及由其构建的杂合启动子的质粒,均使用 lacZ 基因的 RBS。在一般情况下,这一序列能够高效表达多数真核生物基因,但应当指出的是,如果在排除了转录效率低下和表达产物不稳定等因素之后,外源基因的表达效果仍不理想,可以考虑修饰或更换核糖体结合位点序列,其中最为重要的是 SD 序列及其与起始密码子之间的间隔长度,因为对于相当一部分外源基因而言,*lacZ* 的 RBS 并非是最佳选择。

4.1.4 密码子

不同的生物,其至同种生物不同的蛋白编码基因,对简并密码子使用的频率并不相同,也就是说,基因对简并密码子的选择具有一定的偏爱性。决定这种偏爱性的决定因素包括:

(1) 生物体基因组中的碱基含量

在富含 AT 的生物(如梭菌属)基因组中,密码子第三位上的 U 和 A 出现的频率较高;而在 GC 丰富的生物(如链霉菌)基因组中,第三位上含有 G 或 C 的简并密码子占 90% 以上的绝对优势。

(2) 密码子与反密码子相互作用的自由能

在碱基含量没有显著差异的生物体基因组中,简并密码子的使用频率也不是平均的,这可能由密码子与反密码子的作用强度所决定。适中的作用强度最有利于蛋白质生物合成的迅速进行;弱配对作用可能使氨酰基 tRNA 分子进入核糖体 A 位需要总费更多的时间;而强配对作用则可能使转肽后核糖体在 P 位逐出空载 tRNA 分子耗费更多的时间。利用这一理论可以解释大肠杆菌基因组中密码子使用的偏爱性规律,以大肠杆菌中含量最丰富的核糖体蛋白编码基因为例(表 4-2):密码子 GGG(Gly)、CCC(Pro)、AUA(Ile)的使用频率几乎为零;在前两位碱基由 A 和 U 组成的简并密码子中,第三位碱基为 C 的密码子的使用频率要高于 U 或 A,即 UUC>UUU,UAC>UAU,AUC>AUU,AAC>AAU。此外,tRNA 上反密码子的第三位碱基如果是修饰的 U,则它与 A 配对的机会多于 G;如果是 I,则与 U 和 C 配对的频率高于 A。在高等真核生物基因组中,简并密码子的使用也不是随机的,其偏爱的密码子谱与大肠杆菌相差很大,而且偏爱程度也不如大肠杆菌那样明显。

(3) 细胞内 tRNA 的含量

无论是在原核细菌还是在真核生物休内,简并密码子的使用频率与相应 tRNA 的丰度呈正相关,特别是那些表达水平较高的蛋白质编码基因更是如此。通常,表达量较大的基因含有较少种类的密码子,而且这些密码子又对应于含量高的 tRNA 分子,这样细胞便能以更快的速度合成需求量多的蛋白质;而对于需求量少的蛋白质而言,其基因中含有较多与低丰度 tRNA 相对应的密码子,用以控制该蛋白质的合成速度。这也是原核生物和真核生物基因表达调控的共同战略之一,所不同的是,各种 tRNA 的丰度在原核细菌和真核生物细胞中并不一致。

由于原核生物和真核生物基因组中密码子的使用频率具有不同程度的差异性,因此,外源基因尤其是哺乳动物基因在大肠杆菌中高效翻译的一个重要因素是密码子的正确选择。一般而言,有两种策略可以使外源基因上的密码子在大肠杆菌细胞中获得最佳表达:首先,采用外源基因全合成的方法,按照大肠杆菌密码子的偏爱性规律,设计更换外源基因中不适宜的相应简并密码子,人胰岛素、干扰素、生长激素在大肠杆菌中的高效表达均采用这种方法;其次,对于那些含有不和谐密码子种类单一、出现频率较高、而本身相对分子质量又较大的外源基因而言,则选择相关 tRNA 编码基因同步克隆表达的策略较为有利。例如,在人尿激酶原 cDNA 的 412 个密码子中,共含有 22 个精氨酸密码子,其中 AGG 7 个,AGA 2 个,而大肠杆菌细胞中 tRNA$_{AGG}$ 和 tRNA$_{AGA}$ 的丰度较低。为使人尿激酶原 cDNA 在大肠杆菌中获得高效表达,可将大肠杆菌的这两个 tRNA 编码基因克隆在另一个高表达的质粒上,由此构建的大肠杆菌双质粒系统有效地解除了受体细胞由于 $tRNA_{AGG}$ 和 $tRNA_{AGA}$ 匮乏而对外源基因表达所造成的制约作用。

表 4-2　大肠杆菌核糖体蛋白质中密码子的使用频率

密码子的第 2 位

		U		C		A		G		
密码子的第1位	U	0.83 UUU 1.90 UUC	Phe	1.49 UCU 1.49 UCC	Ser	0.25 UAU 1.08 UAC	Tyr	0.08 UGU 0.05 UGC	Cys	U C
		0.08 UUA 0.17 UUG	Leu	0.08 UCA 0.08 UCG		UAA UAG	Stop Stop	UGA 0.25 UGG	Stop Trp	A G
	C	0.33 CUU 0.25 CUC	Leu	0.25 CCU 0.00 CCC	Pro	0.25 CAG 1.24 CAC	His	3.97 CGU 2.15 CGC	Arg	U C
		0.00 CUA 0.17 CUG		0.33 CCA 2.98 CCG		0.74 CAA 2.73 CAG	Gln	0.00 CGA 0.00 CGG		A G
	A	1.08 AUU 4.22 AUC	ILe	2.98 ACU 2.16 ACC	Thr	0.25 AAU 3.47 AAC	Asn	0.08 AGU 0.99 AGC	Ser	U C
		0.00 AUA 2.48 AUG	Met	0.25 ACA 0.00 ACG		7.44 AAA 1.99 AAG	Lys	0.08 AGA 0.00 AGG	Arg	A G
	G	4.47 GUU 0.50 GUC	Val	7.69 GCU 0.83 GCC	Ala	1.41 GAU 1.24 GAC	Asp	4.05 GGU 2.81 GGC	Gly	U C
		3.31 GUA 1.32 GUG		3.72 GCA 2.32 GCG		5.05 GAA 1.32 GAG	Glu	0.00 GGA 0.00 GGG		A G

（右侧纵栏：密码子的第 3 位）

注:表中数字为使用频率(%)。

4.1.5　质粒拷贝数

在蛋白质的生物合成过程中,限制合成的主要因素是核糖体与 mRNA 结合的速度。在生长旺盛的每个大肠杆菌细胞中,大约含有 20 000 个核糖体单位,而 600 种 mRNA 总共只有 1 500 个分子(表 4-3)。因此,强化外源基因在大肠杆菌中高效表达的中心环节是提高 mRNA

表 4-3　大肠杆菌细胞的构成成分

组　分	占细胞干重比例/%	细胞内数量	不同种的数量	每一种的拷贝数
细胞壁	10	1	1	1
细胞膜	10	2	2	1
DNA	1.5	1	1	1
mRNA	1	1 500	600	2～3
tRNA	3	200 000	60	>3 000
rRNA	16	38 000	2	19 000
核糖体蛋白质	9	10^6	52	19 000
可溶性蛋白质	46	$2.0×10^6$	1 850	>1 000
小分子	3	$7.5×10^6$	800	

的产量,这可通过两种途径来实现:安装强启动子以提高转录效率和将外源基因克隆在高拷贝载体上以增加基因的剂量。

目前实验室里广泛使用的表达型质粒在每个大肠杆菌细胞中可达数百甚至数千个拷贝,质粒的扩增过程通常发生在受体细胞的对数生长期内,而此时正是细菌生理代谢最为旺盛的阶段。质粒分子的过度增殖势必影响受体细胞的生长与代谢,进而导致质粒的不稳定性以及外源基因宏观表达水平的下降。解决这一难题的一种有效策略是将重组质粒的扩增纳入可控制轨道,也就是说,在细菌生长周期的最适阶段将重组质粒扩增到一个最佳程度。这方面较为成功的例子是采用温度敏感型复制子控制重组质粒的复制水平。

pPLc2833 是一种在大肠杆菌中高效表达外源基因的载体质粒,它含有一个强启动子 P_L。从温度敏感型质粒 pKN402 上分离出含有温度可诱导型复制子序列的 Hae II 限制性酶切片段(图 4-4),并取代 pPLc2833 中的复制子,构建成 pCP3 新型表达质粒。携带 pCP3 的大肠杆菌在 28℃生长时,每个细胞含有 60 个质粒分子,介于 pKN402 和 pPLc2833 之间,当生长温度提升至 42℃时,pCP3 的拷贝数迅速提高 5～10 倍。与此同时,由受体细胞染色体 DNA 上 cI 基因合成的温度敏感型阻遏蛋白失活,P_L 开放并启动外源基因的转录。pCP3 这种集基因扩增和转录控制于一身的优良特性,使之成为稳定高效表达外源基因的理想载体。如果将 T4 DNA 连接酶基因克隆在该质粒的多克隆位点上,则构建出的大肠杆菌工程菌在42℃时可产生占细胞蛋白总量 20% 的重组 T4 DNA 连接酶。这一表达水平远远高于绝大部分高丰度的大肠杆菌自身蛋白质。

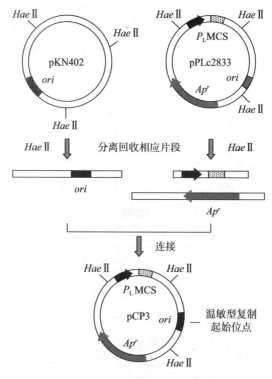

图 4-4　拷贝数可控性表达质粒 pCP3 构建

4.2　大肠杆菌工程菌的构建策略

依据基因的表达调控原理,可采用多种手段提高外源基因在大肠杆菌中合成相应蛋白质的速率,然而大量积累的异源蛋白极易发生降解作用,严重影响目标产物的最终收率。导致异源重组蛋白在大肠杆菌细胞中不稳定性的主要原因是:①大肠杆菌缺乏针对异源重组蛋白的折叠复性和翻译后加工系统;②大肠杆菌不具备真核生物细胞完善的亚细胞结构以及众多的稳定因子;③高效表达的异源重组蛋白在大肠杆菌细胞中形成高浓度微环境,致使蛋白分子间的相互作用增强。因此,在不影响外源基因表达效率的前提下,如何杜绝上述三方面不利情况的发生,提高异源重组蛋白的稳定性,是大肠杆菌工程菌构建过程中应考虑的主要问题。

4.2.1　包涵体型异源蛋白的表达

在某些生长条件下,大肠杆菌能积累某种特殊的生物大分子,它们致密地集聚在细胞内,或被膜包裹或形成无膜裸露结构,这种结构称为包涵体(Inclusion Bodies,简称 IB)。富含蛋白质的包涵体多见于生长在含有氨基酸类似物培养基的大肠杆菌细胞中,由这些氨基酸类似物所合成的蛋白质往往会丧失其理化特性和生物功能,从而集聚形成包涵体。由高效表达质粒构建的大肠杆菌工程菌大量合成非天然性的同源或异源蛋白质,后者在一般情况下也以包涵体的形式存在于细菌细胞内。

1. 包涵体的性质

高效表达重组异源蛋白的大肠杆菌所形成的包涵体大部分存在于细胞质中,它们基本上由蛋白质组成,其中大部分(占 50% 以上)是外源基因的表达产物,具有正确的氨基酸序列,但空间构象往往是错误的,因而没有生物活性。除此之外,包涵体中还含有受体细胞本身高表达的蛋白产物(如 RNA 聚合酶、核糖核蛋白体、外膜蛋白等)以及质粒的编码蛋白(主要是标记基因表达产物)。包涵体的第三种组分则是 DNA、RNA、脂多糖等非蛋白分子。由于包涵体中的蛋白组分大部分都失去了天然的空间构象,且所有的分子紧密积聚成颗粒状,因此在水溶液中很难溶解,只有在高浓度的变性剂(如盐酸胍和尿素等)溶液中才能形成匀相。

以包涵体的形式表达重组异源蛋白,其显著的优点是简化了外源基因表达产物在大肠杆菌细胞内的分离纯化程序,因为包涵体的水难溶性及其密度远大于其他细胞碎片结合蛋白,通过高速离心即可将重组异源蛋白从细菌裂解物中分离出来。重组异源蛋白在大肠杆菌体细胞内的稳定性主要取决于形成包涵体的速度,在形成包涵体之前,由于二硫键的随机形成及肽链旁侧基团修饰的缺乏,重组异源蛋白的蛋白酶作用位点往往裸露在外,导致对酶解作用的敏感性;但在形成包涵体之后,蛋白酶降解作用基本上已不构成威胁。从包涵体中回收异源重组蛋白的缺点主要表现在下列两个方面:其一,在离心洗涤分离包涵体的过程中,难免会有包涵体的部分流失,导致收率下降;其二,包涵体的溶解需要使用高浓度的变性剂,在无活性异源蛋白的复性之前,必须通过透析超滤或稀释的方法大幅度降低变性剂的浓度,这就增加了操作难度,尤其在重组异源蛋白的大规模生产过程中,这个缺陷更为明显。

2. 包涵体的形成机理

包涵体的形成本质上是细胞内蛋白质的集聚过程,其机理包括下列三个方面:

(1) 折叠状态的蛋白质集聚作用

至少在某些情况下,具有折叠结构的蛋白质集聚是包涵体形成的基础。蛋白质的水难溶性以及胞内的高浓度均能促进这种集聚过程,如大肠杆菌自身正常表达的膜结合蛋白即便具有良好的天然折叠空间构象,但因其较小的水溶性而倾向于集聚形成疏水颗粒。对外源基因表达的重组异源蛋白而言,尽管它们能依靠自身的二硫键进行体内折叠,但这种折叠形式在大肠杆菌中是随机发生的,异源多肽链中半胱氨酸残基的含量越高,二硫键错配的概率也就越大。这种错误折叠的蛋白质往往显示出较低的水溶性,再加上高效表达产生的高浓度蛋白分子之间的相互作用概率增大,最终形成多分子集聚物。

(2) 非折叠状态的蛋白质集聚作用

对于那些热稳定性差的重组异源蛋白,又在生长温度较高的细菌中表达,则蛋白产物的还原状态在细胞质内始终占主导地位,蛋白分子内部的二硫键不易形成,因此大都处于非折叠状态。含有高浓度或高比例游离巯基的非折叠多肽的存在,均会大大提高多肽分子之间二硫键形成的概率,导致产生高分子量的蛋白多聚体,从而降低其水相溶解度并形成包涵体颗粒。

(3) 蛋白折叠中间体的集聚作用

有些细菌或噬菌体自身合成的天然蛋白质虽然是可溶性的,但其折叠中间体的半衰期较长而且溶解度较低。如果这些细菌或噬菌体生长在非生理条件下(如高温等),那么任何对蛋白折叠速率有负面影响的环境条件均可在不同程度上导致折叠中间体的积累,后者在折叠成天然蛋白质之前集聚为包涵体。例如,沙门氏菌噬菌体 P22 一个编码尾部蛋白基因的突变株在 42℃时,由于这一尾部蛋白折叠过程的延长,导致折叠中间体集聚形成包涵体,从而影响噬菌体感染颗粒的装配。

根据上述包涵体的形成机理,可将高效表达的重组异源蛋白在大肠杆菌中形成包涵体的影响因素归纳为下列几个方面:①温度。温度对包涵体形成的影响虽然不是个别现象,但并不普遍。较低细菌培养温度有利于重组异源蛋白可溶性表达的有 β-干扰素、γ-干扰素、肌酸激酶、免疫球蛋白 Fab 片段、β-半乳糖苷酶融合蛋白、枯草杆菌蛋白酶 E、糖原磷酸化酶等,但相当多的重组蛋白可溶性表达并不能依靠降低培养温度而得以实现。虽然较高的培养温度能诱导受体细菌热休克蛋白的表达,它在某种程度上抑制包涵体的形成,但高温本身不利于蛋白质的折叠。②表达水平。不管包涵体的形成机理如何,重组异源蛋白的过量表达均有利于包涵体的形成,然而通过降低表达量来提高异源蛋白的可溶性却并不容易奏效。③细菌遗传性状。相同的重组质粒在不同的大肠杆菌菌株中表达异源蛋白,其可溶性与不溶性流分的比例可能不同,有时甚至相差很大。一般来说,大肠杆菌染色体 DNA 上的热休克基因表达产物(如 Hsp、GroEL、PPIase 等)有助于重组异源蛋白的正确折叠而形成可溶性流分,同理,灭活这些基因则有可能促进包涵体的形成。④异源蛋白氨基酸序列。天然的人 γ-干扰素在大肠杆菌中往往是以包涵体的形式表达,但通过基因人工合成或定点突变技术改变其天然氨基酸序列,则可获得高比例的可溶性蛋白流分;相反,对于另一些异源蛋白而言,突变体比天然分子更易形成包涵体。

3. 包涵体的分离

包涵体的分离主要包括菌体破碎、离心收集、清洗三大操作步骤。菌体破碎大多采用高压匀浆、高速珠磨或低温反复冻融等物理方法。细胞破碎物经差速离心首先去除未完全破碎的菌体及较大的细胞碎片,然后以较高转速回收包涵体颗粒,并弃去大量可溶性杂蛋白、核酸、热源及内毒素等杂质。由此获得的包涵体粗品中仍含有相当比例的大肠杆菌膜结合蛋白和种类繁多的脂多糖化合物,它们通常可用去垢剂清洗除去。常用的去垢剂包括 Triton X-100、SDS、脱氧胆盐等,其中 Triton X-100 可以较高的回收率获得包涵体重组蛋白,但去除杂蛋白的效果不完全;脱氧胆酸盐清洗的纯度较高,但会使重组异源蛋白部分溶解并损失,导致回收率下降。由于去垢剂的效果与包涵体中重组异源蛋白的性质具有一定关系,因此包涵体清洗条件的优化显得尤为重要。

4. 重组异源蛋白表达系统的构建

将启动子和 SD 序列安装在外源基因的 5′端是构建表达质粒的主要内容。由于可用于外源基因表达的大肠杆菌强启动子和 SD 序列种类有限,故可通过一般重组、PCR 扩增甚至化学合成等方法将两者按照最佳间隔及碱基序列连为一体,组成大肠杆菌表达复合元件。接下来的问题是外源基因如何与这类表达复合元件拼接克隆,才能尽量避免在 SD 序列与外源基因的起始密码子 ATG 或 GTG 之间引入过多的碱基对,从而保证外源基因高效表达出序列正确的天然蛋白质。显然为达到此目的,最直接的克隆方案(图 4-5)是将启动子 SD 序列表达元件与外源基因编码区同时重组在质粒上,其中复合表达元件 5′端上游含有一个酶切口,下游 3′端为平头末端,而外源基因上游 5′端为 ATG 或 GTG 密码子的平头末端,3′端则含有另一个酶切位点。复合表达元件与外源基因编码序列通过平头末端连成一体并插在质粒相应的克隆位点上,由此构建的重组分子在 SD 序列与外源基因之间没有引入任何碱基,SD 序列与起始密码子之间的间隔最佳。

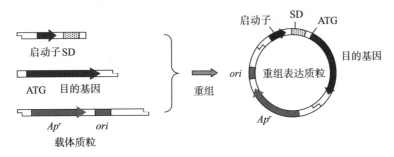

图 4-5　目的基因与表达复合元件在编码序列上游拼接

第二种方法是在复合表达元件 3′端下游组装一个特定的酶切克隆位点,并在此处将其克隆在质粒上;当外源基因插入时,先在此处用酶切开,S1 核酸酶消化单链末端使之成为平头。然后 5′端含有相同或不同酶切位点的外源基因经同样处理后,直接与载体分子平头连接(图 4-6)。

第三种方法与上述方法相似,但在复合表达元件 3′端下游组成的酶切位点中含有翻译起始密码子 ATG 或 GTG,如果外源基因 5′端含有相同的酶切位点,即可与表达质粒直接拼接,不破坏克隆位点的酶切口(图 4-7),便于外源基因从重组分子中的回收。由此方法构建的重组分子在 SD 序列与起始密码子之间最多引入三对碱基,一般情况下不会对外源基因表达产生很大的影响。至于外源基因 5′ 端的特殊酶切位点,则可在 PCR 扩增或人工合成外源基因编码序列时预先设计加入那些含起始密码子的酶切位点,如 Sph I、Nco I、Nde I、Nsi I 等。

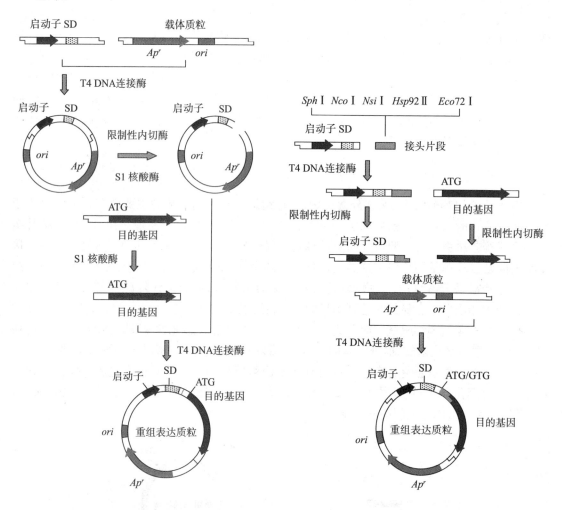

图 4-6　目的基因与表达复合元件
通过加装酶切位点拼接

图 4-7　目的基因与表达复合元件
在编码序列内部拼接

　　由 cDNA 法克隆的真核生物蛋白编码序列,其翻译起始密码子附近通常缺少与表达质粒克隆位点相匹配的酶切口,因而不能直接与载体分子进行拼接。另外,真核生物结构基因大都含有信号肽编码序列和 5′ 端非编码区,在重组过程中必须将之删除,方能转入大肠杆菌中表达。由此产生的外源编码序列中往往缺失了翻译起始密码子,因而需在载体复合表达元件的 3′ 端下游合适位点引入 ATG,这可通过设计安装特殊的限制性酶切位点来实现,酶解片段经特殊处理后,便会形成以 ATG 结尾的平头末端(图 4-8)。

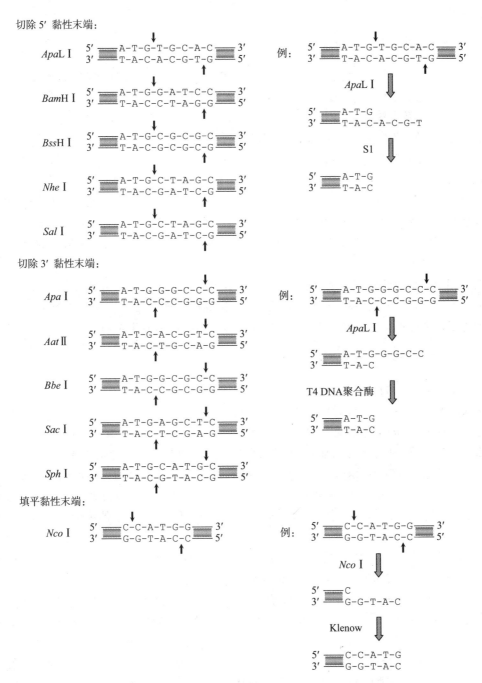

图 4 - 8　以 ATG 序列结尾的平头末端形成

4.2.2　分泌型异源蛋白的表达

在大肠杆菌中表达的重组异源蛋白按其在细胞中的定位可分为两种形式：以可溶性或不溶性（包涵体）状态存在于细胞质中；或者通过运输或分泌方式定位于细胞周质（内膜与外膜之间的空隙），甚至穿过外膜进入培养基中。蛋白产物 N 端信号肽序列的存在是蛋白质分泌的前提条件。

1. 分泌型异源蛋白表达的特性

重组异源蛋白的稳定性往往取决于它在细胞中的定位,例如,重组人胰岛素原合成后若被分泌到细胞周质中,则其稳定性大约是在细胞质中的 10 倍。异源蛋白无论是被分泌到细胞周质中还是直接进入培养基,均可大大简化后续的分离纯化操作。高等哺乳动物体内绝大多数的蛋白质在其生物合成后甚至翻译过程中,必须跨膜(如内质网膜、高尔氏基体膜、线粒体膜、细胞质膜等)传递或运输,并经过复杂的翻译后加工,最后才能形成活性状态,因此相当多的成熟蛋白在其 N 端并不含有甲硫氨酸残基。当这些高等哺乳动物结构基因在大肠杆菌中表达时,其重组蛋白 N 端的甲硫氨酸残基往往不能被切除。如若将外源基因与大肠杆菌信号肽编码序列重组在一起,一旦使之分泌型表达,其 N 端的甲硫氨酸残基便可在信号肽的专一性剪切过程中被有效除去。这是真核异源蛋白在大肠杆菌中分泌型表达战略的三大优点。

然而相对其他生物体而言,大肠杆菌的蛋白分泌机制并不健全。外源基因很难在大肠杆菌中分泌型表达,少数外源基因既便能分泌表达,但其表达率通常要比包涵体方式低很多,因此目前用于产业化的异源蛋白分泌型重组大肠杆菌尽管有,但并不普遍。

2. 蛋白质的传输和分泌机制

原核细菌蛋白质的分泌机制与真核生物十分相似,包括共翻译传递和翻译后运输两种机制。在大肠杆菌中,共翻译传递形式较为普遍,但不是唯一的,有些蛋白可同时通过两种方式进行分泌。原核细菌的分泌型蛋白在其 N 端存在 $15\sim30$ 个氨基酸组成的信号肽(signal peptides),前几个残基为极性氨基酸,中部及后部皆为连续排列的疏水氨基酸,它对蛋白质穿透疏水性膜结构起着决定性作用。除此之外,蛋白质进入膜结构后的正确定位还需要第二个信号序列,例如大肠杆菌 β-内酰胺酶的 C 末端区域对该蛋白离开内膜进入细胞周质是必需的。在蛋白质穿膜分泌的过程中,其 N 端的信号肽盒被固定在内膜上的膜蛋白信号肽酶特异性地识别和切除。

真核生物蛋白质跨越内质网膜通常采用共翻译传递机制(图 4-9)。蛋白质的信号肽序列刚从核糖体上合成出来,就被定位在核糖核蛋白体上的信号识别颗粒(Signal Recognition Particle,简称 SRP)特异性结合,并通过与 SRP 受体的相互作用,将正在进行翻译的核糖体固定在膜的内侧。SRP 是由 6 种蛋白质和一个 7S RNA(305 碱基)组成的复合物,其中一个相对分子质量为 5.4×10^4 的蛋白组分具有信号肽的识别作用。大肠杆菌也有一个类似于 SRP 的复合物,它由一个 4.5S RNA 和一个相对分子质量为 4.8×10^4 的蛋白质组成,前者与真核生物 SRP 中的 7S RNA 同源,后者则与相对分子质量为 5.4×10^4 蛋白组分相似。

在以翻译后运输机制分泌蛋白质的过程中,蛋白质折叠的控制十分重要,构象的改变发生在转膜期间。例如,大肠杆菌的 β-内酰胺酶在转膜之前和转膜期间所拥有的空间结构是胰蛋白酶敏感型的,但当它从内膜进入周质后,即转变成为胰蛋白酶抗性构象。原核细菌蛋白翻译后分泌的过程可由图 4-10 表示:首先,分子伴侣 SecB 与新合成的蛋白前体结合,并控制其折叠构象;其次,SecB 将蛋白前体转移至固定在内膜内侧上的 SecA,后者与膜蛋白 SecE 和 SecY 的复合物相连;再次,在 ATP 的存在下,SecA 将蛋白前体推入内膜,

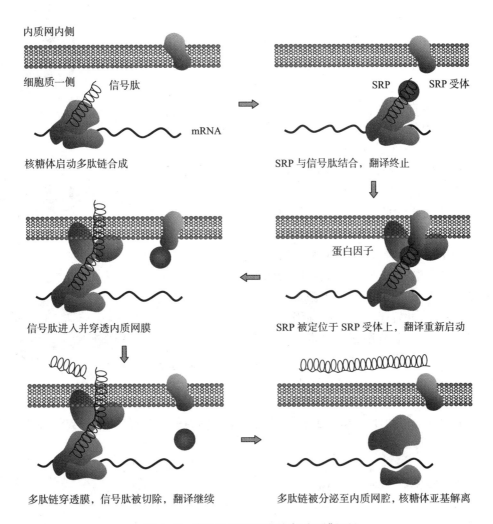

内质网内侧

细胞质一侧　　信号肽

mRNA

核糖体启动多肽链合成

SRP　　　　SRP 受体

SRP 与信号肽结合，翻译终止

蛋白因子

信号肽进入并穿透内质网膜

SRP 被定位于 SRP 受体上，翻译重新启动

多肽链穿透膜，信号肽被切除，翻译继续

多肽链被分泌至内质网腔，核糖体亚基解离

图 4-9　真核生物蛋白跨越内质网膜机制

同时释放 SecB 因子；最后，内膜分泌系统中的信号肽酶切除蛋白前体的信号肽序列，蛋白质被分泌到细胞周质中。原核细菌细胞内有多种分子伴侣可通过阻止蛋白前体的随机折叠，包括分泌触发因子、GroEL、SecB。SecB 在细胞内的含量较前两种蛋白少，但对蛋白分泌的促进作用却最大，因为它既具有分子伴侣的功能，又对 SecA 具有亲和性。在以分子伴侣形式发挥作用时，SecB 仅仅是阻止蛋白前体不正确折叠的发生，但不能改变蛋白质已折叠的构象。

　　由此可见，在大肠杆菌中表达的可分泌型内源或异源蛋白，无论采取何种机制进行转膜分泌，都必须在分子伴侣的协助下维持合适的构象，也就是说，分泌在细胞周质或培养基中的蛋白质很少形成分子间的二硫键交联。然而，对于富含半胱氨酸残基的真核生物异源蛋白来说，即便它能在大肠杆菌中以分泌的形式表达，其产物仍有很大可能发生分子内的二硫键错配，因为大肠杆菌的分子伴侣作用特异性与真核生物不同。

3. 分泌型异源蛋白表达系统的构建

从理论上讲,将大肠杆菌某个分泌型蛋白的信号肽编码序列与外源基因拼接,可以使异源蛋白在大肠杆菌中表达并分泌,然而实际上信号肽的存在并不能保证分泌的有效性和高速率。除此之外,包括大肠杆菌在内的革兰氏阴性菌一般不能将蛋白质直接分泌到培养基中,因为它们均具有外膜结构。革兰氏阳性细菌和真核细胞无外膜结构,因而可以从培养基中直接获得重组异源蛋白。

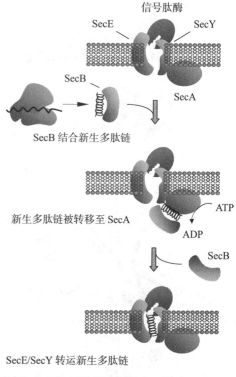

图 4-10　原核细菌蛋白翻译后分泌过程

有些革兰氏阴性菌能将极少数的细菌抗菌蛋白(细菌素)分泌到培养基中,这种特异性的分泌过程严格依赖于细菌素释放蛋白的存在,后者激活定位于内膜上的磷酸酯酶 A,导致细菌内膜和外膜的通透性增强。因此,只要将这个细菌素释放蛋白基因克隆在质粒上,并置于一个可控性强启动子的控制之下,即可改变大肠杆菌细胞对重组异源蛋白的通透性,形成可分泌型受体细胞。此时,将另一种携带大肠杆菌信号肽编码序列和外源基因的重组质粒转化上述构建的可分泌型受体细胞,并且使用相同性质的启动子驱动外源基因的转录,则两个基因的高效表达可同时被诱导,最终在培养基中获得重组异源蛋白。

4.2.3　融合型异源蛋白的表达

除了在大肠杆菌中直接表达重组异源蛋白外,也可将外源基因与受体菌自身蛋白质编码基因拼接在一起,作为同一阅读框架进行表达。由这种杂合基因表达出的蛋白质称为融合蛋白,在其中通常受体细菌蛋白部分位于 N 端,异源蛋白位于 C 端。通过在 DNA 水平上人工设计引入蛋白酶切割位点或化学试剂特异性断裂位点,可以在体外从纯化的融合蛋白分子中释放回收异源蛋白。

1. 融合型异源蛋白表达的特性

异源蛋白与受体细菌自身蛋白以融合形式共表达的第一个显著特点是其稳定性大大增加。重组异源蛋白尤其是小分子多肽极易被大肠杆菌中的蛋白酶系统降解,其主要原因是异源蛋白和小分子多肽不能形成有效的空间构象,使得多肽链上的蛋白酶切割位点直接暴露在外。而在融合蛋白中,受体细菌蛋白能与异源蛋白部分形成良好的杂合构象,这种结构尽管不同于两种蛋白质独立存在时的天然构象,但在很大程度上封闭了异源蛋白部分的蛋白酶水解作用位点,从而增加其稳定性。同时在很多情况下,融合蛋白还具有较高的水溶性,甚至某些异源蛋白的融合形式本身就已具有相应的生物活性。

融合蛋白的第二个特点是分离纯化程序简单。由于与异源蛋白融合的受体细菌蛋白的结构与功能通常是已知的，因此可以利用受体菌蛋白的特异性抗体、配体、底物亲和层析技术迅速纯化融合蛋白。如果异源蛋白与受体细菌蛋白的相对分子质量大小以及氨基酸组成差别较大，则融合蛋白经酶法或化学法特异性水解后，即可进一步纯化异源蛋白产物。然而，由此得到的异源蛋白仍有可能存在着错配的二硫键，在此情况下，异源蛋白也必须进行体外复性。

融合蛋白的第三个特点是表达率较高。在构建融合蛋白表达系统时，所选用的受体菌基因通常是高效表达的，其SD序列的碱基组成以及与起始密码子之间的距离为融合蛋白的高效表达创造了有利条件。目前较为广泛使用的外源基因融合表达系统，如谷胱甘肽转移酶（GST）、麦芽糖结合蛋白（MBP）、金黄色葡萄球菌蛋白A、硫氧化还原蛋白（TrxA）等，通常都能在大肠杆菌中高效表达出可溶性的融合蛋白，其中TrxA与11种不同的细胞因子异源蛋白融合后，低温诱导均可获得高效表达，且大多具有水溶性。

2. 融合型异源蛋白表达系统的构建

构建融合蛋白表达质粒必须遵循三个原则：首先，受体细菌结构基因应能高效表达，且其表达产物可以通过亲和层析进行特异性简单纯化；其次，外源基因应插在受体菌结构基因的下游区域，并为融合蛋白提供终止密码子。在某些情况下，并不需要完整的受体菌结构基因，以尽可能避免融合蛋白分子中两种组分的相对分子质量大小过于接近，为异源蛋白的分离回收创造条件；再次，两个结构基因拼接位点处的序列设计十分重要，它直接决定了融合蛋白的裂解方法；最后，当两个蛋白编码序列融合在一起时，外源基因的表达取决于其正确的翻译阅读框架。

为了确保异源蛋白序列的完整性，通常将受体菌蛋白编码序列设计成三种阅读框架，构成三种相应的融合蛋白表达质粒（图4-11）。例如，外源基因与含有受体细菌蛋白编码序列的载体A的拼接位点为*Eco*R I，首先用*Eco*R I切开载体，S1核酸酶处理单链末端形成平头，然后重新装上八聚体的*Eco*R I人工接头，经*Eco*R I消化后，自身连接，形成表达载体B。由载体B重复上述操作构建出载体C，它比载体A和B分别多出四对和两对碱基，三者构成了一套探测和保持阅读框架正确性的表达系统。当外源基因分别与这三种载体重组时，必有一种重组分子能维持外源基因编码序列的正确阅读框架。

融合蛋白中的大肠杆菌蛋白或多肽部分除了具备高效表达的基本条件外，还同时具有下列特性中的一种或多种：维持整个融合蛋白分子的理想空间构象，以增加其水溶性；促进融合蛋白定位于细胞周质或外膜，以实现其可分泌性；提供融合蛋白一个用于亲和层析分离的靶多肽序列，以简化异源蛋白的纯化程序。有时为了使融合蛋白分子同时具备上述多重特性，也可选用两种受体菌功能多肽编码序列。例如，一个较为实用的融合蛋白表达系统同时含有大肠杆菌编码外膜蛋白的*ompF*基因5′末端序列以及编码β-半乳糖苷酶的*lacZ*基因（图4-12），前者为融合蛋白提供转录翻译表达元件以及分泌信号肽序列，后者则被设计用作融合蛋白亲和层析分离的抗原靶多肽。β-半乳糖苷酶的一个显著特性是即便它缺失了N端的前八个氨基酸残基，仍具有酶活性和抗原活性，因而在其N端组装一个异源蛋白或多肽，融合蛋白在大多数情况下同样能保持β-半乳糖苷酶的各种性质。另外，在*ompF*和*lacZ*基因的交界处加装一个不含终止密码子的限制酶切位点（假设为*Abc* I），位于下游的*lacZ*基因相对*ompF*编码序列具有错误的阅读框架，因此由其表达出的OmpF-LacZ二元融合蛋白并不具有β-半乳糖苷酶活性。当外源基因插入*Abc* I克隆位点上时，在维持自身阅读框架正确的

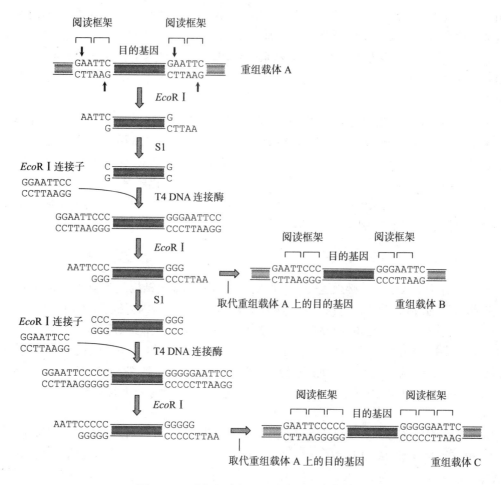

图 4-11 确保阅读框正确的表达型载体构建

同时,又纠正了 *lacZ* 编码序列的错误阅读框架,重组子将表达出一个三元融合蛋白,它既具有可分泌性,又能通过 β-半乳糖苷酶抗体亲和层析技术进行快速纯化。

将外源基因与泛素(ubiquitin)编码序列融合,是大肠杆菌稳定高效表达异源蛋白尤其是小分子短肽的一种理想方法。最为重要的是由此获得的异源蛋白多肽往往呈天然构象并具有生物活性,尽管详细机理尚不清楚,但估计可能与泛素类似的分子伴侣功能有关。由于大肠杆菌细胞内缺乏泛素专一性蛋白酶系统,因此通常在体外用泛素C端水解酶从泛素融合蛋白中回收异源蛋白。

3. 异源蛋白从融合蛋白中的回收

在生产药用异源蛋白时,将融合蛋白中的受

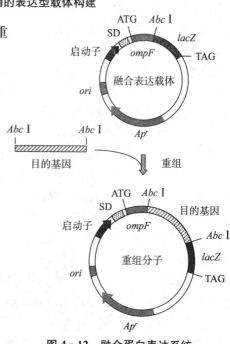

图 4-12 融合蛋白表达系统

体蛋白部分完整除去是必不可少的工序。融合蛋白的位点专一性断裂方法有两种：化学断裂法和蛋白酶分解法。

用于蛋白质位点专一性化学断裂的最佳试剂为溴化氰（CNBr），它与多肽链中的甲硫氨酸侧链进行硫醚基反应，生成溴化亚氨内酯，后者不稳定，在水的作用下肽键断裂，形成两个多肽降解片段，其中上游肽段的甲硫氨酸转化为高丝氨酸，而下游肽段 N 端的第一位氨基酸残基保持不变。这一方法的优点是产率高（可达到 85％以上），专一性强，而且所产生的异源蛋白或多肽分子的 N 端不含甲硫氨酸，从氨基酸序列上来说，与真核生物细胞中的成熟表达产物较为接近。然而，如果异源蛋白分子内部含有甲硫氨酸，则不能用此方法。

蛋白酶酶促裂解法的特点是断裂效率更高，同时每种蛋白酶均具有相应的断裂位点决定簇，因此可供选择的专一性断裂位点范围较广。几种断裂位点专一性最强的商品化蛋白酶列在表 4-4 中，它们分别在多肽链中的精氨酸、谷氨酸、赖氨酸处切开酰胺键，形成不含上述残基断裂位点的下游肽段，与溴化氰化学断裂法相同。用上述蛋白酶裂解融合蛋白的前提条件是外源蛋白分子内部不能含有精氨酸、谷氨酸或赖氨酸，如果外源基因表达产物为小分子多肽，这一限制条件并不苛刻，但对于大分子量的异源蛋白来说，上述三种氨基酸的出现频率是相当高的。

表 4-4　几种常用的蛋白内切酶

名　称	来　源	作用位点
测序级梭菌蛋白酶（Arg-C 内切蛋白酶）	溶组织梭菌	Arg-C
测序级 V8 蛋白酶（Glu-C 内切蛋白酶）	金黄色葡萄球菌	Glu-C
测序级 Lys-C 内切蛋白酶	产酶溶杆菌	Lys-C
测序级修饰胰蛋白酶	猪	Arg-C,Lys-C

为了克服这些仅识别并作用于单一氨基酸的蛋白酶所带来的应用局限性，可在受体菌蛋白编码序列与不含起始密码子的外源基因之间加装一段编码 Ile-Glu-Gly-Arg 寡肽序列的人工接头片段，该寡肽为具有蛋白酶活性的凝血因子 Xa 的识别和作用序列，其断裂位点在 Arg 的 C 末端。纯化后的融合蛋白用 Xa 因子处理，即可获得不含上述寡肽序列的异源蛋白。由于天然或异源蛋白中出现这种寡肽序列的概率极少，因此这种方法可广泛用于从融合蛋白中回收各种不同大小的外源蛋白产物。商品化的 PinPoint Xa 蛋白纯化系统为上述方法的实际应用提供了更为便捷的外源基因融合表达载体（图 4-13(a)），它含有控制融合基因表达的 P_{tac} 启动子以及可用于融合蛋白亲和层析分离纯化的大肠杆菌生物素结合肽 Tag 编码序列，其下游接有 Xa 因子识别序列和三套用于插入外源基因的多克隆位点，分别对应于三种不同的翻译阅读框架（图 4-13(b)）。此外，在 P_{tac} 启动子和多克隆位点的外侧，还分别装有 T7 启动子和 SP6 启动子，两者在含有相应噬菌体 RNA 聚合酶基因的特殊大肠杆菌受体细胞中大量合成 RNA，用于进行无细胞外体翻译。含有外源基因的重组分子在大肠杆菌中表达出 N端含有生物素结合肽的融合蛋白（图 4-14），细菌裂解悬浮液直接用生物素抗性蛋白（avidin）亲和层析柱分离，然后再借助于游离生物素的竞争结合技术将融合蛋白从层析柱上洗脱下来，并用 Xa 因子位点专一性切除融合蛋白 N 端的 Tag 靶序列，最终获得异源蛋白产物。

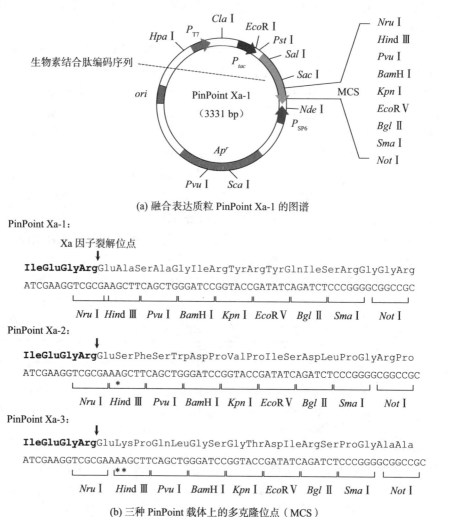

(a) 融合表达质粒 PinPoint Xa-1 的图谱

PinPoint Xa-1:

　　　　　Xa 因子裂解位点

IleGluGlyArgGluAlaSerAlaGlyIleArgTyrArgTyrGlnIleSerArgGlyGlyArg
ATCGAAGGTCGCGAAGCTTCAGCTGGGATCCGGTACCGATATCAGATCTCCCGGGGCGGCCGC

　　　　Nru I　*Hin*d Ⅲ　*Pvu* I　*Bam*H I　*Kpn* I　*Eco*R V　*Bgl* Ⅱ　*Sma* I　　*Not* I

PinPoint Xa-2:

IleGluGlyArgGluSerPheSerTrpAspProValProIleSerAspLeuProGlyArgPro
ATCGAAGGTCGCGAAAGCTTCAGCTGGGATCCGGTACCGATATCAGATCTCCCGGGGCGGCCGC

　　　　Nru I　*Hin*d Ⅲ　*Pvu* I　*Bam*H I　*Kpn* I　*Eco*R V　*Bgl* Ⅱ　*Sma* I　　*Not* I

PinPoint Xa-3:

IleGluGlyArgGluLysProGlnLeuGlySerGlyThrAspIleArgSerProGlyAlaAla
ATCGAAGGTCGCGAAAGCTTCAGCTGGGATCCGGTACCGATATCAGATCTCCCGGGGCGGCCGC

　　　　Nru I　*Hin*d Ⅲ　*Pvu* I　*Bam*H I　*Kpn* I　*Eco*R V　*Bgl* Ⅱ　*Sma* I　　*Not* I

(b) 三种 PinPoint 载体上的多克隆位点（MCS）

图 4 - 13　融合表达载体 PinPoint 结构与特性

4.2.4　寡聚型异源蛋白的表达

　　从理论上讲,外源基因的表达水平与受体菌中可转录基因的拷贝数(即基因剂量)呈正相关,重组质粒拷贝数的增加,在一定程度上可以提高异源蛋白的产量。然而重组质粒除了含有外源基因外,还携带其他的可转录基因,如作为筛选标记的抗生素抗性基因等。随着重组质粒拷贝数的不断增加,受体细胞内的大部分能量被用于合成所有的重组质粒编码蛋白,而细胞的正常生长代谢却因能量不济受到影响,并且除了外源基因表达产物外,质粒编码的其他蛋白合成并没有任何价值,因此通过增加质粒拷贝数提高外源基因表达产物的产量往往不能获得满意的效果。另一种通过增加外源基因剂量而提高蛋白产物产量的有效方法是构建寡聚型异源蛋白表达载体,即将多拷贝的外源基因克隆在一个低拷贝质粒上,以取代单拷贝外源基因在高拷贝载体上表达的策略,这种方法对于那些相对分子质量较小的异源蛋白或多肽的高效表达具有很强的实用性。

　　外源基因多分子线性重组是寡聚型异源蛋白表达系统构建的关键技术,它包括三种不同的重组策略,其构建方法、表达产物的后加工程序及适用范围各不相同(图 4-15)。

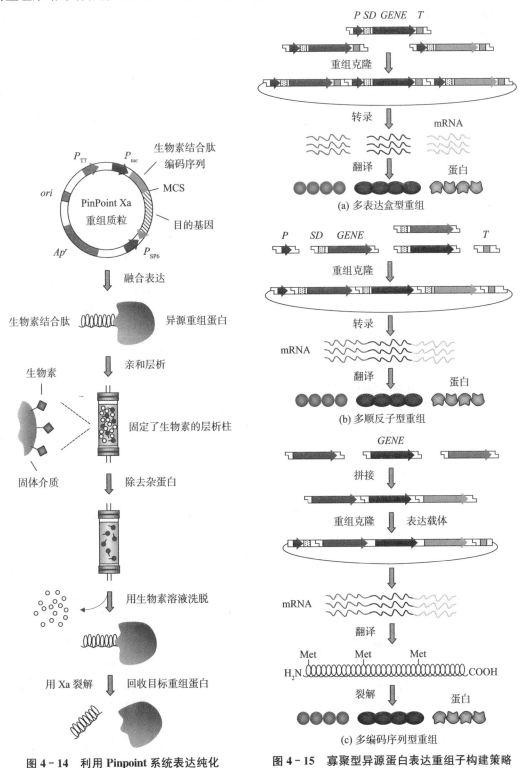

图 4-14　利用 Pinpoint 系统表达纯化　　　　　图 4-15　寡聚型异源蛋白表达重组子构建策略
　　　　　　融合蛋白示意图

（1）多表达盒型重组

外源基因拷贝均携带各自的启动子、终止子、SD 序列以及起始和终止密码子，形成相互独立的转录和翻译串联表达盒，其中盒与盒之间的连接方向可正可反，一般与表达效率无关，因此多拷贝连接较为简单。表达出的异源蛋白无需进行裂解处理，但每个产物分子的 N 端含有甲硫氨酸残基。这个策略特别适用于表达相对分子质量较大的异源蛋白。

（2）多顺反子型重组

外源基因拷贝含有各自的 SD 序列以及翻译起始终止信号，将它们串联起来后，克隆在一个公用的启动子-转录起始位点下游。为了防止转录过头，通常在最后一个基因拷贝的下游组装一个较强的转录终止子，使得多个异源蛋白编码序列转录在一个 mRNA 分子中，但最终翻译出的异源蛋白分子却是相互独立的，其表达机理与原核生物中的操纵子极为相似。这种方法对中等分子量的异源蛋白表达较为有利，使用一套启动子和终止子转录调控元件，可以在外源 DNA 插入片段大小不变的前提下，克隆更多拷贝的外源基因。但是在体外拼接组装时，各顺反子的极性必须与启动子保持一致，有时在技术上很难满足这种要求。

（3）多编码序列型重组

将多个外源基因编码序列串联在一起，使用一套转录调控元件和翻译起始终止密码子，各编码序列在接口处设计引入溴化氰断裂位点甲硫氨酸密码子或蛋白酶酶解位点序列。由这种重组分子表达出的多肽链上包含多个由酰胺键相连的目的产物分子，经纯化，多肽分子用溴化氰或相应的蛋白酶进行位点专一性裂解，形成产物的单体分子。这种方法特别适用于小分子多肽（通常少于 50 个氨基酸）的高效表达。前已述及，小分子多肽由于缺乏有效的空间结构，在大肠杆菌中的半衰期很短。多拷贝串联多肽的合成弥补了上述缺陷，在提高表达率的同时，也增加了对受体菌蛋白酶系统的抗性能力，可谓"一箭双雕"。然而这种策略在实际操作中困难很大，其焦点是裂解后多肽单体分子的序列不均一性或（和）不正确性。首先，各编码序列的分子间重组需要特殊的酶切位点，这些位点的引入必将导致氨基酸残基的增加。非限制性内切酶产生的平头末端连接虽然可以避免这种缺陷，但很难保证各编码序列的极性相同排列；其次，用溴化氰断裂多肽链会使单体产物分子 C 端多出一个高丝氨酸，尽管这个多余的残基可用化学方法切除，但在大规模生产中往往难以实现；最后，若用蛋白酶系统释放单体分子，则产物中至少有一部分单体分子的 N 端带有甲硫氨酸，只有当每个编码序列均含有甲硫氨酸密码子时，才能保证单体分子序列的均一性。

上述后两种重组形式均要求各单元序列的极性一致排列，借助于限制性内切酶 Ava I 可以有效地达到此目的。该酶的识别序列为 5′ C(T/C)CG(A/G)G 3′，切割位点在 T 的 5′ 端一侧。含有唯一 5′ CTCGGG 3′ 序列的质粒用 Ava I 切开，Klenow 酶填平黏性末端，然后接上 EcoR I 工人接头（5′ GAATTC 3′），由此修饰的质粒含有两个 Ava I 位点，它们通过部分重叠的形式左右包裹一个 EcoR I 位点（图 4-16）。外源基因的转录元件和翻译元件克隆在 EcoR I 处。从另一个重组质粒中切开两端含有 Ava I 黏性末端的编码序列，由于每个单体分子上的黏性末端并不对称，因而在体外连接时，各单体的极性是一致的。将这一线形串联的 DNA 分子克隆在经 Ava I 部分酶解的线形化表达载体上，所形成的转化子中 50% 的重组克隆能够进行表达。

寡聚型外源基因表达战略曾成功地用于人干扰素基因的高效表达，每个重组质粒分子携带四个外源基因拷贝，能大幅度提高干扰素的产率。然而在某些情况下，串联的外源基因拷贝并不稳定。在大肠杆菌生长过程中，重组分子中的一部分甚至全部外源基因拷贝会从质粒

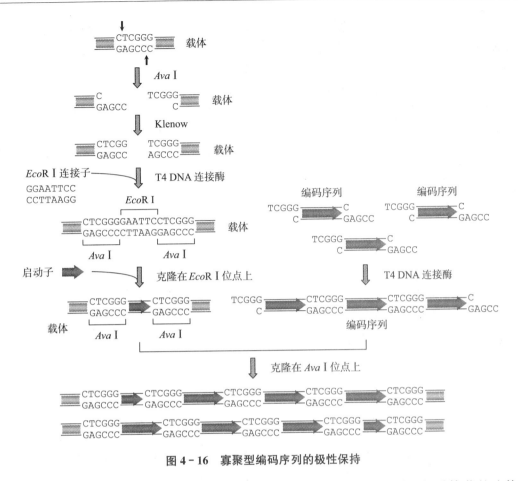

图 4 - 16　寡聚型编码序列的极性保持

上脱落。这种现象与串联拷贝的数目、编码序列单体的大小及其产物性质、受体菌的遗传特性和培养条件等有着密切的关系。

　　在大肠杆菌中表达寡聚异源蛋白，还可用于同源或异源多亚基蛋白质的体内组装，这方面成功的例子包括四亚基的血红蛋白和丙酮酸脱氢酶、三亚基的复制蛋白 A 以及两亚基的肌球蛋白和肌酸激酶等。

4.2.5　整合型异源蛋白的表达

　　受体菌中重组质粒的自主复制以及编码基因的高效表达大量消耗能量，为细胞造成沉重的代谢负担，而且高拷贝质粒造成的这种负担比低拷贝质粒更大。作为针对这种不利影响的抗争形式，一部分细菌往往在其生长期间将重组质粒逐出胞外。不含质粒的这部分细菌的生长速度远比含有质粒的细菌要快，经过若干代繁殖之后，培养基中不含质粒的细菌最终占有绝对优势，从而导致异源蛋白的宏观产量急剧下降。至少有两种方法可以阻止重组质粒的丢失：一种方法是将克隆菌置于含有筛选试剂（药物或生长必需因子）的培养基中生长，这样可以有效地控制丢失质粒的细菌繁殖速度，维持培养物中克隆菌的绝对优势。然而在大规模产业化过程中，向发酵罐中加入抗生素或氨基酸等筛选试剂很不经济，且易造成产品和环境污染；另一种几乎是一劳永逸的方法是将外源基因直接整合在受体细胞染色体 DNA 的特定位置上，使之成为染色体 DNA 的一个组成部分，从而增加其稳定性。

　　当一个外源基因与受体细胞染色体 DNA 进行整合时,其整合位点必须在染色体 DNA 的必需编码区之外,否则会严重干扰受体菌的正常生长与代谢过程,因此外源基因的染色体整合必须是位点特异性的。为了达到此目的,根据同源重组交换的原理,通常在待整合基因附近或两侧加装一段受体菌染色体 DNA 的同源序列(一般至少有 50 个碱基对)。此外,为了保证异源蛋白的高效表达,待整合的外源基因应该拥有相应的可控性启动子等表达元件。总之,整合型外源基因表达系统的构建应包括如下步骤:①探测并鉴定受体菌染色体 DNA 的整合位点,以该位点被外源 DNA 片段插入后不影响细胞的正常生理功能为前提,例如细菌的抗药性基因、次级代谢基因或两个操纵子之间的间隔区等;②克隆分离选定的染色体 DNA 整合位点,并进行序列分析;③将外源基因以及必要的可控性表达元件连接到已克隆的染色体整合位点中间(图 4-17(a))或邻近区域(图 4-17(b));④将上述重组质粒转入受体细胞中;⑤筛选和扩增整合了外源基因的受体细胞。

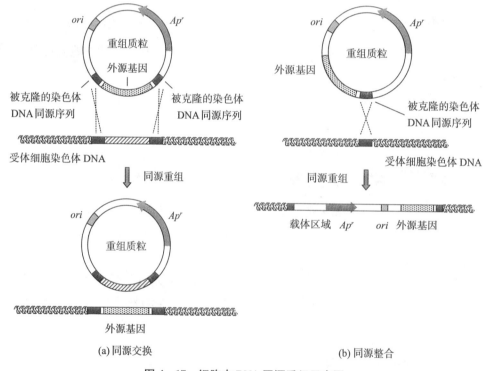

(a) 同源交换　　　　　　　　　　　　　　　　(b) 同源整合

图 4-17　细胞内 DNA 同源重组示意图

　　以同源重组交换为基本形式的整合现象广泛存在于微生物中,其整合频率取决于同源序列的相似程度和同源区域的大小。同源性越高,同源区域越大,整合频率也就越高,但实际上不可能达到 100% 的整合率。因此,为了保证受体细胞内不存在任何形式的游离质粒分子,通常选用那些不能在受体细胞中进行自主复制的质粒或者温度敏感型质粒,后者在敏感温度时不能复制。当染色体 DNA 整合位点的同源序列位于外源基因两侧时(图 4-17(a)),两个同源区域同时发生交叉重组交换,外源基因部分进入染色体 DNA 上,而两个交换位点之间的原染色体 DNA 片段则插入质粒上。由于质粒不能复制扩增,受体菌繁殖几代后,不含质粒的细胞便占绝对优势,此时,通过检测外源基因的表达产物即可分离出整合型工程菌。如果染色体 DNA 整合位点的同源序列位于外源基因的一侧,则重组质粒通常以整个分子的方式进入染色体 DNA(图 4-17(b))。在这种情况下,整合性工程菌的筛选标记既可使用外源基因,也可使用原质粒所携带的可表达性基因,如抗生素的抗性基因等。

在一般情况下,整合型的外源基因或重组质粒随克隆菌染色体 DNA 的复制而复制,因此受体细胞通常只含有一个拷贝的外源基因。但如果使用的质粒是温度敏感型复制的,而且整合时质粒同时进入染色体 DNA 中,那么当整合型工程菌在含有高浓度抗生素(其抗性基因定位于质粒上)的培养中生长时,整合在染色体 DNA 上的质粒仍有可能进行自主复制,从而导致外源基因形成多拷贝。有趣的是,尽管整合型质粒在染色体上的自主复制程度非常有限(通常不及游离型质粒的 25%),但外源基因的宏观表达总量却远远高于游离型重组质粒上外源基因的数倍,而且定位于染色体 DNA 上的外源基因相当稳定。

4.2.6　蛋白酶抗性或缺陷型表达系统的构建

蛋白质降解是生物细胞必须具备的一种生物活性。在很多情况下,蛋白质降解具有调控功能,即降低代谢途径关键酶的存量和灭活细胞调控因子,尤其是一些在细胞内半衰期较短的重要的基因表达调控因子,如转录调控因子及细胞循环调控因子等。细胞内蛋白质降解的另一个生理功能是清除代谢过程中产生的错误折叠、错误装配、错误定位、毒性大或其他形式的异常蛋白质。各种蛋白质在体内的半衰期相差很大,从数分钟到数小时不等,取决于细胞的种类、培养条件及细胞周期等诸多因素,但其中最基本的影响因素是细胞内蛋白酶系统的性质和蛋白质结构对蛋白酶降解作用的敏感性。

1. 细胞内蛋白质降解的基本特征

细胞内蛋白质降解的一个重要特征是其显著的选择性。底物特异性的蛋白质降解作用需要特定的多肽结构序列,它或者为专一性的蛋白酶直接识别,或者与蛋白降解复合物系统中某些特异性识别组分相互作用,进而定位在蛋白水解组分的作用区域内。因此,在特定的细胞内部环境中,一个特定蛋白质的半衰期是识别组分对蛋白质有效靶序列的亲和性以及蛋白降解系统各成分在细胞内的浓度这两者的函数。实验证据表明,许多蛋白质拥有几种不同的降解序列决定簇,它们分别为不同的蛋白水解系统所识别,同时以不同的途径和机理降解。在某些条件下,半衰期长的蛋白质由于其隐蔽的降解作用位点暴露使得它对蛋白酶的敏感性大大增加,这实际上是细胞蛋白质降解的一种调控方式。例如,底物经磷酸化等特异性修饰后,空间结构改变,从而缩短了半衰期。蛋白质中的有些序列,尤其是 C 端和 N 端的某些序列却对蛋白质的稳定性起着重要作用,它们或者影响降解靶序列的形成,或者直接抑制某些蛋白酶的外切活性。

无论是在真核细胞还是原核细胞中,重组异源蛋白表达后很难逃脱被迅速降解的命运,其稳定性甚至还不如半衰期较短的细胞内源性蛋白质。在大多数情况下,重组异源蛋白的不稳定性可归结为对受体细胞蛋白酶系统的敏感性。尽管目前对细胞内蛋白质降解途径尚未形成全局的了解,从蛋白质序列预测其空间构象还存在许多误差,但越来越多的实验结果揭示,重组异源蛋白在受体细胞内的半衰期可以通过蛋白序列的人工设计以及受体细胞的改造加以调整和控制。

2. 蛋白酶缺陷型受体细胞的改造

在大肠杆菌中,蛋白质的选择性降解由一整套庞大的蛋白酶系统所介导。绝大多数不稳定的重组异源蛋白是被蛋白酶 La 和 Ti 降解的,两者分别由 *lon* 和 *clp* 基因编码,其蛋白水解活性都依赖于 ATP。*lon* 基因由热休克其他环境压力激活,细胞内异常蛋白或重组异源蛋白的过量表达也可作为一种环境压力诱导 *lon* 基因的表达。一种 *lon⁻* 的大肠杆菌突变株可使原来半衰期较短的细菌调控蛋白(如 SulA、RscA、λN 等)稳定性大增,因此被广泛用于基因表达研究及工程菌的构建。然而这种突变株并非对所有蛋白质的稳定表达均有效,有些蛋白质(如 λ 噬菌体的 CII)在 *lon⁻* 的突变株中并不稳定,可能是因为其他底物特异性的蛋白酶在起作用。

很多异常或异源蛋白在大肠杆菌中的降解还直接与庞大的热休克蛋白家族的生物活性有关。这些蛋白质在没有环境压力存在的大肠杆菌细胞中通常以基底水平痕量表达,它们参与天然蛋白质的折叠,并胁迫异常或异源蛋白形成一种对蛋白酶识别和降解较为有利的空间构象,从而提高其对降解的敏感性。热休克基因 *dnaK*、*dnaJ*、*groEL*、*grpE* 以及环境压力特异性 σ 因子编码基因 *htpR* 的突变株均呈现出对异源蛋白降解作用的严重缺陷,特别是 *lon⁻htpR⁻* 的双突变株,非常适用于各种不稳定蛋白质的高效表达。大肠杆菌 *hflA* 基因的编码产物是 λ 噬菌体 CII 蛋白降解所必需的,在 *hflA⁻* 的突变株中,CII 蛋白的半衰期显著延长,而 *degP⁻* 的突变株则可以增加某些定位在大肠杆菌细胞周质中的融合蛋白的稳定性。因此,构建多种蛋白酶单一或多重缺陷的大肠杆菌突变株,并将其用于重组异源蛋白的稳定性表达比较,这是基因工程菌构建的一项重要内容。

3. 抗蛋白酶的重组异源蛋白序列设计

系统研究蛋白质的降解敏感性决定簇序列,有助于了解大肠杆菌控制蛋白质稳定性的机制,并可通过人工序列设计与修饰达到稳定表达重组异源蛋白之目的。利用缺失分析和随机点突变技术对 λ 噬菌体阻遏蛋白降解敏感序列的研究结果表明,存在于该蛋白质近 C 端的五个非极性氨基酸是提高对蛋白酶降解敏感性的重要因素。有趣的是,含有非极性 C 末端的蛋白质降解作用也发生在 *lon⁻* 和 *htpR⁻* 的突变株中,而且是 ATP 非依赖性的,这说明这种降解作用与大肠杆菌降解异常蛋白质的机理并不相同。由此可以推测,C 端中极性氨基酸的存在可能会提高蛋白质的稳定性。进一步的实验结果证实了这一点:在所有的极性氨基酸中,Asp 的存在对提高蛋白质稳定性的效应最大,而且 Asp 距 C 末端越近,蛋白质的稳定性就越大。更为重要的是,在多种结构与功能相互独立的蛋白质 C 端中引入 Asp,都能显著延长这些蛋白质的半衰期。

蛋白质 N 末端的氨基酸序列对稳定性的影响同样显著。将某些氨基酸加到大肠杆菌 β-半乳糖苷酶的 N 末端,经改造的蛋白质在体外的半衰期差别很大,从 2min 到 20h 以上不等(表 4-5)。重组异源蛋白 N 末端的序列改造可以在外源基因克隆时方便地进行,通常在 N 末端接上一个特殊的氨基酸就足以使异源蛋白在大肠杆菌中的稳定性大增,长半衰期的异源蛋白可在细胞中积累,从而提高产量,这种方法在原核生物和真核生物中均通用。例如有关实验结果表明,在胰岛素原的 N 端加装一段由 6～7 个氨基酸组成的同聚寡肽,也能明显改善该蛋白在大肠杆菌细胞中的稳定性。具有这种效应的氨基酸包括 Ala、Asn、Cys、Gln、His。

与此相反,N 端富含 Pro、Glu、Ser、Thr 的真核生物蛋白质在真核或原核细胞中的半衰期通常都很短,至少 E1A、c-Myc、c-Fos 和 p53 等蛋白都有这种特性。这一序列的存在显示出对细胞内蛋白酶系统的超敏感性,称为 PEST 序列,在大多数情况下,PEST 序列的两侧拥有一些带正电荷的极性氨基酸。据推测,PEST 序列实质上是一个钙结合位点,它能促进那些钙依赖性蛋白酶系统对蛋白质的降解作用。尽管有些实验结果并不能证实 PEST 序列对蛋白质稳定性的负面影响,但当某一真核生物基因在大肠杆菌中不能稳定表达时,注意 PEST 序列是否存在,并在不影响异源蛋白生物功能的前提下对之进行适当的改造,仍不失为一种提高表达产物稳定性的尝试。

表 4 - 5　β-半乳糖苷酶 N 端氨基酸残基对蛋白质稳定性的影响

氨 基 酸	半 衰 期
Met,Ser,Ala	>20h
Thr,Val,Gly	>20h
Ile,Glu	>30min
Tyr,Gln	约 10min
Pro	约 7min
Phe,Leu,Asp,Lys	约 3min
Arg	约 2min

4.3　重组异源蛋白的体外复性活化

在受体细胞中过量表达的重组异源蛋白往往聚集在一起,形成非天然构象、无生物活性的不溶性包涵体。除了大肠杆菌外,这种现象也发生在其他受体系统中,如芽孢杆菌、酵母菌、家蚕等。从包涵体中回收活性蛋白实质上可归结为蛋白质的体外复性这一基本命题,它不仅具有重要的蛋白质生物化学理论学术价值,而且也是基因工程产品产业化过程中的重大技术难题。蛋白质的体外复性主要包括包涵体的溶解变性与蛋白质复性重折叠(refolding)两大基本操作单元,后者是个十分复杂的过程,受诸多因素的制约,而且操作程序因包涵体的性质而异。在由大肠杆菌产生的包涵体中,重组异源蛋白的复性率除极个别例子可高达 40%外,一般不超过 20%。

4.3.1　包涵体的溶解与变性

由于包涵体中的重组异源蛋白大部分以分子间或(和)分子内的错配二硫键形成可逆性集聚体,因此从包涵体中回收具有生物活性的异源蛋白,首先必须使包涵体全部溶解并变性,只有在此基础上才能进行异源蛋白的复性重折叠。变性溶剂的选择不仅影响后续复性重折叠工序的设计与操作,同时也是变性过程成败的关键。理想的变性剂应具备如下性质:①变性溶解速度快;②对包涵体中残留细胞碎片的分离没有干扰;③无温度依赖性;④对蛋白酶具有抑制作用;⑤对蛋白质中的氨基酸侧链基团无化学反应活性。目前广泛使用的变性剂为促溶剂(chaotropic)和清洗剂,促溶剂最早用于天然蛋白颗粒的溶解,而像 SDS 等离子型清洗剂则通常用于溶解膜蛋白颗粒。包涵体一旦溶解,多肽链中的巯基会迅速氧化形成折叠中间体和共价集聚物,它们通常难以进行重折叠,因此必须除去。为了防止这种自发氧化反应的发生,还必须在溶解缓冲液加入相对分子质量较小的巯基试剂,或者通过 S-碘酸盐的形成保护还原性的巯基基团。

1. 清洗剂的溶解变性作用

使用清洗剂是溶解包涵体最廉价的一种方法,其溶解液在稀释后的蛋白质集聚作用要比用其他溶解方法减少许多,而且阳离子、阴离子以及两性离子型的清洗剂均可使用。但必须注意,在包涵体的溶解过程中,清洗剂的使用浓度必须大大高于其临界胶束浓度(CMC),通常在 0.5%~5%内。清洗剂使用的最大缺陷是为下游蛋白质复性和纯化工序增添了不少麻烦,它能不同程度地与蛋白质结合,很难除去,因此干扰复性蛋白的离子交换层析及疏水分离。SDS 已广泛用于牛生长激素、β-干扰素、白细胞介素-2 的大规模纯化,其缺点是 CMC 值低,除去它极其困难。值得推荐的是正十二醇基肌氨酸,它的 CMC 值可达 0.4%,远远高于 SDS。用它溶解包涵体可直接通过稀释的方法进行复性操作,残留的清洗剂可采用阴离子交换层析或超滤除去。此外,正十二醇基肌氨酸还是一种温和的清洗剂,它能选择性地溶解许多包涵体,但不溶解不可逆的蛋白集聚体和大肠杆菌的内膜蛋白。

使用清洗剂溶解包涵体的一个难以解决的问题是几乎所有的清洗剂均能同时溶解任何污染的细胞膜蛋白酶,并且其蛋白质水解活性为清洗剂所激活,从而导致溶解和折叠过程中异源蛋白的大量损失。防止这种现象发生的改进方法是:①在包涵体溶解之前,先用一种能抽提大肠杆菌膜蛋白但不溶解包涵体的溶剂预洗包涵体;②通过离心尽可能多地除去包涵体制备物中的固体细胞碎片;③在包涵体溶解液中加入适量的蛋白酶抑制剂,如 EDTA、苯基脒或 PMSF 等。

然而,清洗剂的存在并非总是对蛋白质折叠工序不利,至少对于某些蛋白质,非变性的清洗剂在重折叠混合物中能维持折叠产物的稳定性;而对于另一些蛋白质,清洗剂也许能屏蔽折叠中间产物的疏水表面,阻止其集聚和沉淀,有利于提高正确折叠率。例如,硫氰酸合成酶由于其折叠中间产物的集聚作用有效折叠率很低,但清洗剂的存在能显著改善其体外折叠效果,这是一个典型的清洗剂辅助重折叠的例子。

2. 促溶剂的溶解变性作用

可用于溶解包涵体的促溶剂很多,但主要是盐酸胍(Gdm)和尿素。就色氨酸合成酶 A 和 α_2-干扰素而言,阳离子和阴离子促溶剂对包涵体的相对溶解能力大小次序分别为:Gdm^+ $>Li^+>K^+>Na^+$ 和 $SCN^->I^->Br^->Cl^-$。然而其中有些盐在实际操作中并不实用,因为其溶液比盐酸胍和尿素溶液的密度高黏度大,难以进行后续离心和层析操作。盐酸胍或尿素用于溶解包涵体的浓度主要取决于异源蛋白本身的性质,在低浓度的上述溶液中即可保持非折叠状态的蛋白质,其包涵体往往能在相似的溶液浓度下溶解。例如,黏颤菌血红蛋白在尿素溶液中的非折叠状态平衡中点与其包涵体溶解度的中点完全一致。如果异源蛋白的非折叠性质未知,则变性剂及其浓度的选择只能凭经验确定。

一般而言,6 mol/L 的盐酸胍溶液是一种强的变性溶解剂,但其高离子强度使得溶解蛋白的离子交换层析操作变得困难。盐酸胍价格昂贵,因而仅适用于生产具有高附加值的蛋白产物或药品。尿素虽然便宜,但常常会被自发形成的氰酸盐所污染,后者极易与蛋白质侧链中的氨基发生反应,导致产物的异质性。为了避免这种情况发生,尿素溶液在使用前可用阴离子交换树脂进行预处理,并在包涵体溶解及重折叠操作中使用氨基类缓冲液,如 Tris-HCl 等。

3. 极端 pH 的溶解变性作用

酸性或碱性缓冲液也能廉价有效地溶解包涵体,然而许多蛋白质在极端 pH 条件下会发生不可逆修饰反应,因此这种方法的应用范围不如上述两种方法广泛。最有效的酸溶解剂是有机酸,使用浓度范围为 5%~80%,白介素-1β 和 β-干扰素的包涵体均可用醋酸或丁酸成功地溶解。高 pH 值(>11)的碱溶剂可用来溶解牛生长激素和凝乳酶原包涵体,但这种情况并不多见,因为大部分蛋白质在强碱溶液中会发生脱氨反应和半胱氨酸的脱硫反应,导致蛋白质的不可逆变性。

4. 混合溶剂的溶解变性作用

在一般情况下,各种促溶剂不能联合使用,例如盐酸胍和尿素的混合溶液达不到很高的饱和浓度,然而有种已商品化的促溶型生物多聚体变性剂的混合物却可达到 14 mol/L 的饱和浓度。尿素与其他促溶剂盐类化合物的混合液可用于变性 RNase,目前这一方法也多用于包涵体的溶解中。高浓度的非促溶剂盐类化合物(如氯化钠)可降低包涵体在尿素中的溶解度。将促溶剂与某些添加剂或溶解增强剂联合使用,有时能大大促进包涵体的溶解变性,例如尿素分别与醋酸、二甲基砜、2-氨基-2-甲基-1-丙醇及高 pH 联合使用,可成功地溶解牛生长激素的包涵体。

4.3.2　异源蛋白的复性与重折叠

在重组异源蛋白的大规模生产中,复性与重折叠操作是一项关键技术,用于溶解变性包涵体的化学试剂性质及其在重折叠前的残留浓度是影响折叠策略选择的两大要素。如果包涵体中的异源蛋白含有较少的二硫键,而且二硫键错配的比率较低,则从理论上来说,选用较弱的清洗剂溶解包涵体,能够大幅度提高异源蛋白的复性率;然而对于二硫键错配率较高的异源蛋白而言,只有彻底拆开二硫键才能进行有效的重折叠。

1. 重组异源蛋白纯度对重折叠的影响

在包涵体的制备过程中,无论怎样清洗,包涵体中或多或少会存在一定量的受体菌蛋白质、DNA 和脂类杂质。实验结果表明,在含有 8 mol/L 尿素的色氨酸酶变性溶液中,增加大肠杆菌杂蛋白的浓度并不影响该酶的重折叠回收率,而且包涵体型重组异源蛋白的三十年工业化生产经验也很少有大肠杆菌组分通过共集聚作用直接降低蛋白重折叠率的确凿证据。因此,当重组异源蛋白在包涵体中的含量达到 60% 以上时,变性溶解的包涵体蛋白质可直接进行复性和重折叠操作。如果异源蛋白的含量不足 50%,最好通过多次洗涤离心的方法进一步纯化包涵体,否则大量的受体菌组分在复性后会直接增加蛋白质纯化工序的负担,而包涵体富集纯化所需的成本远远低于大规模的层析分离操作。

绝大部分的大肠杆菌组分虽然不会直接影响异源蛋白的重折叠率,但若这些杂质中含有微量的蛋白酶活性,则活性蛋白的总回收率将大打折扣,因此尽可能除去大肠杆菌来源的蛋白酶也是包涵体纯化的一个重要目的。很多清洗剂处理方法可用来除去包涵体中的大肠杆菌结合型蛋白及其他杂质,其中包括 Triton X-100 和脱氧胆酸等。Triton X-100 对包涵体蛋白具有较高的回收率,但杂蛋白的清除作用不完全。相反,脱氧胆酸的纯化效果较好,却能部分溶解并除去重组异源蛋白。

2. 重折叠方法的选择

在绝大多数情况下,溶解变性的异源蛋白完全丧失了空间构象。如果异源蛋白在溶解变性过程中并不是100%的处于非折叠状态,或者还原型的蛋白质是可溶性的(如肿瘤坏死因子TNF),则下游操作可简单地包括离心、缓冲液交换、二硫键氧化,必要时进行层析纯化。如果异源蛋白是完全变性的,则必须进行重折叠操作,并尽可能避免部分折叠中间产物形成不溶性集聚物。为达到此目的可采取下列方法:

（1）一步稀释法

蛋白质集聚作用属于多级动力学反应,严格依赖于蛋白质的浓度。在稀释过程中,重折叠与集聚作用的相互竞争可用数学模型关联,而且重折叠蛋白质的回收率可由两个反应的速度常数推算。显然,在重折叠操作中,降低蛋白质浓度可以在很大程度上抑制集聚作用。例如,牛生长激素在重折叠反应中的浓度为 1.6 mg/mL 时,可以观察到部分折叠中间产物的形成,但在稀释 100 倍后,折叠中间产物便不会大量形成,这种浓度恰恰是牛生长激素体外折叠的最佳条件。然而,重折叠反应液高倍数的稀释不仅增加了复性缓冲液的消耗成本,而且也为后续纯化工序带来了很大麻烦。应当指出的是,蛋白质性质不同,其最佳重折叠所对应的蛋白浓度差别很大,有些蛋白质可在 0.1～10 mg/mL 的浓度内溶解完全,并足以进行有效折叠。

（2）分段稀释法

对于那些非折叠和部分折叠状态不溶于水的蛋白质,往往采用分步稀释的方法对之进行有效复性。变性蛋白在启动体外复性和重折叠时,不但变性剂的性质和浓度对折叠率有很大影响,而且对其变化速度的掌握也至为重要,也就是说,变性剂的更换或稀释速度快慢对重折叠的影响因蛋白质而异。稀释速度加快有利于重折叠的典型例子是色氨酸酶,它在 3 mol/L 的尿素溶液中极易形成部分折叠中间产物的集聚作用,因此从 8 mol/L 尿素的变性溶液透析至低浓度时,必须加快透析速度,使得色氨酸酶在 3 mol/L 尿素溶液中的存在时间尽可能最短。反之,若将含有牛生长激素的 2.8～5 mol/L 盐酸胍溶液迅速稀释到复性重折叠所需的低浓度,会使产物大量的不可逆沉淀,但若将这个溶液先稀释至 2 mol/L 盐酸胍浓度,并保温一段时间,此时难溶性的折叠中间产物逐步趋于溶解,在此基础上进一步的稀释则可获得高产率的天然蛋白。应当特别指出的是,在上述分段稀释法中,重折叠蛋白的产率还与蛋白质浓度密切相关,所采用的稀释倍数也受到缓冲液 pH、离子组成及保温温度的显著影响。与天然折叠蛋白的等电点沉淀性质相似,在重折叠过程中应当避免折叠缓冲液的 pH 接近重组异源蛋白质的等电点 pI。除此之外,还应注意选择缓冲液的离子种类及使用浓度。由于阴离子对蛋白质疏水作用强度产生性质不同的影响,它们同时兼有稳定蛋白质折叠结构以及诱导折叠蛋白集聚的双重功能。各种阴离子的作用强度次序为:$SO_4^{2-} > HPO_4^{2-} > Ac^- > Ci^{3-} > Cl^- > NO_3^- > I^- > ClO_4^- > SCN^-$（其中 Ci^{3-} 为柠檬酸根）,其中多价阴离子的双重功能一般比单价阴离子要强。

（3）特种试剂添加法

在复性折叠系统中,某些特殊化合物的存在可以提高很多蛋白质的重折叠率。例如,0.2 mol/L 的精氨酸可以明显改善重组人尿激酶原(pro-UK)的活性回收率,同样条件也适用于组织型血纤维蛋白溶酶原(t-PA)以及免疫球蛋白片段的体外重折叠。0.1 mol/L 的甘氨酸能提高松弛肽激素的折叠产率,而血红素和钙离子则能促进重组马过氧化酶的重折叠反应。另外,有些中性分子如甘油、蔗糖、聚乙二醇等,也能稳定蛋白质的天然构象,在某些情况下,将这些中性物质加入折叠缓冲液中,可以改善蛋白质的体外重折叠产率。

（4）蛋白化学修饰法

胰蛋白酶原的重折叠很难用上述的缓冲液交换方法实现,然而在变性条件下,若将这个蛋白质的游离巯基特异性保护,然后再将蛋白分子进行柠檬酸酐酰化修饰,则修饰后的胰蛋白酶原可溶于非变性的缓冲液中,从而促进重折叠反应的顺利进行。在上述修饰反应中所使用的酸酐活性试剂能可逆地修饰多肽链上的游离氨基,并将其正电荷转换成负电荷,从而使蛋白质形成多聚阴离子状态,后者通过分子间的斥力阻止集聚作用的发生。一旦修饰蛋白氧化并转入非变性溶液中,将 pH 调低至 5.0,即可通过脱酰基反应回收具有天然折叠构象的蛋白产物。这一方法的效果已为后来的多次实验所证实,特别适用于包涵体型重组蛋白的活性回收。蛋白质的化学修饰也可用于防止因二硫键错配所产生的共价集聚作用。在变性溶解状态下,将多肽链上的所有游离巯基全部烷基化封闭,然后进行复性重折叠操作,最终脱去烷基并在氧化条件下修复二硫键。

（5）重折叠分子隔离法

蛋白质及其折叠中间产物的集聚作用依赖于分子之间的碰撞与接触,因此将非折叠蛋白分子固定化,从理论上来说可以从根本上杜绝集聚作用的产生,实验结果也证明这一思路的实用价值。例如,将非折叠状态的胰蛋白酶原固定在琼脂糖球状颗粒上,然后用一种复性缓冲液平衡层析柱,即可回收 71% 的酶活性。如果固定在层析介质上的蛋白质能方便地可逆性回收,那么就可实现蛋白原位重折叠,最终通过特定的解离溶剂从重折叠层析柱上洗脱天然构象的活性蛋白产物。这项技术已被成功地用于包涵体型重组蛋白的重折叠,只是精细的操作条件尤其是层析介质对蛋白质的亲和性尚有待于逐一建立。

3. 二硫键的形成

由二硫键错配引起的集聚作用是重组异源蛋白体外重折叠过程中的一个普遍问题。当蛋白质处于变性状态时,这种二硫键介导的集聚极易发生,因为在很强的变性条件下,蛋白质难以维持二硫键正确配对所必需的空间构象。对于那些含有半胱氨酸但在天然状态下并不形成二硫键的蛋白质,在其溶解变性和复性折叠操作过程中必须加入还原剂和 EDTA,并适当调低缓冲液的 pH,使得蛋白质始终处于还原状态。而对于更多的蛋白质来说,它们的天然构象及生物活性需要正确的二硫键存在,这些蛋白质在变性溶解过程中也应保持半胱氨酸的还原游离状态。只有在蛋白质复性过程中或复性之后,再进行体外二硫键复原反应。

从化学角度分析,蛋白质分子二硫键形成有两种机理（图 4-18）。在生物体内,当新生多肽链进入内质网膜腔后,相应的半胱氨酸通过二硫键交换机制形成共价交联结构（反应 B）。催化这个反应的酶是二硫键异构酶（PDI）,存在于很多真核生物细胞内。原核细菌缺乏内质网膜这样的胞内氧化空间,表达的蛋白质通常难以在细胞质中形成二硫键,因此在大肠杆菌中表达的重组异源蛋白大多需要进行体外二硫键修复操作。分泌型的重组异源蛋白往往定位于大肠杆菌细胞的周质中,后者是一个氧化微环境,即使异源蛋白的分泌速度足以使表达产物在周质中形成包涵体,蛋白质仍可在此环境中形成二硫键。大肠杆菌细胞的周质中同样存在着 PDI 酶活性,只是这个蛋白在结构上与真核生物的 PDI 并不具有同源性。缺失这种重折叠酶的大肠杆菌突变株不能使碱性磷酸单酯酶正确折叠,然而即便是该酶功能正常,在大肠杆菌中以分泌形式表达的可溶性异源蛋白仍会产生错配的二硫键,因此这种分泌型异源蛋白也需要重折叠处理。

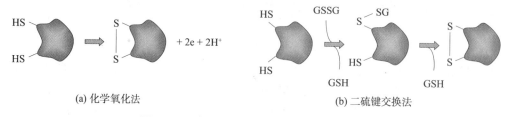

(a) 化学氧化法　　　　　　　　　　　　　　　　(b) 二硫键交换法

图 4-18　蛋白质分子二硫键形成的两种机理

（1）化学氧化法

化学氧化反应(反应 A)进行的前体条件是电子受体的存在。最为廉价的电子受体为空气,空气接受由子的反应可由重金属、碘基苯甲酸以及过氧化氢催化。如果还原状态的蛋白质在氧化前能被诱导形成准空间构象,则通过化学氧化法恢复二硫键是可行的;但如果还原型蛋白不能形成稳定的中间构象,空气氧化往往会产生二硫键错配的平衡反应混合物。空气的氧化反应通常很慢,例如在 Cu^{2+} 的催化下,经肌氨酸类表面活性剂变性的粒细胞集落刺激因子(G-CSF)用空气氧化法修复二硫键,需要 0.5～4.5h。相对分子质量较小的巯基化合物的缺乏也会导致错配二硫键转变为天然结构的反应趋缓。此外,空气氧化法也不适用于含有多个半胱氨酸的蛋白质重折叠,尤其是那些天然构象中存在一个或多个游离型半胱氨酸的蛋白质。空气氧化极易造成二硫键错配、二聚体集聚或将半胱氨酸直接氧化成磺基丙氨酸和半胱氨酸亚砜。尽管如此,空气氧化法还是在几种不含游离型半胱氨酸的蛋白质重折叠操作中获得了成功。

（2）二硫键交换法

二硫键交换法(反应 B)可以避免空气氧化法的许多缺陷。其反应条件应掌握两点:第一,反应缓冲液系统应同时含相对分子质量较小的氧化剂和还原剂;第二,还原型巯基与氧化型巯基的物质的量之比为(5～10)∶1,这一比例与体内天然条件相似。在许多重组异源蛋白的体外重折叠过程中,通常使用还原型谷胱甘肽(GSH)和氧化型谷胱甘肽(GSSG),两者的摩尔浓度分别为 1 mmol/L 和 0.2 mmol/L。谷胱甘肽能为二硫键的正确形成提供一定程度的空间特异性,因此上述以还原性为主体的氧化还原反应系统能最大限度地减少蛋白分子内和分子间二硫键的随机配对,从而保证体外重折叠的高效性。然而,作为氧化还原生理系统中重要成分的 GSH 对工业化大规模而言,显得极其昂贵,因此重组异源蛋白的大规模生产通常使用较为廉价的还原剂,如半胱氨酸、二硫苏糖醇、2-巯基乙醇及半胱胺等。

如前所述,溶剂及环境条件的选择对抑制非共价型蛋白分子的集聚具有重要意义。一般地,较低的温度(5～10℃)以及在维持变性蛋白水溶性的前提条件下使用含量尽可能低的变性剂,是促进二硫键正确配对的两大关键要素。

为了最大限度地减少蛋白分子间和分子内二硫键的随机形成,还可在变性溶解蛋白溶液更换复性折叠缓冲液之前,先对蛋白质进行预处理,即向还原型的蛋白质溶液加入过量的高氧化型缓冲液。此时,蛋白质上所有的游离巯基均被相对分子质量较小的氧化型巯基化合物共价封闭,从而有效地阻止蛋白分子在转换缓冲液过程中出现的二硫键错配现象。然后,将蛋白质转入复性缓冲液中,并在相对分子质量较小的还原型巯基化合物的存在下,逐步发生二硫键重排,从而提高重折叠的正确率。作为对这一方法的改进,也可将氧化型的谷胱甘肽固定在层析介质上,处于完全变性状态的蛋白溶液上柱后,与氧化型谷胱甘肽发生二硫键交换反应。经多次清洗后,再用还原型的谷胱甘肽复性折叠溶液进行梯度洗脱,最终从层析流出液中可以回收高产率的正确氧化型蛋白。

(3) 二硫键介导的集聚物检测

在蛋白质重折叠过程中,由二硫键错配所产生的集聚蛋白质通常难以回复到正确的折叠途径中,因此这种不可逆集聚作用的检测对有效控制重折叠反应十分有用。检测方法主要采用 SDS 非还原性聚丙烯酰胺凝胶电泳(SDS-PAGE)。在实际操作过程中,为了保证检测的准确性,必须注意以下两点:第一,在将重折叠反应物加入 SDS 凝胶电泳缓冲液之前,必须除去样品中痕量的游离巯基,包括小分子还原剂和蛋白质本身存在的活性基团,否则这些游离的巯基会与集聚体中的二硫键发生交换反应,导致检测结果偏低。样品中的所有游离巯基可用过量的碘乙酰胺或碘乙酸盐加以封闭灭活。第二,在电泳过程中通常需要还原型样品作为对照,如果对照样品与检测样品相邻,则还原型样品中的 2-巯基乙醇便会扩散至待测样品孔内,导致事先被封闭的样品重新还原,此时寡聚型的集聚体样品在电泳中会出现单体多肽链的条带,因此对照样品与待测样品之间应留有足够的空间。

4. 折叠辅助蛋白因子的应用

在蛋白质的重折叠反应中,二硫键的正确配对很大程度上取决于蛋白质复性的准确性,根据传统的蛋白质化学理论,复性的准确性又完全来自多肽链的氨基酸序列所包含的结构信息。然而二十多年来的相关研究表明,为数不少的蛋白质在体内折叠必须依赖于某些其他蛋白因子的辅助作用,这类被称作分子伴侣的蛋白质通过与部分折叠中间产物分子的相互作用而促进蛋白质的准确复性与折叠。在大肠杆菌中,50%的可溶性蛋白在其变性状态下与分子伴侣 GroEL 蛋白结合。分子伴侣和其他一些重折叠酶不仅能协助蛋白质进行特异性折叠、分泌运输以及亚基装配,而且在所有蛋白质的代谢周期中都起着非同寻常的作用。

分子伴侣在体外促进变性蛋白的重折叠不仅进一步证实了它们生理作用,同时也展示了其良好的应用前景。大肠杆菌来源的分子伴侣 GroEL 和 GroES 至少可以促进下列蛋白质的体外折叠:1,5-二磷酸核酮糖羧化酶、柠檬酸合成酶、二氢叶酸还原酶以及硫氰酸合成酶。DnaK 是另一种形式的分子伴侣蛋白,它能阻止热变性 RNA 聚合酶的集聚物形成,同时又可将不溶性的集聚蛋白转变为可溶性。若将 DnaK 与 GroEL 和 GroES 等分子混合,则这种混合蛋白溶液可使免疫毒素蛋白的体外重折叠率提高 5 倍以上。在上述实验中,分子伴侣相对待折叠蛋白必须大大过量,这将限制了分子伴娘在大规模重组异源蛋白生产中的应用。然而以下两项颇有意义的尝试也许能打破这种限制:

第一,分子伴侣的固定化策略。理想的重组异源蛋白重折叠工艺如下:①将包涵体制备物溶解在含有弱变性剂、低浓度 PDI 的溶剂中;②变性蛋白溶液在固定了分子伴侣的层析柱上进行分离;③以 ATP 溶液洗脱纯的重折叠蛋白产物。

第二,分子伴侣或(和)折叠酶编码基因与外源基因共表达策略。大量的实验结果表明,分子伴侣基因与外源基因共表达,可以在不同程度上提高异源蛋白的可溶性及其重折叠率。分子伴侣 DsbA 与牛胰蛋白酶抑制因子 RBI 共表达,并在细菌培养基中添加还原型谷胱甘肽,控制氧化还原电位,可使具有天然构象的 RBI 回收率提高 14 倍,DsbA 与 T 细胞受体共表达也能明显改善后者的分泌效率。然而,分子伴侣对其辅助对象具有一定的特异性要求,深入了解这种特异性的相对程度必会大大提高分子伴侣的应用价值。

4.4　大肠杆菌工程菌培养的最优化控制

重组异源蛋白的工业化生产除了需要在实验室中构建出一株高效稳定表达外源基因的基因工程菌外,重组菌大规模培养的优化设计与控制显得日趋重要,相当多的基因工程产品需要从大规模发酵(100～10 000 L)的菌体中获得。细菌在 500 L 发酵罐中的生长代谢状况绝非是 200 mL 摇瓶中相应数据的简单放大,而且发酵罐也为工程菌生长及外源基因的稳定高效表达提供了更多更有效的最优化控制手段和模式。

4.4.1　细菌生长的动力学原理

基因工程菌的发酵通常有三种不同的操作方式,即分批式发酵、流加式发酵、连续式发酵,根据工程菌的生长代谢特征以及外源基因表达产物的性质,可以选用不同的发酵模式。

1. 分批式发酵

不同的培养条件往往会导致细菌以不同的动力学特征生长与代谢。在分批发酵过程中,所有的培养成分一次性投入发酵罐中。在整个发酵过程中,培养基组成、菌体浓度、细胞内代谢物质成分、外源基因表达产物均随着细菌生长状态、细胞代谢途径、营养成分利用率的变化而变化。在上述条件下,整个细菌生长过程可分为六个典型阶段:潜伏期、加速期、对数期、减速期、稳定期、衰亡期(图 4‑19)。

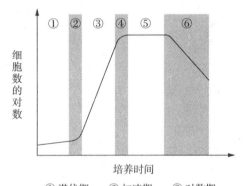

① 潜伏期;　　② 加速期;　　③ 对数期;
④ 减速期;　　⑤ 稳定期;　　⑥ 衰亡期

图 4‑19　细菌一步生长曲线

在细菌接种到无菌培养基中后,在一段时间内细菌数量并不会立即增加,这个阶段称为潜伏期。细菌在此期间主要是适应新的环境条件,包括诱导表达原来处于关闭状态的代谢途径,合成营养物质代谢所需的运输蛋白和相关酶系等。潜伏期的长短首先取决于用于发酵接种的细菌菌龄,其次也与种子培养基和发酵培养之间的差别大小有关。如果细菌接种物来自对数期,则发酵潜伏期通常很短,接种后细菌在发酵罐中立即进入生长阶段。

在对数生长期中,细菌的数目呈指数增长,但单位细菌数量的生长速度(即比生长速率 μ)维持恒定。在营养成分过量且培养基中不存在生长抑制剂的前提条件下,比生长速率与营养成分的浓度无关,细菌的生长速度($\mathrm{d}X/\mathrm{d}t$)与菌体的瞬时浓度(X)成正比,即 $\mathrm{d}X/\mathrm{d}t = \mu X$。若发酵液体积随发酵时间的变化忽略不计,则细胞数目的增加速率 $\mathrm{d}N/\mathrm{d}t$ 也是比生长速率与细胞瞬时数目的乘积,即 $\mathrm{d}N/\mathrm{d}t = \mu N$,而细菌数目随发酵时间的变化趋势则可由上式的积分函数式表征:$N = N_0 \exp(\mu t)$,其中 N_0 为接种细胞数。由此公式可以直接得到细菌数目增加一倍所需的时间 $t_\mathrm{d} = 0.693/\mu$(此时 $N = 2N_0$,$t = t_\mathrm{d}$)。对于大肠杆菌而言,t_d 实际上就是单个细胞的生长周期或细菌增殖一代所需的时间。

比生长速率 μ 是营养成分浓度 S、最大比生长速率 $\mu_{\max}$ 和营养成分特异性参数 K_s 的函数:$\mu = \mu_{\max} S / (K_s + S)$。最大比生长速率一般与细菌的遗传特性有关,在正常生长情况下,细菌的 μ_{max} 值大都在 $0.086\sim2.1\ h^{-1}$ 之间,因此细菌繁殖一代所需要的时间 t_d 大约从 20min 到 8h 不等。在分批发酵过程中,如果培养基中的营养成分大大过量(即 $S\gg K_s$),那么 μ 几乎等于 μ_{max}。实际上,K_s 值通常是很低的,K_s 与 S 相差不大的情况在对数期中极为罕见,因此处于对数生长期的细菌能以最大的比生长速率增殖。例如,对于大肠杆菌而言,葡萄糖的 K_s 值大约为 $1\ mg/L$,而发酵培养基中的葡萄糖初始浓度一般在 $10\ g/L$ 左右。

随着培养成分的大量消耗以及抑制细菌生长的代谢最终产物的不断积累,细菌总数最终停止增长并进入稳定期。在此阶段虽然细菌的数目维持恒定,但细胞内代谢途径却在发生急剧变化,某些具有经济价值的次级代谢产物开始大量合成,例如抗生素通常是在处于稳定期的细菌中合成的。稳定期的长短主要取决于细菌遗传特性及生长条件,当培养基的能量全部耗竭后,所有的代谢途径中止,细菌步入衰亡期。对于绝大多数生物产品发酵而言,均在此时收获菌体或培养液。

为了给细菌生长设计最佳的培养基,必须知道菌体浓度增殖与营养成分消耗之间的关系,即生长收率(Y),其定义为:$Y=dX/dS$。在细菌比生长速度较大的情况下,Y 通常可近似为一个常数。细菌在以葡萄糖作为唯一碳源的培养基中有氧呼吸,其典型的 Y 值为每克葡萄糖产 $0.4\sim0.5g$ 的干重细胞。营养成分利用与细菌生长之间的一个更为精确的关系式是:$dS/dt=(1/Y_G)\,dX/dt+mX$,其中 Y_G 为扣除了维持过程能耗的真正生长产率,m 为维持系数。

2. 流加式发酵

在流加式发酵过程中,一种或多种营养成分定时定量添加入细菌培养系统中,这种补料操作可以在一定范围内延长对数期和稳定期,从而提高菌体密度和稳定期代谢产物的合成总量。通过补加关键营养成分还可控制细菌的比生长速率,综合平衡工程菌外源基因表达程度与细胞增殖速度之间的关系,同时兼顾代谢反应的氧耗和能耗。例如,培养基中过量的葡萄糖可阻遏一些代谢途径,使得大肠杆菌大量合成醋酸等有机酸,这些部分氧化的中间代谢产物进一步抑制细菌的生长。若在初始发酵培养中减少葡萄糖的用量,而在发酵过程中根据需要逐步定量补加,则可最大限度地减少这种不利影响。

然而,处于稳定期的细菌往往会产生大量的蛋白酶,直接导致外源基因表达产物的降解,因此基因工程菌发酵的重要问题是尽可能避免工程菌处于稳定期。由于在发酵过程中难以直接测定营养成分的浓度,所以通常用有机酸的合成量、pH 变化或 CO_2 生成量等参数来估算补料的规模和时间。虽然流加式发酵较为适用于基因工程菌的培养,但相对单纯的分批发酵模式而言,它对工艺控制的要求较为严格。

3. 连续式发酵

连续式发酵的一个重要特征是稳定态的形成,即在连续发酵反应器中,细胞的总数和培养液总体积同时维持恒定。达到这种状态的前体条件是由培养液流出所有造成的细胞损失正好为细菌分裂所产生的新细胞弥补,前者是培养液流出速率 F 与培养液中细胞瞬时浓度 X 的乘积,而后者则是比生长速率 μ、细胞瞬时浓度 X 与反应器中发酵液恒定体积 V 的乘积,不难看出 $F/V=\mu$。若将 F/V 定义为稀释率(因为新鲜培养基的流入速率等于细菌发酵液的流出速率),并用 D 表示,则一个连续发酵过程在达到稳定态时,其稀释率应等于细菌的比生长速率。为了在流体动力学上真正做到细菌发酵液体积和细胞总数的双重恒定性,细菌的比生长速率必须小于最大比生长速率。在实际操作过程中,上述条件是通过调节一个控制发酵液流出速率 F 的泵来实现的。

在连续发酵容器中,关键营养成分 S 的物料平衡可用下式表示:$(F/V)S_0-(F/V)S-\mu X/Y$ $=dS/dt$,其中 S_0 为流入反应体系的新鲜培养基中关键营养成分的浓度,S 为容器内关键营养成分的瞬时浓度。当稳定态形成时,$dS/dt=0$,因此 $Y=X(S_0-S)$。如果再将用于非生长性维持过程的能量消耗考虑进去,则更为精确的营养成分物料平衡式为:$\mu X/Y=$ $\mu X/Y_G+mX$。将此式代入上述物料平衡式中,并注意 $\mu=D$ 以及 $dS/dt=0$,则可得到下式:$D(S_0-S)=DX/Y_G+mX$,其变形为:$(S_0-S)X=1/Y_G+m/D$。又因为在稳定态形成时,$Y=(S_0-S)X$,因此,$1/Y=1/Y_G+m/D$,也就是说,在一个达到稳定态的连续发酵体系中,细菌总生长产率的倒数与稀释率的倒数呈线性关系,其斜率为维持系数,而截距则是细菌真正生长产率的倒数。

工业发酵的基本目标是以最少的代价获得最大的产品产量,而实现这一目标的工程手段是针对每个特定过程建立相应的高效发酵模式。由于连续式发酵方法要求对细菌生长代谢等生理特性具备更为准确详尽的了解,因此它在工业生产中的应用并不普遍。然而理论和经验都表明,采取连续式发酵方法生产生物产品所需的成本远远低于其他发酵方法。其原因如下:①生产相同量的产品,连续式发酵所用的发酵容器小于分批式发酵所需的发酵罐。②分批式发酵后产生的细菌培养液往往需要大型设备用于菌体分离、细胞破碎以及蛋白质或其他代谢产物的下游分离纯化操作,而连续式发酵所产生的细菌培养液在单位时间内量较少,因此进行同样的工艺操作,连续式发酵对下游设备的处理量要求较低。③连续式发酵可以有效缩短发酵设备的停工期,因为一种单一操作通常能维持一个月以上,而对于分批式发酵工艺来说,在批与批之间,发酵设备需要维修、清洗以及灭菌等操作,这种非生产性的停工期在相当程度上降低了发酵产品的产量。④在连续发酵过程中,细菌的生理状态相当均一,产品的产量与质量因此也较为稳定,而在分批发酵过程中,菌体收获时间上的微小差异很可能会导致细菌生理状态的显著变化,并进而影响产品的产量与质量。对于大多数基因工程菌而言,如果重组异源蛋白在胞内表达(如包涵体型),则菌体的收获时间通常在对数生长中期至后期之间,分批式发酵难免会造成批与批之间的这种差异。

目前,连续式发酵已成功地用于大规模生产单细胞蛋白、抗生素以及有机酸等生化产品。然而它也有一定的缺陷,必须引起高度重视:①连续式发酵的周期一般在 500～1 000h,缩短周期实际上就等于降低了其优越性。基因工程菌中的一些细胞经过多代连续繁殖后,有可能丢失其携带的重组质粒,但整合型的重组细菌一般不易发生这种不利现象。②无菌条件的长时间维持在工业大规模生产中较为困难,此外连续式发酵需要独立的灭菌设备,而且价格不菲。

4.4.2　发酵过程的最优化控制

基因工程菌的大规模培养是一个十分复杂的过程,与普通的细菌发酵相比,其显著特征是在细胞内增加了一条由重组质粒编码的相对独立的代谢途径,而它的代谢速率又随着重组质粒拷贝数的变化而变化。这一微型代谢途径的动态流向与细胞初级代谢有着千丝万缕的联系,在某些情况下甚至还可与宿主的次级代谢发生相互作用。从总体上分析,基因工程菌的代谢过程优化控制可在三个层次进行,即遗传特性的分子水平、代谢途径的细胞水平以及热量、质量、动量传递的工程水平,这三方面的相互关系可由图 4-20 表示。

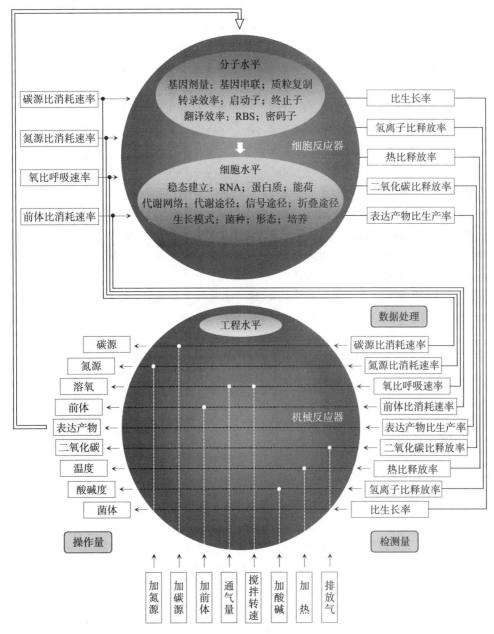

图 4-20　基因工程菌发酵过程中多尺度控制

1. 工程水平的优化控制

不管采取何种类型的发酵过程,最优化控制培养系统中的溶氧、pH、温度、物料混合程度都是十分重要的,改变这些参数中的任何一个,均可影响细菌的生长以及重组异源蛋白产物的稳定性。

大肠杆菌及其他许多原核细菌的最佳生长通常需要大量的溶氧。发酵罐中最大的溶氧需求量 Q_{max} 取决于细菌的瞬时浓度 X、最大比生长速率 μ_{max}、氧耗生长产率 Y_{O_2} 三者之间的关系：$Q_{max} = X\mu_{max}/Y_{O_2}$。由于氧气难溶于水，25℃时氧的溶解度仅为 0.008 4 g/L，因此在发酵过程中必须以无菌空气的形式不断地补充。然而，大量空气导入发酵罐中会产生泡沫，如果气泡体积过大，氧气的传递效果并不理想，直接影响细菌的最佳生长。这就要求发酵罐在设计时应充分考虑培养系统中溶氧水平的控制能力，包括细胞的完美悬浮以及气泡的破碎等。有时还可直接向发酵罐中补充纯氧，以缓解发酵液中溶氧的极度匮乏。

绝大多数细菌生长的最佳 pH 范围在 5.5～8.5 之间，但在发酵罐中生长代谢的细胞无时不在将其代谢产物释放到培养基中，导致整个系统的 pH 值产生较大的波动。因此在发酵过程中，必须用酸碱调节控制培养液的 pH 值，使其维持在一个相对细菌生长代谢最佳的恒定值范围内。加入的酸或碱溶液同样需要快速扩散至整个容器，局部过量的酸碱会给细菌带来危害。

温度是一个决定发酵成败的重要参数。一方面，如果在低于最佳生长温度的环境中，细菌生长缓慢，同时也降低了目标产物的合成速度。另一方面，如果培养系统的温度过高，即使不高于细菌的致死温度，也会产生许多不利影响。例如，含有温度敏感型启动子的工程菌在过高的温度下会导致外源基因的泄露性表达。过高的温度还可能诱导受体菌的热休克反应，产生大量的胞内蛋白酶降解重组异源蛋白。

细菌培养液的适度混合可以在很多方面促进细胞的生长和代谢，其中包括加快营养成分和溶氧的传递、促进热量的散发以及降低细胞有毒代谢副产物的局部浓度等。从某种意义上来说，搅拌效果越佳，细菌发酵效果就越理想。然而，过快的搅拌速度会产生流体动力学压力，它可能损害体积较大的细菌或哺乳动物细胞，同时也向培养液中散发大量的机械热，从而增加发酵的能耗。因此，在提供最佳混合效率、避免细胞损伤以及降低能耗产量比之间，搅拌转速必须达到最优化平衡。

2. 分子水平的优化控制

基因工程菌在发酵过程中的优化控制有以下三个分子水平上作用位点：

（1）外源基因的表达控制

基因工程菌的构建为这种控制提供了分子结构上的可能性，但它必须通过各种工艺手段在细菌生长过程中得以实现，这些手段包括外源基因转录启动的特异性诱导、表达产物在受体菌中的定位和转运等。外源基因的时空特异性表达控制可以在最大程度上减少表达产物对细菌自身生长代谢过程的影响，提高表达产物的宏观产率。

（2）细胞内蛋白质生物合成系统的均衡

无论基因工程菌的目标产物是蛋白质还是其他小分子化合物，它们都必须与细菌的初级代谢和次级代谢途径共用一套蛋白质翻译系统，其成分包括核糖体、tRNA、ATG/GTP 以及相关的酶系。这些成分通常都由受体菌的染色体 DNA 编码，合理控制这些细菌基因的表达时间与强度，有利于细胞内三种代谢途径的和谐与稳定。

（3）重组质粒拷贝数或外源基因剂量的维持

从理论上来讲，外源基因剂量的增加有助于提高其表达产物的产量，但实际上并不都是如此。如果细胞内 RNA 聚合酶是限制因素，外源基因剂量与其表达水平未必呈正相关。而且重组质粒的高拷贝复制耗费大量的能源，不但影响细菌的正常生长与代谢，同时不利于其稳定性。另外，重组质粒高拷贝复制在提高外源基因剂量的同时也同步增加了载体上其他基因（如标记基因）的分子数，这些基因的表达效率通常并不逊色于外源基因，因此两者之间的表达竞争不容忽视。

3. 细胞水平的优化控制

细胞水平的控制作用位点主要是发酵过程中的细胞密度、代谢途径调整、产物比生产率等,后者又可分为相对限制性营养成分消耗以及相对菌体生长两种产物比生产率,它们分别是产物合成速率与营养成分消耗速率以及菌体生长速率之比。实验结果表明,重组蛋白的最大合成量和受体菌代谢活力的维持,往往与细菌较低的生长速率相伴。但降低细菌生长速率必须在拥有一定细胞密度的基础上才能有助于提高重组蛋白的宏观表达量,这种控制在分批或流加式发酵过程中一般难以操作。另外,培养基中主要营养成分葡萄糖的不完全代谢产物醋酸对外源基因的高效表达也有明显的抑制作用。醋酸的大量合成固然与补料工艺和工程控制参数有关,但很大程度上也取决于基因工程受体菌本身的遗传特性。

4.4.3　大肠杆菌工程菌的高密度发酵

在基因工程菌的大规模发酵过程中,重组异源蛋白产物的宏观合成产量取决于最高的外源基因表达水平以及菌体浓度。从理论上来说,在维持外源基因表达水平不变的前提下,提高工程菌的发酵密度可以大幅度降低产物的生产成本,然而两者在很多情况下并不能兼顾。在提高工程菌培养密度的同时,单个细胞中的外源基因表达率往往伴随着不同程度的下降,这种现象的本质是外源基因表达与细菌生长两大反应对反应基质和能量的争夺。因此,通过工程方法打破发酵系统中的传质传热限制,同时通过工艺手段控制反应基质尤其是生物能源的组成和转入速率,是在不影响外源基因表达水平前提下提高工程菌发酵密度的基本策略。

1. 高密度发酵培养基的设计

大量的研究结果表明:细菌在碳源限制的条件下生长,其生物能源的有效利用率最高;而在氮源限制的环境中生长的细菌,通常会在细胞中积聚糖原等多聚物,同时大量合成有机酸、乙醇以及其他部分生物氧化代谢中间产物,这种现象在葡萄糖作为主要碳源时尤为突出。除此之外,以最大比生长速率或接近这一速率生长的细菌也倾向于产生上述部分氧化分子,这些化合物的存在不仅降低了细菌的碳源比消耗率,而且最终导致细胞的生长抑制。因此,工程菌高密度发酵的培养基设计原则如下:

(1) 使用最小培养基以精确设计营养成分与细菌生长之间的定量关系,同时避免任何不利于菌体生长的营养限制性因素。

(2) 调整培养基配比,维持细菌以合适的比生长速率生长,使得培养基中的碳源和能源不能转化为细胞内储存多聚物或胞外潜在生长抑制剂的部分氧化有机化合物,也就是说,细菌的比生长速率应尽可能低到足以使碳源全部有效利用,同时又不致于影响目标产物宏观产率的水平。

(3) 利用碳源限制方法阻断细菌生长期间部分氧化代谢产物的合成途径。在培养基中,碳源的绝对量往往大于其他营养成分,因此以碳源作为限制性营养成分更易于控制。

(4) 依据细菌细胞的组成元素确定培养基各成分的精确配比(表 4-6),其中以葡萄糖作为限制细菌生长的营养成分,其加入量则以每克葡萄糖形成 $0.3\sim0.5g$ 细菌干重的碳源比消耗率为基准。为了确保葡萄糖之外的其他营养成分的绝对过量,必须在表 4-6 所列数据的基础上,各追加 20%。此外,理想的细菌培养基还应加入适量的稀有元素和维生素。表 4-7 是用于大肠杆菌高密度发酵的典型培养基配方。

表 4-6 细胞的基本组成

成 分	占干重比率/%
C	50
N	7~12
P	1~3
S	0.5~1
Mg	0.5

表 4-7 用于大肠杆菌高密度发酵的培养基配方

成 分	间歇培养	连续培养
葡萄糖	5 g/L	433 g/L
酵母提取物	5 g/L	0
K_2HPO_4	7 g/L	0
KH_2PO_4	8 g/L	0
$(NH_4)_2SO_4$	5 g/L	107 g/L
$MgSO_4 \cdot 7H_2O$	1 g/L	8.5 g/L
微量元素溶液	2 mL/L	56 mL/L
维生素溶液	2 mL/L	56 mL/L
氨苄青霉素	0.5 g/L[①]	0

① 仅用于重组菌株培养。

2. 高密度发酵的温度控制

生长在最小培养基中的大肠杆菌,其发酵密度与温度关系密切。一般地,在 19~34℃内,大肠杆菌的发酵密度随着温度的降低而增加。在 22℃时,细胞密度达到最高值,为每升培养液 55g 细菌干重,其相对应的碳源比消耗率则高达每克葡萄糖 0.44g 细胞干重。值得注意的是,不同的大肠杆菌菌株,达到最高密度所对应的培养温度往往会有差异,而且最终培养密度也各不相同,有时相差多达 3 倍以上。此外,在相同培养条件下,大肠杆菌 K 株工程菌的发酵密度比非工程菌高出 30%~50%。温度控制的实质是调节细菌的比生长速率和溶氧需求量,较低的培养温度固然可以得到最大的发酵密度,但培养周期相对延长,而且菌株不同,这种对应关系也有差异。因此在确定实际操作温度时,应充分考虑工程菌株的特殊遗传性质以及物料、能量、产品产率三者之间的综合平衡。

3. 高密度发酵的溶氧控制

一般而言,细菌的高密度培养需要较高的溶氧浓度,尤其是在生长后期。由于细胞内各种代谢途径的高速运转以及外源基因的诱导表达,溶氧往往成为限制性因素,此时大量补加葡萄糖等生物能源不仅于事无补,甚至会诱导产生并积累醋酸等部分氧化产物。克服这一困难的唯一方法是向反应体系中输送纯氧,为了确保纯氧传递对细胞高密度生长的最佳效率,通常将其与溶氧水平和碳源补加速率相关联。例如,在大肠杆菌 W 株的高密度发酵过程中,蔗糖的补加速率根据溶氧水平进行控制,当溶氧浓度上升至 14％饱和度时,开始补加碳源;而当溶氧浓度跌至这一数值以下时,补料自动停止。如果将溶氧、pH 与碳源补加速率三者联合控制,则效果更佳,在此条件下,大肠杆菌发酵密度可达到每升培养液 125g 细胞干重的水平。

4.5　基因工程菌的遗传不稳定性及其对策

重组微生物在工业生产中的应用包括两个方面:其一是重组异源蛋白的高效表达,即利用基因工程菌合成大量的生物贵重功能蛋白;其二是借助于分子克隆技术重新设计细菌的代谢途径,构建品质优良的功能微生物。然而,基因工程菌产业化应用的最大障碍是在其保存及培养过程中表现出的遗传不稳定性,它直接影响到发酵过程中比生长速率的控制以及培养基组成的选择。

4.5.1　工程菌遗传不稳定性的表现与机制

基因工程菌的遗传不稳定性主要表现在重组质粒的不稳定性。这种不稳定性具有下列两种主要存在形式:第一,重组 DNA 分子上某一区域发生缺失、重排或修饰,导致其表观功能的丧失;第二,整个重组分子从受体细胞中逃逸。上述两种情况分别称为重组分子的结构不稳定性和分配不稳定性,其产生的主要机制如下:

(1) 受体细胞中存在的限制修饰系统对外源 DNA 的降解作用。由于目前使用的受体菌均在不同程度上减弱甚至丧失了限制修饰酶系,因此这种因素通常不会单独发挥作用。

(2) 重组分子中所含基因的高效表达严重干扰受体细胞的正常生长代谢过程,包括能量和生物分子的竞争性消耗以及外源基因表达产物的毒性作用。这种干扰作用与自然环境中的其他生长压力(如极端温度、极端 pH、高浓度抗生长代谢剂、营养物质匮乏等)一样,可以诱导受体菌产生相应的应激反应,包括关闭生物大分子的生物合成途径以节约能源、启动蛋白酶和核酸酶编码基因的表达以补充必需的营养成分,于是工程菌中的重组 DNA 分子便会遭到宿主核酸酶的降解,形成结构缺失或重排。

(3) 重组分子尤其是重组质粒在细胞分裂时的不均匀分配,是重组质粒逃逸的基本原因。这种情况通常取决于载体质粒本身的结构因素,但也与外源基因表达产物对细胞所造成的重大负荷有关。

(4) 受体细胞中内源性的转座元件促进重组分子 DNA 片段的缺失和重排。

当含有重组质粒的工程菌在非选择性条件下生长至某一时刻,培养液中的一部分细胞不再携带重组质粒,这部分细胞数与培养液中的总细胞数之比称为重组质粒的宏观逃逸率。事实上它并不仅仅表征重组质粒从受体细胞中的逃逸频率,而是下列四种情况的总和:

(1) 重组质粒因种种原因被受体分泌运输至胞外,这种情况大多发生在细菌处于高温或含表面活性剂(如 SDS)、某些药物(如利福平)、染料(如吖啶类)的环境中;

(2) 受体菌核酸酶将重组质粒降解,使之不能进行独立复制,如果降解作用较为完全,则重组质粒的消失并不依赖于受体细胞的分裂;

(3) 重组质粒所携带的外基因过度表达抑制受体细胞的正常生长,致使原来数目极少的不含重组质粒的细胞在若干代繁殖后占据数量优势;

(4) 重组质粒在细胞分裂时不均匀分配,造成受体细胞所含重组质粒拷贝数的差异,这种差异随着细胞分裂次数的增加而扩大。含有较少重组质粒拷贝数的细胞其生长速度显然高于那些含重组质粒拷贝数多的细胞,而且前者更有可能在细胞继续分裂时全部丢失其重组质粒,并在最终的发酵液中占据绝对优势。

因此,重组质粒宏观水平上的逃逸现象实质上取决于含有重组质粒的受体细胞的比生长速率(μ^+)小于不含重组质粒的受体细胞的比生长速率(μ^-),即 $\mu^-/\mu^+>1$,多种大肠杆菌菌株均表现出这种特性(表4-8)。假定在发酵接种时,工程菌全部含有重组质粒,对数生长期中细胞每代的重组质粒丢失率为 ρ,工程菌 μ^- 与 μ^+ 的比值为 α,则经过25代分裂后,含有重组质粒的细胞数占总细胞数的百分比 F_{25} 与 ρ 和 α 之间的对应关系可用图4-21表示。由图4-21可以看出,如果不含重组质粒的受体细胞具有生长优势(即 $\mu^-/\mu^+>1$),那么即使重组质粒的丢失率很小,经过数代培养后,发酵液中也会出现大量的无重组质粒型细胞。例如,当 $\alpha=1,\rho=0.001$ 时,$F_{25}=99.8\%$,重组质粒的宏观逃逸率仅为0.2%;但当 $\alpha=1.5$,ρ 仍为0.001时,$F_{25}=0.1\%$,即重组质粒的宏观逃率可达99.9%。对于培养周期固定的分批式发酵而言,重组质粒丢失的时间越早,最终发酵液中无重组质粒的细胞的比例就越高。如果接入发酵罐的种子中含有无重组质粒的细胞,所引起的后果则更为严重。

表4-8　不含质粒与含质粒细菌的比生长速率之比

宿　主	质　粒	μ^-/μ^+
大肠杆菌 C600	F′ lac	0.99~1.10
大肠杆菌 K12 EC1005	R1 drd-19	1.05~1.12
大肠杆菌 JC 7623	Col E1	1.06~1.20
铜绿假单胞菌 PA01	Tol	2.00
大肠杆菌 K12 R713	TP120	1.50~2.31

野生型质粒在宿主菌中通常能稳定遗传,其机制是这些质粒大多含有编码特异性质粒拷贝均衡分配的基因(par)。在一些低拷贝质粒中 par 基因已被克隆鉴定,实验室常用的一些扩增表达型质粒(如pBR322等)具有完整的质粒拷贝分配功能,因而由此原因引起的质粒丢失现象基本上可以忽略不计。但更多的人工构建质粒往往不具备 par 功能,而且由于重组质粒降解或分子重排引起的工程菌不稳定性影响更大,因此在工程菌发酵和重组质粒构建的过程中,保持工程菌的相对稳定意义重大。

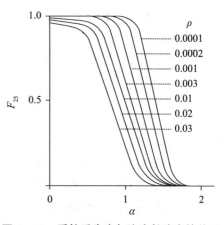

图4-21　质粒丢失率与比生长速率的关系

4.5.2　改善工程菌不稳定性的对策

根据工程菌不稳定性的影响因素,目前已发展出多种方法抑制重组质粒的结构和分配不稳定性,归纳起来大致有下列几个方面。

1. 改进载体宿主系统

以增强载体质粒稳定性为目的的构建方法包括三个要点:一是将 par 基因引入表达型质

粒中。例如,将大肠杆菌质粒 pSC101 的 *par* 基因克隆在 pBR322 类型的质粒上,或将 R1 质粒上 580bp 的 *parB* 基因导入普通质粒上,其表达产物可选择性地杀死由于质粒拷贝分配不均匀而产生的无质粒细胞;二是正确设置载体质粒上的多克隆位点,防止外源基因插入质粒的稳定区域内;三是将大肠杆菌染色体 DNA 上的 *ssb* 基因克隆在载体质粒上,该基因编码的 SSB 蛋白是 DNA 复制和细胞生存所必需的,因此无论因何原因丢失质粒的细胞均不再能在细菌培养过程中增殖。

相同细菌的不同菌株有时会对同一种重组质粒表现出不同程度的耐受性,因此直接选择较稳定的受体菌往往能够达到事半功倍的效果。另外,对于某些受体细胞,借助于诱变或基因同源灭活方法除去其染色体 DNA 上存在的转座元件,也可有效抑制重组质粒的结构不稳定性。

2. 施加选择压力

利用载体质粒上原有的遗传标记,可以在工程菌发酵过程中选择性地抑制丢失重组质粒的细胞生长,从而提高工程菌的稳定性。根据载体质粒上选择性标记基因的不同性质,可以设计多种有效的选择压力,其中包括:

(1) 抗生素添加法

大多数表达型质粒上携带抗生素抗性基因。将相应的抗生素加入细菌培养体系中,即可降低重组质粒的宏观逃逸率。但这种方法在大规模工程菌发酵时并不实用,因为相对于简单培养基而言,加入大量的抗生素会使生产成本增加。对于一些不稳定的抗生素来说,添加抗生素造成的选择压力只能维持较短的时间。例如,多数表达型质粒携带的氨苄青霉素抗性基因实质上编码的是 β-内酰胺酶,若以氨苄青霉素作为选择压力,则需在培养基中加入足够的量,而且抗生素的存在对以结构不稳定性为主的重组质粒并不构成选择压力。此外,对于重组蛋白药物的生产来说,添加大量的抗生素通常会影响产品的最终纯度。

(2) 抗生素依赖法

借助于诱变技术筛选分离受体菌对某种抗生素的依赖性突变株,也就是说,只有当培养基中含有抗生素时,细菌才能生长,同时在重组质粒构建过程中引入该抗生素的非依赖性基因。在这种情况下,含有重组质粒的工程菌能在不含抗生素的培养基上生长,而不含重组质粒的细菌被抑制。这种方法可以节省大量的抗生素,但其缺点是受体细胞容易发生回复突变。

(3) 营养缺陷法

营养缺陷法与上述抗生素依赖法较为相似,其原理是灭活某一种细胞生长所必需的营养物质的生物合成基因,分离获得相应的营养缺陷型突变株,并将这个有功能的基因克隆在载体质粒上,从而建立起质粒与受体菌之间的遗传互补关系。在工程菌发酵过程中,丢失重组质粒的细胞同时也丧失了合成这种营养成分的能力,因而不能在普通培养基中增殖。这种生长所必需的因子既可以是氨基酸(如色氨酸),也可以是某种具有重要生物功能的蛋白质(如氨基酰-tRNA 合成酶)。

3. 控制外源基因过量表达

外源基因的过量表达,某种意义上也包括重组质粒拷贝的过度增殖,均可能诱发工程菌的不稳定性。前已述及,使用可诱导型的启动子控制外源基因的定时表达,以及利用二阶段发酵工艺协调细菌生长与外源基因高效表达之间的关系,是促进工程菌的遗传稳定的一种策略。

　　4. 优化培养条件

　　工程菌所处的环境条件对其所携带的重组质粒的稳定性影响很大,在工程菌构建完成之后,选择最适的培养条件是进行大规模生产的关键步骤。培养条件对重组质粒稳定性的影响机制错综复杂,其中以培养基组成、培养温度、细菌比生长速率尤为重要。

　　(1) 培养基组成

　　细菌在不同的培养基中启动不同的代谢途径,对工程菌来说,培养基组分可能通过各种途径影响重组质粒的稳定性遗传。含有 pBR322 的大肠杆菌在葡萄糖和镁离子限制的培养基中生长,比在磷酸盐限制的培养基中显示出更高的质粒稳定性。另一个携带有氨苄青霉素、链霉素、磺胺、四环素四个抗药性基因的重组质粒,在大肠杆菌中的遗传稳定性同时依赖于培养基组成:当葡萄糖限制时,克隆菌仅丢失四环素抗性;而当磷酸盐限制时,则导致多重抗药物性同时缺失。还有一个携带氨苄青霉素抗性基因和人 α-干扰素结构基因的温度敏感型多拷贝重组质粒,在它转入大肠杆菌后,所形成的克隆菌在葡萄糖限制以及氨苄青霉素存在的条件下生长,开始时人干扰素高效表达,但随后便大幅度减少,此时的重组质粒已有相当部分丢失了干扰素结构基因,这表明培养基组分有可能导致重组质粒的结构不稳定性。除此之外,质粒通常在丰富培养基(如 PBB)中比在最小培养基(如 MM)中更加不稳定,而且不同的质粒其不稳定性的机制也各有差异,例如某些培养基导致质粒 RSF2124-trp 产生结构不稳性,同时又使质粒 pSC101-trp 产生分配不稳定性(表 4-9)。

表 4-9　培养基对大肠杆菌克隆菌稳定性的影响

克隆菌	培养基	F_{20-25}/%	不稳定类型
W3110 *trpAE1 trpR tnaA*(RSF2124-trp)	PBB	7	结构性
	MM	99	结构性
W3110 *trpAE1 trpRam*27(pSC101-trp)	PBB	12	分配性
	MM	48	分配性

　　(2) 培养温度

　　一般而言,培养温度较低有利于重组质粒的稳定遗传。有些温度敏感型的质粒不但其拷贝数随温度的上升而增加,而且当温度达到 40℃ 以上时,还会引起降解作用。重组质粒的导入有时也会改变受体菌的最适生长温度。上述两种情况均可能与重组质粒表达产物和受体菌代谢产物之间的相互作用有关。

　　(3) 细菌比生长速率

　　细菌比生长速率对重组质粒稳定性的影响趋势不尽一致,与细菌本身的遗传特性以及质粒的结构均有关系。如前所述,如果不含重组质粒的细胞不比含有重组质粒的细胞生长得快,即当 $\mu^-/\mu^+=1$ 时,重组质粒的丢失不会导致非常严重的后果,因此调整这两种细胞的比生长速率可以提高重组质粒的稳定性。但在实际操作中往往难以选择性地提高或降低某种细胞的比生长速率,因为绝大多数环境条件(不包括施加选择压力)对两种细菌的生长影响是同步的。只有在个别情况下,可以利用分解代谢产物专一性地控制受体菌的比生长速率,降低 μ^- 与 μ^+ 的比值,从而提高重组质粒的稳定性。

有些细菌在以碳水化合物作为碳源和能源时,营养成分浓度过高或过低均不利于其生长,高浓度的营养基质可抑制相关代谢途径中的某个基因表达。如果重组质粒上携带这种代谢基因,则含有重组质粒的克隆菌不再受高浓度基质的抑制。在这种情况下,不含重组质粒的细胞生长符合典型的底物抑制动力学模型,而工程菌则遵循 Monod 方程,两条曲线的交点便是 $\mu^- = \mu^+$ 时所对应的基质浓度 S_0(图 4-22)。当 $S < S_0$ 时,$\mu^- > \mu^+$,此时容易导致重组质粒的不稳定性;但当 $S > S_0$ 时,$\mu^- < \mu^+$,在这种情况下,重组质粒可以稳定地遗传。细菌的连续发酵技术为基质浓度的恒定控制提供了保证。

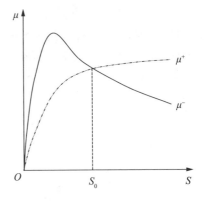

图 4-22　基质浓度与比生长速率的关系

4.6　利用重组大肠杆菌生产人胰岛素

重组 DNA 技术的伟大成就之一就是能够保证目的基因编码产物的大量生产,而利用大肠杆菌宿主载体系统高效表达外源基因又是基因工程应用最为广泛也最成熟的一项技术。大肠杆菌的分子遗传学背景已相当明了了,不断完善的基因操作技术可将大肠杆菌构建成为用于异源蛋白生产的分子工厂,而且这种工程菌在价格低廉的培养基中生长迅速易于控制,因此重组大肠杆菌在医用蛋白的大规模生产中具有重要的经济意义。尽管有些生物活性严格依赖于糖基化作用的真核生物功能蛋白无法用重组大肠杆菌进行生产,蛋白质生物合成后加工系统的缺乏使得某些人体蛋白难以折叠成天然构象,但仍有数百种异源蛋白通过大肠杆菌基因工程菌实现了产业化,其中包括一些结构相当复杂的人体蛋白,如富含半胱氨酸的血清白蛋白(HSA)、尿激酶原(pro-UK)、金属硫蛋白(MT);二硫键共价交联的二聚体蛋白巨噬细胞集落刺激因子(M-CSF)及四聚体的血红蛋白(Hb)等。

本节以重组人胰岛素为例,论述利用大肠杆菌生产外源基因表达产物的基本过程。

4.6.1　胰岛素的结构及其生物合成

胰岛素广泛存在于人和动物的胰脏中,正常人的胰脏约含有 200 万个胰岛,占胰脏总质量的 1.5%。胰岛由 α、β、γ 三种细胞组成,其中 β-细胞特异性地合成胰岛素。胰岛素发现于 1922 年,翌年便开始在临床上作为药物使用,迄今为止,胰岛素仍是治疗胰岛素依赖型糖尿病的特效药物。据不完全统计,目前全世界糖尿病患者已超过一亿,而且发病率呈逐年增长的趋势。因此,为临床提供质量可靠及价格低廉的胰岛素制品是现代生物医药领域的一项重要工程。

胰岛素是在胰岛 β-细胞的内质网膜结合型核糖体上合成的,核糖体上最初形成的产物是一个比胰岛素分子大一倍多的前胰岛素原单链多肽,其 N 端区域含有 20 个氨基酸左右的疏水性信号肽。当新生肽链进入内质网腔后,信号肽酶便切除信号肽,形成胰岛素原,后者被运输至高尔基体,以颗粒的形式贮存备用。

胰岛素原单链多肽由三个串联的区域组成(图 4-23):C 端 21 个氨基酸为 A 链,N 端 30

个氨基酸为 B 链,两者分别通过两对碱性氨基酸(Arg-Lys)与被称为 C 肽的区域相连。当机体需胰岛素时,高尔基体内的特异性肽酶分别在 A-C 和 B-C 连接处将胰岛素原切成三段,其中 A 链与 B 链借助于二硫键形成共价交联的活性胰岛素,并通过血液循环作用于靶细胞膜上的特异性胰岛素受体。

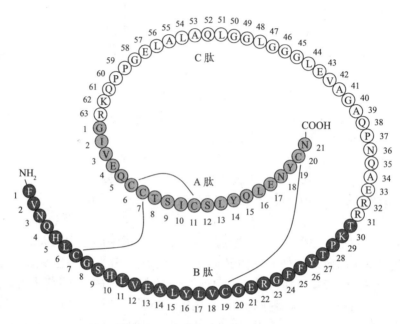

图 4 - 23　人胰岛素原结构示意图

活性胰岛素含有三对二硫键,其中两对二硫键在 A 链和 B 链之间形成,分别为 A7 - B7 和 A20 - B19,另一对二硫键则由 A 链的第 6 位 Cys 与第 11 位 Cys 形成。不同种属动物的胰岛素分子结构大致相同,主要差别在 A 链二硫键之间的第 8、9、10 位上的三个氨基酸以及 B 链 C 端的最后一个氨基酸上,但这些差别并不改变胰岛素的生理功能。在所有来源的胰岛素中,人的胰岛素与猪、狗的胰岛素最为接近,两者唯一的区别是 B 链 C 末端一个氨基酸的不同。除此之外,不同种属动物的胰岛素原 C 肽序列和长度也有差异,人的 C 肽为 31 肽,牛的为 26 肽,而猪的为 29 肽。

4.6.2　人胰岛素的生产方法

迄今为止,工业上可采用下列四种方法大规模生产人胰岛素:

(1) 从人的胰脏中直接提取胰岛素。这种方法只在早期人胰岛素生产中使用,由于原料供应的限制,其产量不可能满足临床需要。

(2) 由单个氨基酸直接化学合成。这种全合成方法从技术上来说是能够做到的,但其成本奇高不难想象。

(3) 由猪胰岛素化学转型为人胰岛素。前已述及,猪与人的胰岛素只在 B 链 C 末端的一个氨基酸上存在差异,前者为丙氨酸,后者为苏氨酸,但两种胰岛素的生理功效完全一致。因此,目前一些国家(包括中国)在临床上使用猪胰岛素制剂治疗糖尿病。然而由于氨基酸序列上的微小差异,猪胰岛素的长期使用会在患者体内产生一定程度的免疫反应,更为严重的是,患者体内抗猪胰岛素抗体的诱导生产还可能对患者剩余的正常 β-细胞功能以及内源性胰岛素分泌造成负面影响。因此,人胰岛素制剂的使用被认为是最理想的糖尿病治疗方法。由于利用传统的生化方法从猪胰脏中提取胰岛素早已形成生产规模,且成本相对低廉,所以将猪胰岛素在体外用酶促方法转化为人胰岛素不失为一种选择,至少在重组胰岛素的大规模产业化之前,这种半合成方法仍是相当多生物制药厂家采用的生产工艺。其基本原理是:胰蛋白酶在 pH 为 6~7 及苏氨酸叔丁酯的过量存在下,脱去猪胰岛素 B 链 C 末端的丙氨酸,并将苏氨酸转入相应位置;所形成的人胰岛素叔丁酯,再用三氯乙酸除去其叔丁酯基团,最终获得人胰岛素,整个过程的总转化率为 60%。但是这工艺路线相当耗时,且需要一整套复杂的纯化方法,导致最终产品的价格不菲。

(4) 利用基因工程菌大规模发酵生产重组人胰岛素。1982 年,美国 Ely LiLi 公司首先使用重组大肠杆菌生产人胰岛素,这是第一个上市的基因工程药物。五年后,Novo 公司又开发了利用重组酵母菌生产人胰岛素的新工艺。这种由重组细菌合成的人胰岛素无论是在体外胰岛素受体结合能力、淋巴细胞和成纤维细胞的离体应答能力,还是在血糖降低作用以及血浆药代动力学方面,均与天然的猪胰岛素无任何区别,但却显示出无免疫原性以及注射吸收较为迅速等优越性,因而深受广大医生和患者的欢迎。

4.6.3　产人胰岛素大肠杆菌工程菌的构建策略

胰岛素的特殊分子结构决定了其工程菌的构建必须更多地兼顾后续的分离纯化及加工过程,这是提高生产效率降低生产成本的关键因素。虽然长期以来已发展了多种大肠杆菌工程菌,但是有代表性和实用性的构建方案主要有下列三种。

1. AB 链分别表达法

AB 链分别表达法在 Ely LiLi 公司早期发酵重组大肠杆菌生产胰岛素时采用,其基本原理由图 4-24 表示。A 链和 B 链的编码区由化学合成,两个双链 DNA 片段分别克隆在含有 P_{tac} 启动子和 β-半乳糖苷酶基因的表达型质粒上,后者与胰岛素编码序列形成杂合基因,其连接位点处为甲硫氨酸密码子。重组分子分别转化为大肠杆菌受体细胞,两种克隆菌分别合成 β-半乳糖苷酶-人胰岛素 A 链以及 β-半乳糖苷酶-人胰岛素 B 链

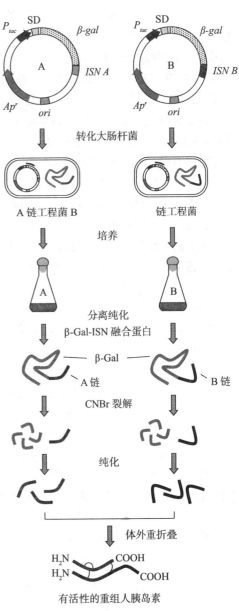

图 4-24　人胰岛素 AB 链分别表达法的基本原理

两种融合蛋白。经大规模发酵后，从菌体中分离纯化融合蛋白，再用溴化氰在甲硫氨酸残基的 C 端化学切断融合蛋白，释放出人胰岛素的 A 链和 B 链。由于 β-半乳糖苷酶中含有多个甲硫氨酸，溴化氰处理后生成多个小分子多肽，而 A 链和 B 链内部均不含甲硫氨酸残基，故不为溴化氰继续降解。A 链和 B 链进一步纯化后，以 2∶1 的物质的量之比混合，并进行体外化学折叠。由于两条肽链上共存在三对巯基，二硫键的正确配对率较低，通常只有 10%～20%，因此利用这条路线生产的重组人胰岛素每克售价高达 180 美元。为了进一步降低生产成本，Ely LiLi 公司随后又发展了第二种生产工艺。

2. 人胰岛素原表达法

将人胰岛素原 cDNA 编码序列克隆在 β-半乳糖苷酶基因的下游，两个 DNA 片段的连接处仍为甲硫氨酸密码子。该杂合基因在大肠杆菌中高效表达后，分离纯化融合蛋白，并同样采用溴化氰特性化学裂解法回收人胰岛素原片段，然后将之进行体外折叠。由于 C 肽的存在，胰岛素原在复性条件下能形成天然的空间构象，为三对二硫键的正确配对提供了良好的条件，使得体外折叠率高达 80% 以上。为了获得具有生物活性的胰岛素，经折叠后的人胰岛素原分子必须用胰蛋白酶特异性切除 C 肽。胰蛋白酶的作用位点位于精氨酸或赖氨酸的羧基端（图 4-25），由于天然构象的存在，人胰岛素原链第 22 位上的精氨酸和第 29 位上的赖氨酸对胰蛋白酶的作用均不敏感。因此用胰蛋白酶处理人胰岛素原后，可获得完整的 A 链以及 C 末端带有精氨酸的 B 链，也就是说，与人的天然胰岛素相比，这个 B 链多出一个氨基酸，后者必须用高浓度的羧肽酶 B 专一性切除。虽然上述工艺路线并不比 AB 链分别表达更为简捷，而且需要额外使用两种高纯度的酶制剂，但由于其体外折叠成功率相当高，在一定程度上弥补了工艺烦琐的缺陷，使得最终产品的生产成本仅为 50 美元/克。目前 Ely LiLi 公司采用这种工艺路线年产十几吨的重组人胰岛素，其经济效益相当可观。

3. AB 链同时表达法

AB 链同时表达法的基本思路是将人胰岛素的 A 链和 B 链编码序列拼接在一起，然后组装在大肠杆菌 β-半乳糖苷酶基因的下游。重组子表达出的融合蛋白经 CNBr 处理后，分离纯化 A-B 链多肽，然后再根据两条链连接处的氨基酸性质，采用相应的裂解方法获得 A 链和 B 链肽段，最终通过体外化学折叠制备具有活性的重组人胰岛素。与第一种方法相似，其最大的缺陷仍是体外折叠的正确率较低，因此目前尚未进入产业化应用阶段。

上述三种工程菌的构建路线均采用胰岛素或胰岛素原编码序列与大肠杆菌 β-半乳糖苷酶基因拼接的方法，所产生的融合型重组蛋白表达率高，且稳定性强，但不能分泌，主要以包涵体的形式存在于细胞内。一种能促进融合蛋白分泌的工程菌构建策略是将胰岛素或胰岛素原编码序列插入表达型质粒 β-内酰胺酶基因的下游，后者所编码的是降解青霉素的酶蛋白，通常能被大肠杆菌分泌到细胞外。由此构建得到的工程菌同时具备了稳定高效表达可分泌型融合蛋白的优良特性，为胰岛素的后续分离纯化工序减轻了负担。

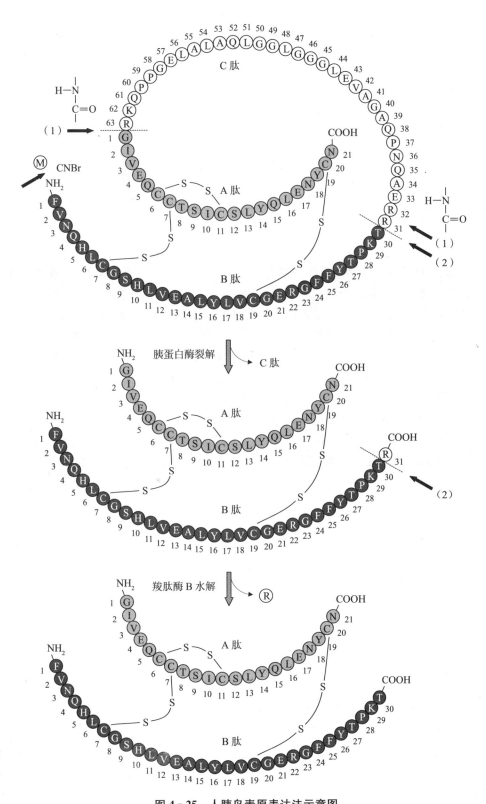

图 4 - 25　人胰岛素原表达法示意图

第5章 酵母的基因工程

酵母(Yeast)是一群以芽殖或裂殖进行无性繁殖的单细胞真核微生物,分属于子囊菌纲(子囊菌酵母)、担子菌纲(担子菌酵母)、半知菌类(半知菌酵母),共由 56 个属和 500 多个种组成。如果说大肠杆菌是外源基因表达最成熟的原核生物系统,则酵母是外源基因最成熟的真核生物表达系统。作为一个真核生物表达系统,酵母的优势是:①基因表达调控机理比较清楚,并且遗传操作相对较为简单;②具有原核细菌无法比拟的真核生物蛋白翻译后修饰加工系统;③不含有特异性的病毒,不产生毒素,有些酵母属(如酿酒酵母等)在食品工业中有着几百年的应用历史,属于安全型基因工程受体系统;④大规模发酵工艺简单,成本低廉;⑤能将外源基因表达产物分泌至培养基中;⑥酵母是最简单的真核生物,利用酵母表达动植物基因,能在相当大的程度上阐明高等真核生物乃至人类基因表达调控的基本原理以及基因编码产物结构与功能之间的关系。因此,酵母的基因工程具有极为重要的经济意义和学术价值。

5.1 酵母的受体系统

目前已广泛用于外源基因表达的酵母有:酵母属(如酿酒酵母,即 *Saccharomyces cerevisiae*)、克鲁维酵母属(如乳酸克鲁维酵母,即 *Kluyveromyces lactis*)、毕赤酵母属(如巴斯德毕赤酵母,即 *Pichia pastoris*)、裂殖酵母属(如非洲粟酒裂殖酵母,即 *Schizosaccharomyces pombe*)、汉逊酵母属(如多形汉逊酵母,即 *Hansenula polymorpha*)等,其中酿酒酵母的遗传学和分子生物学研究最为详尽。利用经典诱变技术对野生型菌株进行多次改良,酿酒酵母已成为酵母中高效表达外源基因尤其是高等真核生物基因的优良受体系统。

5.1.1 提高重组异源蛋白产率的突变型受体

能提高重组异源蛋白分泌产率的第一个被筛选鉴定的酿酒酵母突变株,携带 SSC 遗传位点(超分泌性)的显性突变和两个 SSC1 和 SSC2 基因的隐性突变(表 5-1)。SSC 显性突变基本上与基因的启动子和分泌信号功能无关,而 SSC1 和 SSC2 的隐性突变则具有一定程度的累加性。这些突变株均能显著地提高凝乳酶原和牛生长因子的分泌水平,实际上,SSC 突变株中的凝乳酶原基因表达水平与 SSC⁺ 野生株相同,两者的区别仅表现在表达产物在空泡和培养基之间的分布,这表明 SSC 突变株的生物学效应发生在转录后加工步骤中。进一步研究结果证实,SSC1 基因与 PMR1 基因相同,其编码产物是在酿酒酵母的蛋白分泌系统中起着重要作用的 Ca^{2+} 依赖型 ATP 酶。

表 5-1　可引起酿酒酵母中异源蛋白产量提高和质量改善的突变

突变	产生的异源蛋白	增加的产量/倍	作用位点
SSC1	凝乳酶源		Ca^{2+}-ATPase
	牛生长因子	3~10	转录后
SSC2	凝乳酶源		转录后
	牛生长因子		
rgr1	鼠 α-淀粉酶	5~10	转录
ose1	β-内啡肽	7~12	转录后
DNS	人血清蛋白		
	溶酶原活化剂抑制因子 2 型	10	转录
SS11	$α_1$-抗胰蛋白酶 P		
	人溶菌酶	10	羧肽酶 Y
rho^-	人溶菌酶	10	转录
	人表皮生长因子	未测	

酿酒酵母的 ose1 和 rgr1 突变株能增加由 SUC2 启动子控制的小鼠 α-淀粉酶的合成。在 rgr1 突变株中,α-淀粉酶基因的 mRNA 是野生型亲本细胞的 5~10 倍,可见这个突变作用发生在基因的转录水平上;相反,ose1 突变株的 α-淀粉酶基因 mRNA 与野生株相同,其突变作用影响的是转录后的基因表达过程。这两种突变株对 α-淀粉酶的高效分泌并不具有专一性,它们同时也能提高使 β-内啡肽的分泌,其提高幅度分别为 7 倍和 12 倍。

许多突变株可提高人溶菌酶在酿酒酵母中的表达与分泌,但其影响机制呈多样性。例如,SS11 突变株通过影响由羧肽酶催化的蛋白加工反应而提高表达产物的分泌产率;而在一个呼吸链缺陷的细胞质突变株(rho^-)中,人溶菌酶的高效表达主要表现在转录水平上,而且相同的结构基因在不同的启动子控制下,均表现出程度不同的高效表达特征,也就是说,rho^- 突变株能促进宿主染色体和质粒上许多基因的高效表达。

由此可见,利用经典诱变技术筛选分离酿酒酵母的核突变株或细胞质突变株,可以提高重组异源蛋白在酵母中的合成产率。由于呼吸链缺陷型的胞质突变株很容易分离筛选,因此具有更大的实用性。然而,有些在表型上能提高某种特定异源蛋白表达的突变株未必具有促进其他外源基因表达的能力,因为提高一种特定异源蛋白合成和分泌的影响因素极其复杂,其中包括表达产物本身的生物化学和生物物理特性,只有那些能促进任何外源基因分泌表达的基因型稳定突变株,才能用作理想的基因工程受体细胞。

5.1.2　抑制超糖基化作用的突变型受体

与原核细菌相比,酿酒酵母作为外源基因表达受体菌的一个突出优点是具有完整高效的异源蛋白修饰系统,尤其是糖基化系统。相当一部分真核生物蛋白质含有天冬酰胺侧链上的寡糖糖基,蛋白质的糖基化常常影响其生物活性(如蛋白质的抗原性等)。酿酒酵母细胞内的天冬酰胺侧链糖基修饰和加工系统对来自高等动物和人的异源蛋白活性表达是极为有利的,然而这恰恰也是它作为受体菌的一个缺点,因为在野生型酿酒酵母中,分泌蛋白的糖基化程度很难控制,筛选和分离在蛋白糖基化途径中不同位点缺陷的突变株能有效地解决酿酒酵母的超糖基化问题。

在真核生物中,分泌蛋白的糖基化反应在两种不同的细胞器中进行:糖基核心部分在内质网膜上与蛋白质侧链连接,而外侧糖链则在高尔基体中加入。酿酒酵母对重组异源蛋白的糖基化作用与其他高等真核生物不同,但一般来说更接近于哺乳动物系统。目前已从野生型的酿酒酵母中分离出许多类型的糖基化途径突变株,如甘露聚糖合成缺陷型的 mnn 突变株、天冬酰胺侧链糖基化缺陷的 alg 突变株、外侧糖链缺陷型的 och 突变株等。在这些突变株中,具有重要实用价值的是 mnn9、och1、och2、alg1 和 alg2,因为它们不能在异源蛋白的天冬酰胺侧链上延长甘露多聚糖长链,这是酿酒酵母超糖基化的一种主要形式。含有 mnn9 突变的酵母细胞缺少能聚合外侧糖链的 α-1,6-甘露糖基转移酶活性,而 och1 突变株则不能产生膜结合型的甘露糖基转移酶。尽管其他类型的突变株尚未进行有效的鉴定,但它们却能使异源蛋白在天冬酰胺侧链上进行有限度的糖基化作用,基本上杜绝了糖基外链无节制延长的超糖基化副反应。人 α1-抗胰蛋白酶、酿酒酵母性激素加工蛋白酶以及人组织型纤溶酶原激活剂在酿酒酵母 mnn9 和 och1 突变株中的活性表达,充分显示了其理想的抗超糖基化效应。

5.1.3 减少泛素依赖型蛋白降解作用的突变型受体

如果重组异源蛋白产率较低,在排除了基因表达存在的问题之后,首先应当考虑的是表达产物的降解作用。异源蛋白在受体菌中或多或少会表现出不稳定性,因此不管采用何种受体菌,蛋白降解作用始终是外源基因表达过程中不容忽视的影响因素。尽管目前对重组异源蛋白在受体细胞中的降解机制还不甚了解,但泛素(ubiquitin)依赖型的蛋白降解系统在真核生物的 DNA 修复、细胞循环控制、环境压力响应、核糖体降解以及染色质表达等生理过程中均起着十分重要的作用。

泛素是一种高度保守并分布广泛的真核生物多肽,由 76 个氨基酸残基组成。在泛素依赖型的蛋白质降解途径中,这个蛋白因子的 C 端 Leu-Arg-Gly-Gly 序列首先与各种靶蛋白的游离氨基基团形成共价结合物,后者具有三种不同的结构形式:①单一泛素与靶蛋白一个或多个赖氨酸残基中的 ε-氨基结合;②多聚泛素与靶蛋白结合,其中一个泛素单体的第 76 位 Gly 残基与另一个单体分子内部的第 48 位 Lys 残基结合;③泛素的第 76 位 Gly 残基与靶蛋白 N 端游离的 α-氨基共价结合。上述各种共价结合物在泛素激活酶 E1、泛素运载酶 E2 以及泛素连接酶 E3 的作用下,最终依照图 5-1 所示的路线降解为短小肽段直至氨基酸。

如果外源基因表达产物在酵母中具有对泛素依赖型降解作用的敏感性,则可通过下列方法使这种降解作用减少到最低程度:①以分泌的形式表达重组异源蛋白,异源蛋白在与泛素形成共价结合物之前,迅速被转位到分泌器中,即可有效避免降解作用;②将外源基因的表达置于一个可诱导的启动子控制之下,由于异源蛋白质在短期内集中表达,分子数占绝对优势的表达产物便能逃脱泛素的束缚,从而减少由降解效应带来的损失;③使用泛素生物合成缺陷的突变株作为外源基因表达的受体细胞。在酿酒酵母中,泛素的主要来源是多聚泛素基因 UBI4 的表达。UBI4 突变株能正常生长,但其细胞内游离的泛素浓度比野生型菌株低得多,因此这种缺陷株是一个理想的外源基因表达受体。编码泛素激活酶 E1 的基因也可作为突变

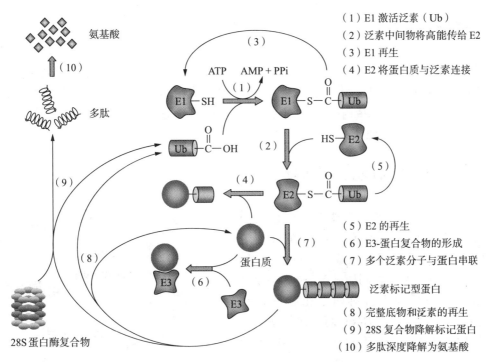

（1）E1 激活泛素（Ub）
（2）泛素中间物将高能传给 E2
（3）E1 再生
（4）E2 将蛋白质与泛素连接
（5）E2 的再生
（6）E3-蛋白复合物的形成
（7）多个泛素分子与蛋白串联
（8）完整底物和泛素的再生
（9）28S 复合物降解标记蛋白
（10）多肽深度降解为氨基酸

图 5-1　泛素依赖型蛋白质降解途径

的靶基因，含有该基因突变的哺乳动物细胞内几乎检测不出泛素与外源蛋白的共价结合物。酿酒酵母编码 E1 蛋白的基因 *UBA1* 是一种看家基因，*UBA1* 突变株是致死性的，但编码 Uba1 蛋白的其等位突变株却可减少泛素依赖型异源蛋白的降解作用。此外，编码泛素连接酶 E3 的六个 *UBC* 基因的突变也是构建重组异源蛋白稳定表达宿主系统的选择方案，例如，一个带有 *ubc4-ubc5* 双重突变的酿酒酵母突变株，特异性降解短半衰期的宿主蛋白以及某些异常蛋白的能力大幅度削弱，如果这种突变株对重组异源蛋白也具有同等功效，那么也可用作受体细胞。

5.1.4　内源性蛋白酶缺陷型的突变型受体

　　酿酒酵母拥有 20 多种蛋白酶，尽管不是所有的蛋白酶都能降解外源基因表达产物，但实验结果表明，有些蛋白酶缺陷有利于重组异源蛋白的稳定表达。例如，将大肠杆菌的 *lacZ* 作为报告基因分别导入两株具有相同遗传背景的酿酒酵母菌中，其中一株含有编码空泡蛋白酶基因 *PEP4*$^+$ 的野生型菌株，另一株为 *pep4-3* 突变株，其空泡中蛋白酶的活性显著降低。比较这两株菌中 β-半乳糖苷酶的活性，在同等实验条件下 *pep4-3* 突变株中的 β-半乳糖苷酶活性明显高于 *PEP4*$^+$ 的野生菌，而且在间歇式发酵罐中，*pep4-3* 突变株也能长到相当高的密度。

　　PEP4 蛋白酶除了具有降解蛋白质的功能外，还能对某些重组异源蛋白进行加工。例如，MFα_1-人神经生长因子(hNGF)原前体的融合蛋白只能在 *pep4* 突变株细胞中进行正确的加工剪切，这说明 PEP4 蛋白酶或者细胞内其他一些被 PEP4 蛋白酶激活和修饰的蛋白酶系统与重组异源蛋白的正确加工剪切过程有关。

5.2 酵母的载体系统

酵母中天然存在的自主复制型质粒并不多,而且相当一部分野生型质粒是隐蔽型的(不含遗传标记),因此目前用于外源基因克隆和表达的载体质粒都是由野生型质粒和宿主染色体 DNA 上的自主复制子结构(ARS)、中心粒序列(CEN)、端粒序列(TEL)以及用于转化子筛选鉴定的功能基因构建而成。

5.2.1 酿酒酵母中的 2μ 环状质粒

几乎所有的酿酒酵母菌株中都存在一个 6 318 bp 的野生型 2μ 双链环状质粒,它在宿主细胞核内的拷贝数可维持在 50～100 之间,呈核小体结构,其复制的控制模式与染色体 DNA 完全相同。2μ 质粒上含有两个相互分开的 599 bp 长反向重复序列(IRs),两者在某种条件下可发生同源重组,形成两种不同的形态 A 和 B(图 5-2)。该质粒上共有四个基因:FLP、$REP1$、$REP2$、D,其中 FLP 基因的编码产物催化两个 IRs 序列之间的同源重组,使质粒在 A 与 B 两种形态之间转化,$REP1$、$REP2$ 和 D 基因均为控制质粒稳定性的反式作用因子编码基因。2μ 质粒还含有三个顺式作用元件:单一的 ARS 位于一个 IRs 的边界上;$REP3$(STB)区域是 REP1 和 REP2 蛋白因子的结合位点,对质粒在细胞有丝分裂时的均匀分配起着重要作用;FRT 存在于两个 IRs 序列中,大小为 50 bp,是 FLP 蛋白的识别位点。

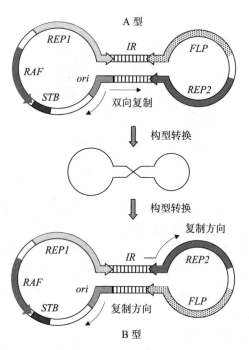

图 5-2　酿酒酵母 2μ 双链环状质粒两种不同形态

2μ 质粒在宿主细胞中极其稳定,只有当一个人工构建的高拷贝质粒导入宿主菌中,或宿主菌长时间处于对数期生长时,2μ 质粒才会以不高于 10^{-4} 的频率丢失。这种稳定性主要由两个因素决定:第一,2μ 质粒在细胞分裂时可将其复制拷贝均分给母细胞和子细胞;第二,当细胞中质粒拷贝数因某些原因减少时,2μ 质粒可通过自我扩增自动调节其拷贝数水平。REP1 蛋白通过与 STB 区域的特异性结合,将 2μ 质粒固定在核膜上,由于酵母在细胞分裂时核膜并不消失,因此质粒在核膜上的固定有利于它在子细胞和母细胞中的均匀分配。2μ 质粒仅在细胞的 S 期复制,由于其复制启动的控制与染色体 DNA 相同,因此在通常的情况下,每个细胞周期它只能复制一次。但在某些环境条件下,2μ 质粒也可在一个细胞周期中进行多轮复制,而且每次复制可产生二十聚体的大分子。上述两种复制特性均与 FLP 蛋白的作用密切相关,这是 2μ 质粒以有限的复制次数获得高拷贝的主要机制。

除了酿酒酵母外,其他几种酵母的细胞内也含有野生型的相似质粒,如接合酵母属($Zygosaccharomyces$)中的 pSR1、pSB1、pSB2 以及克鲁维酵母属中的 pKD1 质粒等,它们都具有相似的结构形态以及大小,在各自的宿主细胞内也拥有很高的拷贝数。这些质粒的 *IRs* 和 *ARS* 的定位与酿酒酵母中的 2μ 质粒有着惊人的相似性,但其 DNA 序列以及编码产物的氨基酸序列却仅表现出微小的同源性。

5.2.2 乳酸克鲁维酵母中的线状质粒

乳酸克鲁维酵母细胞内含有两种不同的线状双链质粒 pGKL1(8.9 kb)和 pGKL2 (13.4 kb),它们分别携带编码 K1 和 K2 两种能致死宿主细胞的毒素蛋白基因。这两种质粒在宿主细胞中的拷贝数为 50~100 之间,含有高达 73% 的 AT 碱基对,主要存在于胞质中,与乳酸克鲁维酵母的核染色体 DNA 和线粒体 DNA 没有序列同源性。pGKL1 和 pGKL2 质粒的全序列已被鉴定,两种质粒分别含有 202 bp 和 184 bp 的反向重复序列,但这两种 *IRs* 没有明显的同源性。pGKL1 质粒拥有 4 个开放阅读框架,分别编码 DNA 聚合酶、毒素蛋白 αβ 亚基、免疫蛋白、毒素 γ 亚基。pGKL2 质粒含有 10 个开放阅读框架,其中 *ORF2*、*ORF4*、*ORF6* 分别编码 DNA 聚合酶、DNA 解旋酶、RNA 聚合酶(图 5-3)。由于 pGKL1 和 pGKL2 质粒定位于细胞质中,并且缺少经典的启动子结构,因此质粒上的基因转录需要自身编码的 RNA 聚合酶。所有 pGKL1 和 pGKL2 质粒上的开放阅读框架上游都没有酵母核 RNA 聚合酶的识别位点,但都在转录起始位点上游 14 bp 处含有一个 ACT(A/T)AATATATGA 的保守序列(*UCS*),这是质粒编码的 RNA 聚合酶的专一性识别结合位点,但这种质粒来源的 RNA 聚合酶基因的表达仍需使用宿主细胞的转录系统。

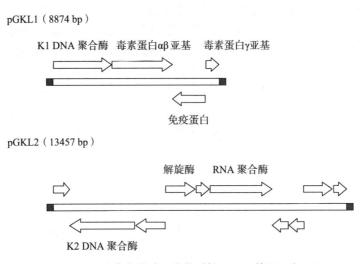

图 5-3 乳酸克鲁维酵母线状质粒 pGKL 基因顺序组织

5.2.3 果蝇克鲁维酵母中的环状质粒

果蝇克鲁维酵母(*Kluveromyces drosophilarum*)细胞内含有一个环状野生型质粒 pKD1,它能转化乳酸克鲁维酵母,并在无选择压力的条件下稳定复制,每个细胞的拷贝数为 70。pKD1 全长 5 757 bp,含有 *A*、*B*、*C* 三个阅读框架和一对 *IRs*,其 *ARS* 位于一个 *IR* 与 *B* 基因之间。只含有部分 pKD1 片段的重组质粒在克鲁维酵母菌中极不稳定,但若将相同的重组质粒转化含有完整 pKD1 的受体细胞,转化子的稳定性明显提高,这表明重组质粒与 pKD1 进行了同源重组。

pKD1 的 A 基因与酿酒酵母 2μ 质粒上编码重组酶的 FLP 基因具有相同的功效,而 B 基因则对应于 REP1。含有 pKD1 和 2μ 质粒双重复制子的穿梭质粒 pGA15,可以高频转化乳酸克鲁维酵母和酿酒酵母,如果这两种受体细胞中分别含有 pKD1 和 2μ 质粒,则 pGA15 转化子的稳定性也相应提高,这表明穿梭质粒能有效地用于两种或多种酵母属之间的基因转移。环状质粒 pKD1 主要用于构建克鲁维酵母属的高效转化系统,其转化效率可高达 $10^4 \sim 10^5/\mu$g DNA,与酿酒酵母的 2μ 质粒相似,但比其他酵母属高 10～100 倍。

5.2.4 含有 ARS 的 YRp 和 YEp 质粒及其构建

酿酒酵母基因组上每隔 30～40 kb 便有一个 ARS,因此用不含复制子结构的整合型质粒构建酵母染色体 DNA 基因文库,很容易克隆到 ARS 片段。ARS 能使重组质粒的转化效率大幅度提高,但提高程度差别很大。来自同一酵母菌种的绝大多数 ARS 不能交叉杂交,但 ARS 序列中 AT 碱基对的含量都很高(70%～85%),并存在着一个拷贝的核心保守序列:(A/T)TTTAT(A/G)TTT(A/T)。这个核心序列改变一对碱基,均可导致复制功能丧失。但核心序列并不是进行复制功能的最小单位,其上游和下游邻近区域的存在也是必需的。在一般情况下,具有完整自主复制功能的 ARS 大小在 0.8～1.5 kb 内。

酵母自主复制型载体质粒的构建主要包括引入复制子结构、选择标记基因、克隆位点三部分 DNA 序列。复制子结构的来源有两种,即直接克隆宿主染色体 DNA 上的 ARS 或选用 2μ 质粒的复制子。由染色体 ARS 构成的质粒称为 YRp(图 5-4(a)),而由 2μ 质粒构建的杂合质粒为 YEp(图 5-4(b))。YRp 和 YEp 质粒在转化酿酒酵母后,都能进行自主复制,拷贝数最高时可达 200/个细胞。但转化子经过几代培养后,质粒的丢失率高达 50%～70%,其主要原因是质粒的复制拷贝不能在母细胞和子细胞中均匀分配,而且这种不均匀分配现象发生的强度与质粒的拷贝数呈高度正相关。在麦芽糖假丝酵母(Candida maltosa)和脂解雅氏酵母(Yarrowia lipolytica)中,YRp 型的质粒在每个细胞中只有 2～5 个拷贝,但却显示出较高的稳定性。有些 YRp 质粒在二倍体细胞中比在单倍体细胞中更为稳定,但其拷贝数比在单倍体细胞中减少 5～10 倍。

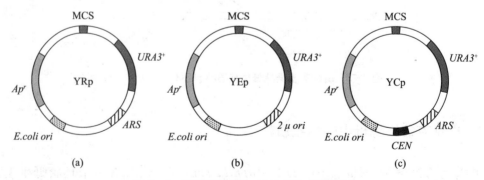

图 5-4 酿酒酵母 YRp、YEp、YCp 质粒图谱

5.2.5　含有 *CEN* 的 YCp 载体及其构建

在真核生物中,染色体在母细胞和子细胞之间的均匀正确分配是由有丝分裂纺锤体等活化的分配器进行的。从纺锤体孔中伸展出来的微管通过端粒复合物结合在染色体的特异性位点(即着丝粒或中心粒)上,将染色体组拉向正在分裂的细胞两端,最终形成各含一套完整染色体的母细胞和子细胞,因此着丝粒区域是染色体均匀分配的重要顺式作用元件。将该区域 DNA 片段(*CEN*)插入 *ARS* 型质粒中,能明显改善质粒复制拷贝在母细胞和子细胞中的均匀分配,同时提高质粒在宿主细胞增殖过程中的稳定性。

酿酒酵母中的不同 *CEN* 之间没有明显的同源性,但它们都含有一个 110~120 bp 长度的保守区域,这一区域由三个特征序列组成,分别为 *CDE* I、*CDE* II 和 *CDE* III。有些着丝粒(如 *CEN*6)的 *CDE* I 和 *CDE* III 序列已足以发挥功能,但两者中的任何一个缺失,着丝粒的活性全部丧失。即使在三个序列都必需的着丝粒中,*CDE* II 序列也没有明显的保守性,在已鉴定的十个酵母菌 *CEN* 中,*CDE* II 序列的最显著特征是 AT 碱基对含量高于 90%,但改变这一组成,对着丝粒功能只有轻微的影响。

将上述 *CEN* DNA 片段与含有 *ARS* 的质粒重组,构建的杂合质粒称为 YCp(图 5 - 4c)。YCp 质粒具有较高的有丝分裂稳定性,但拷贝数通常只有 1~5 个。大小小于 10kb 的 YCp 质粒在每次细胞分裂时的丢失率为 10^{-2}(标准的染色体丢失率为 10^{-5}),但当 YCp 质粒扩大至 100 kb 时,相应的丢失率下降到 10^{-3}。酵母受体细胞中的 2 μ 质粒并不能提高 YCp 质粒的拷贝数,也就是说,2 μ 质粒的多位点扩增系统对 YCp 质粒的复制不起作用。含有双 *CEN* 区域的 YCp 质粒在结构上是稳定的,但在宿主细胞分裂若干次(最多 20 次)后,即表现出不稳定性。

YCp 质粒与 *ARS* 质粒(如 YEp 和 YRp)一样,能高频转化酵母,也可在大肠杆菌和酵母中有效地穿梭转化并维持。但 YCp 质粒比 YEp 和 YRp 质粒稳定,并且质粒的拷贝数也相对比较稳定,这在研究基因表达调控机制、合成对宿主细胞产生毒性反应的外源基因编码产物、利用同源重组技术灭活染色体基因等方面具有较高的实用价值。

5.2.6　含有 *TEL* 的 YAC 载体及其构建

真核生物染色体的两个游离末端区域称为端粒,端粒区域的 DNA 为 *TEL* 序列,这个序列的最大作用是防止染色体之间的相互粘连。由于目前已知的所有生物体 DNA 聚合酶都必须在引物的存在下,由 5′ 至 3′ 方向聚合 DNA 链,而且引物在新生 DNA 链中被切除,因此从理论上来说,线形染色体 DNA 在每次复制后产生的子代 DNA 必然会在其两端各缺失一段。真核生物的端粒 *TEL* DNA 在端粒酶的作用下,一方面可以修补因复制而损失的 DNA 片段,以防止染色体过度缺失对宿主细胞造成的致死性。另一方面,*TEL* DNA 序列与端粒酶共同作用的时空特异性也决定了细胞的寿命,如果生物机体的某种组织或细胞缺少 *TEL* DNA 的增补功能,则它们会在复制一定次数(或细胞分裂)后自动死亡,而其寿命的长短直接与端粒 *TEL* DNA 的长度相关。

含有线形基因组的生物体防止其 3′-复制所造成的 DNA 缩短的方式有多种,如大肠杆菌 λDNA 和 T7 DNA 的自身环化或串联聚合、痘菌病毒(*Vaccinia*)DNA 末端发夹结构的形

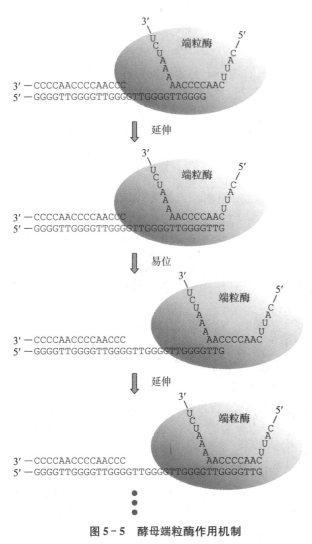

图 5-5　酵母端粒酶作用机制

成、腺病毒和乳酸克鲁维酵母杀手质粒的 5′ 端引物结合蛋白的使用等,而绝大多数的真核生物则依赖于端粒 *TEL* DNA 的重复序列补加,以避免染色体基因组的缺失(图 5-5)。酿酒酵母的 *TEL* DNA 由一个恒定的 6.7 kb 大小的 Y′ 区域和一个长度可变(0.3～4.0 kb)的 X 区域组成(图 5-6)。Y′ 区域的两侧各含有数百个 $C_{1-3}A$ 重复序列,在重复序列的下游是 *ARS*。有些野生型的端粒不含 Y′ 区域,而在另一些端粒中则拥有四个 Y′ 拷贝,至少有一个染色体(第 1 号染色体)不含 X 和 Y′ 区域。人工构建的缺失 X 和 Y′ 区域的第 3 号染色体与正常染色体一样稳定,由此可见 X 和 Y′ 区域的存在并非端粒功能所必需,事实上 $C_{1-3}A$ 重复序列单独就有端粒功能。乳酸克鲁维酵母染色体的端粒重复序列与酿酒酵母完全一致,但非洲粟酒裂殖酵母染色体的端粒重组序列却有较大的差异($C_{1-6}G_{0-1}T_{0-1}GTA_{1-2}$)。

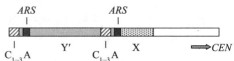

图 5-6　酿酒酵母端粒示意图

　　利用酵母的端粒 *TEL* 、*CEN* 、*ARS* 等 DNA 元件构建人工酵母染色体,可以克隆扩增大片段的外源 DNA,这是 YAC 载体构建的基本思路。这类载体一个典型的例子是 pYAC2,它除了装有两个方向相反的 *TEL* DNA 片段外,还包括 *SUP4* 、*TRP1* 、*URA3* 等酵母选择基因以及大肠杆菌的复制子和选择基因 Ap^r。*SUP4* 编码 tRNA^{Tyr} 的赭石抑制 tRNA,在 *ade2* 基因赭石突变株中,*SUP4* 基因的表达使转化子呈白色,而非转化子或 *SUP4* 基因不表达时呈红色。因此,将外源 DNA 克隆在 YAC 载体的 *Sma* Ⅰ 位点上,便可灭活 *SUP4* 基因,获得红色的重组克隆。pYAC2 上的大肠杆菌元件主要是为了载体质粒在大肠杆菌中的扩增与制备。YAC 载体的装载量可高达 800 kb,因而非常适用于构建人的基因组文库。

　　YAC 载体的克隆程序由图 5-7 表示。首先将待克隆的外源 DNA 在温和条件下随机打断或用限制性内切酶部分酶切,然后利用 PEGF 技术或蔗糖梯度离心分级分离大小在 200 kb 左右的 DNA 片段;载体质粒 pYAC2 用 *Bam* HⅠ和 *Sma* Ⅰ打开,并经碱性磷酸单酯酶处理后与 DNA 片段体外连接重组,构成线形酵母人工小染色体;重组分子转化酵母受体细胞,红色菌落即为重组克隆。用这种方法构建的一个人基因组文库共由 14 000 个重组克隆组成,其插入 DNA 片段的平均大小为 225 kb。在另一个利用 YAC 载体构建的人基因组文库中,含有完整凝血因子Ⅸ基因的 650 kb 重组质粒在酵母受体细胞中稳定维持了 60 代,外源基因未发生任何重排现象。此外,将 YAC 载体用于克隆 200～800 kb 人基因组 DNA 片段的实验也获得成功,被克隆的人 HLA、Vk、5S RNA 以及 X 染色体的 q24～q28 等 DNA 片段都表现出较高的结构稳定性。构建果蝇的基因文库大约需要 10 000 个大肠杆菌的考斯质粒重组克隆,但以 YAC 作载体,插入片段平均大小为 220 kb,则只需 1 500 个重组克隆。YAC 载体构建真核生物基因组文库的另一优势是,克隆的 DNA 片段可通过整合型 YAC 载体在体内直接定点整合在酵母菌基因组中,进而研究克隆基因的生物功能。

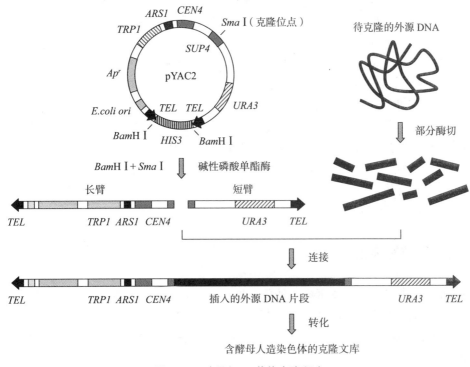

图 5-7　酵母 YAC 载体克隆程序

5.3　酵母的转化系统

酵母的转化程序首先是在酿酒酵母中建立的,类似的方法也同样适用于非洲粟酒裂殖酵母和乳酸克鲁维酵母的转化。质粒进入酵母细胞后,或与宿主基因组同源整合,或借助于 ARS 序列进行染色体外复制。这种特征与原核细菌颇为相似,但与包括真菌在内的其他真核生物有明显的区别,在后者中,非同源重组占主导地位。操作简便的转化系统是酵母作为 DNA 重组和外源基因表达受体的另一优势。

5.3.1　酵母的转化程序

早期酵母的转化都采用在等渗缓冲液中稳定的原生质球转化法。在 Ca^{2+} 和 PEG 的存在下,酵母原生质球可有效地吸收质粒 DNA,转化效率与受体菌的遗传特性以及使用的选择标记类型有关。在无选择压力的情况下,转化细胞可达存活的原生质球总数的 1%～5%。此外,将酵母原生质球与含有外源 DNA 的脂质体或者含有酵母/大肠杆菌穿梭质粒的大肠杆菌微小细胞融合,也能获得较高的转化效率。但上述标准转化程序的高转化率只限于个别菌株,对大多数酵母而言,利用合适的标记基因筛选转化子是必需的。

原生质球的转化方法虽然使用广泛,但操作周期较长,而且转化效率受到原生质球再生率的严重制约。因此,几种全细胞的转化程序相继建立,其中有些方法的转化率与原生质球的方法不相上下。酿酒酵母的完整细胞经碱金属离子(如 Li$^+$ 等)或 2-巯基乙醇处理后,在 PEG 存在下和热休克之后可高效吸收质粒 DNA,虽然不同的菌株对 Li$^+$ 或 Ca^{2+} 的要求不同,但 LiCl 介导的全细胞转化法同样适用于非洲粟酒裂殖酵母、乳酸克鲁维酵母以及脂解雅氏酵母系统。一方面,完整细胞转化与原生质球转化的机制并不完全相同,在酿酒酵母的原生质球转化过程中,一个细胞可同时接纳多个质粒,而且这种共转化的原生质球占转化子总数的 25%～33%,但在 LiCl 介导的完整细胞转化中,共转化现象较为罕见。LiCl 处理的酵母感受态细胞吸收线形 DNA 的能力明显大于环状 DNA(两者相差 80 倍),而原生质球对这两种形态的 DNA 的吸收能力并没有特异性。

酵母原生质球和完整细胞均可在电击条件下吸收质粒 DNA,但在此过程中应避免使用 PEG,因为它对受电击的细胞的存活具有较大的副作用。电穿孔转化法与受体细胞的遗传背景以及生长条件关系不大,因此广泛适用于多种酵母属,而且转化率可高达 10^5/μgDNA。此外,采用类似于接合的程序也可将原核细菌中的质粒 DNA 转移到酵母中,只是其接合频率比原核细菌之间的接合频率低 10～100 倍。

5.3.2 转化质粒在宿主细胞中的命运

双链 DNA 和单链 DNA 均可高效转化酵母,但单链 DNA 的转化率是双链 DNA 的 10～30 倍。一方面,含有酵母复制子结构的单链质粒进入受体细胞后能准确地转化为双链形式,而不含复制子结构的单链 DNA 则可高效地同源整合到受体菌的染色体 DNA 上;另一方面,酵母细胞中含有活性极强的 DNA 连接酶,但 DNA 外切酶的活性比大肠杆菌的活性低得多,因此线形质粒或带有缺口的双链 DNA 分子均可高效转化酵母,甚至几个独立的 DNA 片段进入受体细胞后也能在复制前连接成一个环状分子。将人工合成的 20～60 bp 寡聚脱氧核苷酸片段转化酵母,这些 DNA 小片段能整合在受体菌染色体 DNA 的同源区域内,这一技术为酵母基因组的体内定点突变创造了极为有利的条件。

除此之外,进入同一受体细胞的不同 DNA 片段,如果存在同源区域,也能发生同源重组反应,并产生新的重组分子。将外源基因克隆在含有一段酵母质粒 DNA 的大肠杆菌载体(如 pBR322 及其衍生质粒)上,重组分子直接转化含有酵母质粒的受体细胞,重组分子中的外源基因便可通过体内同源整合进入酵母质粒上,这种方法尤其适用于酵母载体因分子太大、限制性内切酶位点过多而难以进行体外 DNA 重组的情况。同理,含有酵母染色体 DNA 同源序列以及合适筛选标记基因的大肠杆菌重组质粒转化酵母后,借助于体内同源整合过程可稳定地整合在受体菌的同源区域内,YIp 整合型质粒(图 5-8)就是根据这一

图 5-8 酵母 YIp 质粒图谱

原理构建的。同源重组的频率取决于整合型质粒与受体菌基因组之间的同源程度以及同源区域长度,但在一般情况下,50%～80%的转化子含有稳定的整合型外源基因。迄今为止,许多基因工程酵母都是采用整合的方式构建的,如产人血清白蛋白的巴斯德毕赤酵母工程菌等。

5.3.3　用于转化子筛选的标记基因

用于酵母转化子筛选的标记基因主要有营养缺陷互补基因和显性基因两大类,前者主要包括营养成分的生物合成基因,如氨基酸(LEU、TRP、HIS、LYS)和核苷酸(URA、ADE)等。在使用时,受体菌必须是相对应的营养缺陷型突变株。这些标记基因的表达虽具有一定的种属特异性,但在酿酒酵母、非洲粟酒裂殖酵母、巴斯德毕赤酵母、白假丝酵母(Candida albicans)以及脂解雅氏酵母等酵母菌种之间,种属特异性表达的差异并不明显。目前用于实验室研究的几种常规酵母属受体菌均已建立起相应的营养缺陷系统,但对大多数多倍体工业酵母而言,获得理想的营养缺陷型突变株相当困难,甚至不可能,故在此基础上又发展了酵母的显性选择标记系统。

显性标记基因的编码产物主要是干扰酵母受体细胞正常生长的毒性物质的抗性蛋白(表5-2),其中来自大肠杆菌 Tn601 转座子的 aph 基因编码氨基糖苷类抗生素 G418 的抗性蛋白(磷酸转移酶),这个基因能在酵母中表达,但其转化酵母的能力只有营养缺陷型标记基因的 10%。

表 5-2　用于酵母的显性筛选标记

蛋白质	基　因	类　型	说　明
氨基糖苷磷酸转移酶	Aph(Tn601)	抗氨基糖苷 G-418	
氯霉素乙酰转移酶	CAT(Tn9)	抗氯霉素	在不可发酵的碳源上生长,ADC1 启动子
二氢叶酸还原酶	dhfr	减少氨甲蝶呤和磺胺的抑制	异-1-细胞色素 C 启动子
未定性	ble	抗草霉素	酿酒酵母(异-1-细胞色素 C 启动子)
			解脂耶罗维亚酵母(LEU2 启动子)
铜离子螯合物	CUP1	抗铜离子	自身启动子
转化酶	SUC2	蔗糖的利用	巴斯德毕赤酵母(AOX1 启动子)
			解脂耶罗维亚酵母(XPR2 启动子)
乙酰乳酸合成酶	ILV2ʳ	抗硫酰脲除草剂	自身启动子
EPSP 合成酶	aroA	抗草甘膦	ADH1 启动子,CYC1 终止子

氯霉素能抑制原核生物 70S 核糖体以及真核生物线粒体介导的蛋白质生物合成,但对酵母等真核生物细胞质内由 80S 核糖体介导的 mRNA 翻译过程没有任何作用。然而,用非发酵型碳源(如乙醇或甘油)培养酵母,则氯霉素也能抑制其生长,不过筛选时所使用的抗生素浓度必须大于 1mg/mL,而且不同的酵母属对氯霉素的敏感性不同。氯霉素的抗性基因来自转座子 Tn9,其编码产物氯霉素乙酰转移酶(CAT)通过氯霉素的乙酰化作用而使其灭活。为了提高 cat 标记基因在酵母受体菌中的表达水平,需将 CAT 编码序列、核糖体结合位点、酵母修饰过的乙醇脱氢酶基因(ADC1)启动子、CYC1 基因终止子拼接成表达盒,然后导入酵母载体质粒上。

原酶的活性,后者则阻止四氢叶酸的生物合成(图5-9)。在多拷贝的2μ质粒衍生载体上过量表达二氢叶酸还原酶基因(*dhfr*),可以有效抵消由于氨甲喋呤抑制所造成的酵母内源性二氢叶酸还原酶的活性不足。标记基因选取小鼠来源的*Mdhfr* cDNA,将其置于酵母细胞色素C基因的启动子控制之下。当重组质粒整合到染色体上后,*Mdhfr*表达序列可产生6个随机排列的拷贝,并在受体菌分裂30代后仍保持结构的稳定。

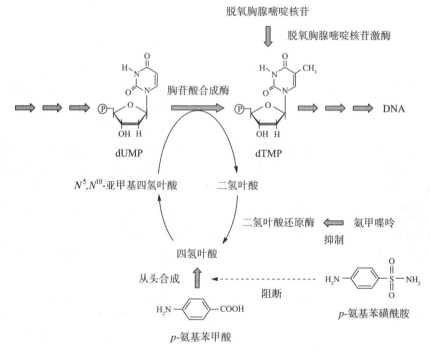

图5-9　酵母胸腺嘧啶-磷酸核苷酸合成途径

腐草霉素是由轮枝链霉菌(*Streptomyces verticillus*)合成的一种抗生素,在低浓度时腐草霉素就能杀死原核和真核生物,其作用机理是在体内和体外断裂DNA。转座子Tn5上的*ble*基因编码产物可灭活腐草霉素,将该编码序列与酵母异-1-细胞色素C(*CYC1*)基因所属的启动子和终止子重组,并克隆在一个大肠杆菌/酵母自主复制的多拷贝穿梭质粒上,酿酒酵母转化子就能表达合成腐草霉素的抗性蛋白,因此只需在复合培养基上加入适量的抗生素,转化子即可方便地筛选得到。这个筛选系统尤其适用于脂解雅氏酵母菌,因为它对相当多的抗生素不敏感。

Cu²⁺抗性基因(*CUP1*)编码一种铜离子螯合蛋白,其多肽链内60个半胱氨酸残基中的10个参与Cu²⁺的螯合作用。在酵母的Cu²⁺抗性突变株中,*CUP1*基因的拷贝数是敏感株的10~15倍。将*CUP1*基因插入自主复制型酵母杂合质粒pJDB207,并转化相应的受体菌,转化子能稳定维持100个拷贝数的质粒,同时高效表达Cu²⁺抗性蛋白。酿酒酵母对Cu²⁺极其敏感,因此是Cu²⁺筛选系统的最佳受体菌。在一般情况下,含有0.5~1.0 mmol/L CuSO₄的培养基即可有效筛选pJDB207-*CUP1*型的转化子。

磺酰脲类(SM)除草剂能抑制多种原核生物和真核生物的乙酰乳酸合成酶,导致细胞内异亮氨酸和缬氨酸生物合成能力的缺失。来自酿酒酵母突变株的SM脱敏性基因*ILV2*已被克隆,该基因能使转化子产生显性SM抗性表型,而且较低的表达水平就足以克服SM对乙酰乳酸合成酶产生的抑制作用,因此这个选择标记系统对许多酵母属均适用。另一种潜在的除草剂 N-磷羧甲基甘氨酸能抑制芳香族氨基酸生物合成途径中的 EPSP 合成酶。将编码此酶的大肠杆菌 aroA 基因置于 ADH1 启动子和 CYC1 终止子的控制之下,可在酿酒酵母中高效表达 EPSP 酶,相应的转化子也产生较高的 N-磷羧甲基甘氨酸耐受性。不同的酵母属对各种单糖或双糖代谢利用能力的差别很大,因此某些糖代谢基因也可作为选择标记使用,例如,酿酒酵母能分泌一种将蔗糖分解为葡萄糖和果糖的转化酶(蔗糖酶),而某些酵母属(如巴斯德毕赤酵母和脂解雅氏酵母)则不能代谢蔗糖。将转化酶基因作为选择标记克隆在上述两种酵母受体菌中,转化子可从含有蔗糖唯一碳源的培养基中方便地筛选,而且在重组菌的培养过程中,加入蔗糖还能为维持质粒提供选择压力,这种添加剂在基因工程药物生产中明显优于抗生素及其他有机化合物或重金属离子。

　　利用质粒上的营养成分生物合成标记基因互补相应的营养缺陷型受体菌,可以在不添加任何筛选试剂的条件下维持转化子中质粒的存在,但这种筛选互补模式并不稳定,而且对选择培养基的要求也很高,在大规模传统发酵中普遍使用的复合培养基一般不能用作这种转化菌的培养。自选择系统是克服上述困难的一种有效方法。酿酒酵母的一种 srb-1 突变株对环境条件极为敏感,它只能在含有渗透压稳定剂的培养基中正常生长,而在普通复合培养基中细胞会自发裂解。用含有野生型 SRB1 基因的自主复制型多拷贝质粒转化这种突变株受体细胞,则只有转化子能在不含渗透压稳定剂的普通培养基中生长,因此任何培养基均可用于转化细胞的筛选以及质粒的稳定维持。更为优越的是,含有 SRB1 标记基因的多拷贝载体能在受体菌中稳定复制 80 代以上。相对化学试剂或营养缺陷互补筛选程序而言,这种自选择系统具有更高的应用价值。

5.4　酵母的表达系统

　　尽管酵母的生长代谢特征与大肠杆菌等原核细菌有许多相似之处,但在基因表达调控模式尤其是转录水平上与原核细菌有着本质的区别,因此酵母是研究真核生物基因表达调控的理想模型。绝大多数的酵母基因在所有生理条件下均以基底水平转录,每个细胞或细胞核只产生 1～2 个 mRNA 分子。外源基因在酵母菌中高效表达的关键是选择高强度的启动子,改变受体细胞基因基底水平转录的控制系统。

5.4.1　酵母启动子的基本特征与选择

　　用于启动转录蛋白质结构基因的酵母Ⅱ型启动子由基本区和调控区两部分组成,基本区包括 TATA 盒和转录起始位点。在酿酒酵母中,转录起始位点位于 TATA 盒下游 30～120 bp 的区域内,但非洲粟酒裂解酵母的 mRNA 合成位点紧邻 TATA 盒,与高等真核生物的启动子结构非常相似。这两种来源的启动子在启动基因转录方面具有交叉活性,但其转录起始位点的选择与宿主细胞的性质密切相关。例如,非洲粟酒裂解酵母的基因在酿酒酵母细胞中的转录起始位点位于其正常转录起始位点的下游,而酿酒酵母的基因在非洲粟酒裂解酵母细胞中的转录却在其 TATA 盒的邻近区域开始,也就是说,同一个基因的转录产物在两种宿主细胞中的大小并不一致,这种现象有可能直接影响 mRNA 的翻译过程,因此启动子与受体细胞之间的合理匹配对异源基因在酵母菌中的表达起着重要作用。一般而言,Ⅱ型 RNA

聚合酶启动 mRNA 合成的最佳位点位于 TATA 盒下游 40～110 bp 内。酵母启动子的调控区位于基本区上游几百碱基对的区域内,由上游激活序列(UAS)和上游阻遏序列(URS)等顺式元件组成。这些元件均为相应的反式蛋白调控因子的作用位点,并激活或关闭由 TATA 盒介导的基因转录,而反式蛋白调控因子的表达及其活性状态的改变又受到特异性信号分子的影响,由此构成酵母基因表达的时空特异性调控网络。

　　与大肠杆菌相似,利用启动子探针质粒可从酵母基因组中克隆和筛选具有特殊活性的强启动子,所使用的无启动子报告基因为疱疹单纯病毒的胸腺嘧啶激酶基因(HSV1-TK),该酶催化胸腺嘧啶合成 dTMP。酿酒酵母天然缺少 TK 基因,其 dTMP 是由胸腺嘧啶核苷酸合成酶从 dUMP 转化而来的。氨甲蝶呤和对氨基苯磺酰胺抑制其 dTMP 的生物合成,因而能抑制细胞的分裂。将 HSV1-TK 基因与 pJDB207 重组构建一个启动子探针质粒,在 TK 基因上游的单一限制性酶切口处插入随机断裂的酵母基因组 DNA 片段,从含有氨甲蝶呤、对氨基苯磺酰胺以胸腺嘧啶的选择培养基上即可获得含有启动子活性片段的阳性转化子。启动子的强度则可通过分析转化子中胸腺嘧啶激酶的活性以及转化菌落在培养基上生长所需的最少胸腺嘧啶浓度来表示,利用这个系统已筛选出一个极强的酵母启动子。

　　获得强启动子的另一种方法是从已有的启动子中构建杂合启动子。例如,将酿酒酵母的乙醇脱氢酶 II 基因(ADH2)所属启动子的上游调控区与甘油醛-3-磷酸脱氢酶基因(GAPDH)所属启动子的下游基本区重组在一起,构建出 ADH2/GADPH 型杂合启动子。ADH2 启动子为葡萄糖阻遏并可用乙醇诱导,而 GADPH 启动子是酿酒酵母细胞中最强的组成型表达启动子。用这个杂合启动子表达人胰岛素原与超氧化歧化酶的融合基因,克隆菌在富含葡萄糖的培养基上迅速生长,但不表达融合蛋白;当葡萄糖耗尽后,融合蛋白获得高效表达。另一个相似的杂合启动子由丙糖磷酸异构酶(TPI)基因的强启动子和一个温度依赖型阻遏系统($sir3-8^{TS}-MAT\alpha2$)的操作子序列构成,这种杂合启动子的一个显著特征是可用温度诱导表达外源基因。

5.4.2　酵母启动子的可调控表达系统

　　外源基因的定时可控性表达对重组微生物高产异源蛋白至关重要,尤其当高浓度的表达产物对受体菌具有毒性作用时,重组细胞必须在生长到一定密度之后才能诱导外源基因的表达。目前广泛使用的酵母可控性启动子表达系统有半乳糖启动子(GAL)、酸性磷酸酶启动子(PHO)、甘油醛-3-磷酸脱氢酶基因启动子(GAPDH)、Cu^{2+} 螯合蛋白启动子(CUPI)、交配 α 型阻遏系统(MATa/α)。它们具有多种控制表达机理,且诱导条件和诱导效果也不一样。

1. 温度控制表达系统

　　酿酒酵母 PHO5 基因通常在培养基中游离磷酸盐耗尽时被诱导高效表达,将 PHO5 启动子与 α-D-干扰素基因重组,转化子在高磷酸盐的培养基中 30℃ 迅速生长,当将之转移到不含磷酸盐的培养基中,其合成干扰素的能力提高 100～200 倍。PHO4 基因的编码产物是 PHO5 基因表达的正调控因子,其温度敏感性突变基因 $pho4^{TS}$ 的编码产物在 35℃ 时失活,因此含有 $pho4^{TS}$-PHO5 型启动子的克隆菌在 35℃ 时能正常生长,但不表达外源基因。当培养温度迅速下降到 23℃ 时,$pho4^{TS}$ 基因表达的正调控因子促进 PHO5 启动子的转录启动活性,进而诱导其下游外源基因的表达。但这种诱导水平只及游离磷酸缺乏时诱导水平的 10%～

20%，其原因可能是由于 23℃时酵母的代谢能力普遍受到抑制，或者 PHO4 蛋白的活性在这种温度下不能正常发挥。

酿酒酵母的 a 型和 α 型两种单倍体由位于交配类型遗传位点的 *MAT*a 和 *MAT*α 两个等位基因共同决定。*MAT*α 基因由两个顺反子 *MAT*α1 和 *MAT*α2 组成，前者编码一个正调控因子，是所有决定 α 型细胞表型的 α 特异性基因表达所必需的（即 α1 激活过程）；后者编码一个负调控因子，它是所有决定 a 型细胞表型基因的阻遏蛋白（即 α2 阻遏过程）。*MAT*a 基因也由 *MAT*a1 和 *MAT*a2 两个顺反子组成，其表达产物在单倍体细胞中没有功能，但在单倍体的交配过程中，a1 蛋白可与 α2 蛋白协同阻遏 *MAT*α1 顺反子的转录（即 a1-α2 阻遏）。利用上述细胞类型决定簇的两个突变基因可以构建对外源基因表达进行温度控制的二元系统，一个是温度敏感型的 *sir*3-8^{TS} 突变基因；另一个是 α2 蛋白的 *hml*α2-102 突变，导致它在与 a1 蛋白交配时对 *MAT*α 顺反子阻遏活性的丧失，但仍保留着阻遏 a 特异性基因的能力。

具有 *MAT*a-*hml*α2-102-*sir*3-8^{TS} 基因型的酵母细胞在 25℃培养时，应具有 a 交配类型，因为此时仅有 *MAT*a 基因能表达，*hml*α2-102 为 Sir 蛋白所阻遏；但当这种细胞生长在 35℃时，*MAT* 和 *HML* 均能表达，只有 a2 基因被阻遏，因此细胞呈现 α 交配类型。当外源基因置于 a 特异性基因的启动子控制之下时，a 交配型的受体细胞在 25℃时可以表达这一基因，但在 35℃时不表达（图 5-10(a)）；相反，如果外源基因与 α 特异性基因的启动子重组，则它仅在 35℃时表达，而在 25℃不表达（图 5-10(b)）。以 *PHO5* 作为报告基因，将之与 α 特异性基因 *MF*α1 的启动子连接在一起，转化子中 *PHO5* 基因在较高的温度下表达，当培养温度迅速下降后，其表达迅速终止，与之相反的例子也同样得以证实。

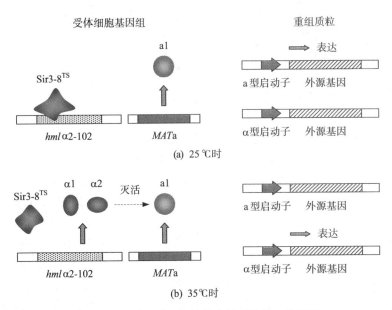

图 5-10　酿酒酵母温控性表达系统的工作原理

2. 超诱导表达系统

当酿酒酵母生长在无半乳糖或葡萄糖存在的培养基中时，其 *GAL1*、*GAL7*、*GAL10* 启动子受到阻遏；加入半乳糖或葡萄糖耗尽时，启动子活性被诱导 1 000 倍。半乳糖的诱导作用与 *GAL4* 基因和 GAL80 蛋白质的性质密切相关，*GAL4* 编码一种正调控蛋白，能与 *GAL1*、

GAL7、*GAL10* 启动子上游的 *UAS* 特异性结合，GAL80 蛋白则是 GAL4 因子的拮抗剂。在一般情况下，*GAL4* 基因的表达水平较低，限制了半乳糖诱导作用的程度，这种情况当外源基因克隆在含有半乳糖启动子的多拷贝质粒上时表现得尤为突出。在此系统中过量表达原来属于组成型表达的 *GAL4* 基因并不能解决问题，因为此时 *GAL* 启动子已转入组成型表达状态。

为了提高半乳糖的诱导效果，可将野生型的 *GAL4* 基因置于 *GAL10* 启动子的控制之下，并将这个基因表达序列整合在酿酒酵母的染色体 DNA 上。由此构建的受体菌在培养基中的半乳糖缺乏时，野生型 *GAL4* 基因以基底水平表达，但加入半乳糖后，*GAL4* 基因高效表达，同时与高浓度的半乳糖共同作用于控制外源基因表达的另一 *GAL* 启动子，这就是超诱导表达系统的工作原理。将埃博斯坦-巴赫病毒（*Epstein-Barr*）的 *gp350* 基因插入在 *GAL10* 启动子、MFα-1 蛋白原前体编码序列以及 *MFα-1* 转录终止子之间，并与一个 2μ 高拷贝衍生质粒体外重组。重组分子转化上述超诱导表达系统，获得的整合型转化子中 *gp350* mRNA 的量比非整合型转化子高出 5 倍，而 gp350 蛋白质的产量则提高 10 倍以上。

3. 严紧控制表达系统

许多酿酒酵母的宿主/载体系统由于缺少严紧控制的表达机制，在应用中受到一定程度的限制，一种以人雄激素受体为中心的严紧控制表达系统能有效地将外源基因的表达水平控制在一个合适的范围内。在这个系统中，雄激素受体表达水平、雄激素浓度、重组质粒拷贝数三者之间的平衡，可以有效作用于对雄激素具有应答能力的启动子，并通过这个启动子将外源基因的表达水平控制在高于基底表达水平 1 400 倍的范围内，同时不影响受体细胞的正常生长。这个控制系统相对于普遍应用的诱导表达系统而言具有显著的优越性，它不需要控制碳源和加入诱导剂，因此无论是对重组异源蛋白的生产还是对蛋白质相互作用的基础分子生物学研究都是非常有意义的。

5.4.3　外源基因在酵母中表达的限制性因素

即便使用酵母自身的启动子和终止子结构，外源基因在酵母中的表达也相当困难。例如，将外源基因与酵母磷酸甘油酯激酶（PGK）的启动子和终止子一同重组在高拷贝质粒上，则外源基因的表达水平普遍比含有 *PGK* 基因的相同重组子低 15～50 倍。重组质粒上的 *PGK* 基因可表达出占受体菌细胞总蛋白量 20%～25% 的磷酸甘油酯激酶，但使用 *PGK* 基因启动子和终止子的人干扰素基因在相同的受体菌中只能合成 0.5% 的目标蛋白，两个基因转录产物的 mRNA 浓度分别为 20% 和 1%，这表明重组异源蛋白质低产率的主要原因是稳定态 mRNA 的水平降低，而非表达产物的不稳定性。若将人 α-干扰素基因插在野生型 *PGK* 表达单元的内部，即 *PGK* 结构基因终止密码子下游的 16 bp 处，则融合基因转录出的 mRNA 中含有人 α-干扰素的编码序列。此外，mRNA 的合成量和 PGK 蛋白质的表达水平仍旧很高，但人 α-干扰素的 mRNA 基本上不翻译，因此稳定态 mRNA 的翻译活性是外源基因低水平表达的第二大限制性因素。

在酿酒酵母中，高丰度蛋白质（如 GAPDH、PGK、ADH 等）中 96% 以上的氨基酸残基是由 25 个密码子编码的，它们对应于异常活跃的高组分 tRNA，而为低组分 tRNA 识别的密码子基本上不被使用。利用 DNA 定点诱变技术将野生型 *PGK* 基因中的高成分密码子分别更换成使用频率较低的兼并密码子，则突变基因表达水平的降低程度与突变密码子占编码序列中密码子总数的比例呈正相关,其中更换 164 个密码子的 *PGK* 突变基因(占全部编码序列的 39%)的表达水平比野生型的 *PGK* 下降 10 倍。这种以密码子的偏爱性控制基因表达产物丰度的模式在真核生物细胞中相当普遍。

在使用酵母启动子和终止子等基因表达调控元件的前提下,异源基因的表达水平与稳定态 mRNA 的半衰期密切相关。如果外源基因 mRNA 的半衰期足够长,那么即便它含有许多对应于酵母低成分 tRNA 的密码子,受影响的只是重组异源蛋白的合成速率,不至于大幅度降低蛋白质的最终产量。然而这种情况并不多见,因为外源基因在酵母中的低效率表达恰恰表现在其 mRNA 的不稳定性上。在外源 mRNA 较短的半衰期内,由于密码子与 tRNA 的不对应性,蛋白质的生物合成速率下降,导致最终异源蛋白的合成总量减少。酵母 *PGK* 基因 mRNA 的半衰期随着简并密码子的更换程度而缩短,含有 164 个突变密码子的 *PGK* 基因,其稳定态转录产物 mRNA 的含量只有野生型 mRNA 的 30%。这表明,酵母 tRNA 与外源基因密码子的不匹配性不仅仅影响异源 mRNA 的翻译速率,更主要的是降低了 mRNA 的结构稳定性,两者共同导致外源基因表达水平的下降。

5.4.4　酵母表达系统的选择

酵母表达系统主要包括酿酒酵母表达系统、乳酸克鲁维酵母表达系统、甲醇酵母表达系统和裂殖酵母表达系统。酿酒酵母的宿主载体系统已成功地用于多种重组异源蛋白的生产,但也暴露出一些问题,如由于乙醇发酵途径的异常活跃导致生物大分子的合成代谢普遍受到抑制,因此外源基因的表达水平不高。此外,酿酒酵母细胞能使重组异源蛋白超糖基化,这使得有些异源蛋白(如人血清白蛋白等)与受体细胞紧密结合而不能大量分泌。上述缺陷可用非酿酒酵母型的其他酵母表达系统来弥补,包括乳酸克鲁维酵母、甲醇营养型酵母(如巴斯德毕赤酵母、多形汉逊酵母)等(表 5-3)。这些表达系统的共同特征是蛋白质的糖基化模式比酿酒酵母更接近于高等哺乳动物,而且能将各种重组异源蛋白分泌至培养基中。

表 5-3　几种酵母异源蛋白质的生产

菌　种	产　物	产量/(g·L^{-1})
乳酸克鲁维酵母	牛凝乳酶	333①
	人白细胞介素-1β	0.08
	α-半乳糖苷酶	0.25
巴斯德毕赤酵母	牛溶菌酶	0.5
	乙肝表面抗原	0.4
	人肿瘤坏死因子	6~10
	人表皮生长因子	0.5
	鼠表皮生长因子	0.45
	人组织纤溶酶原活化剂	0.025
	链激酶	0.30
	破伤风毒素片断 C	12
多形汉逊酵母	乙肝表面抗原	0.15
	α-半乳糖苷酶	0.1
	葡糖淀粉酶	1.4

① 乳凝固单位。

1. 乳酸克鲁维酵母表达系统

克鲁维酵母属长期用于发酵生产β-半乳糖苷酶，因此其遗传学背景比较清楚。含自主复制序列以及 LAC4 乳糖利用基因的质粒高频转化酵母菌也是在克鲁维酵母中首次证实的。从果蝇克鲁维酵母中分离出来的双链环状质粒 pKD1 已被广泛用作重组异源蛋白生产的高效表达稳定性载体。由 pKD1 构建的各种衍生质粒，即使在没有选择压力存在的情况下，也能在许多克鲁维酵母菌株中稳定遗传。此外，乳酸克鲁维酵母的整合系统也相继建立起来，其中以高拷贝整合型质粒 pMIRK1 最为常用，它由乳酸克鲁维酵母的 5S、17S、26S rDNA、无启动子的 trp1-d 基因以及大肠杆菌质粒 pUC19 片段组成，因而能特异性地整合在受体菌的核糖体 DNA 区域内，在无选择压力存在下，能在受体细胞内以 60 拷贝数的规模稳定维持。当外源基因插入该质粒后，pMIRK1 的多拷贝整合能使外源基因获得更高的表达水平，转化子也更趋稳定。

以乳酸克鲁维酵母表达分泌型和非分泌型的重组异源蛋白，均优于酿酒酵母系统。由 pKD1 衍生质粒构建的人血清白蛋白基因重组子在乳酸克鲁维酵母中的分泌水平远比酿酒酵母要高，而且在前者的分泌过程中，重组蛋白能正确折叠。在重组凝乳酶原的生产中，含有单拷贝外源基因的重组乳酸克鲁维酵母可在其培养基中表达分泌 345 U/mL 的重组蛋白，而酿酒酵母重组菌仅为 18 U/mL；由重组乳酸克鲁维酵母合成的人白细胞介素-1β，则是重组酿酒酵母的 80~100 倍。因此，克鲁维酵母系统在分泌表达高等哺乳动物来源的蛋白质方面具有较高的应用前景。

2. 巴斯德毕赤酵母表达系统

为克服酿酒酵母的局限，1983 年美国 Wegner 等最先发展了以甲基营养型酵母为代表的第二代酵母表达系统，即甲醇酵母表达系统，因其具有表达水平高，产物活性好，培养成本低，易扩大为工业化生产等特点得到越来越广泛的应用，已被认为是最具有发展前景的生产蛋白质的工具之一。甲基营养型酵母可利用甲醇作为唯一碳源，包括巴斯德毕赤酵母、多形汉逊酵母和白假丝酵母等，其中以巴斯德毕赤酵母为宿主的外源基因表达系统近年来发展最为迅速，应用也最为广泛。

巴斯德毕赤酵母是一种甲基营养型酵母，它能在相对廉价的甲醇培养基中生长，培养基中的甲醇可高效诱导甲醇代谢途径中各个酶编码基因的表达，其中研究最为详尽的是催化该途径第一步反应的乙醇氧化酶基因 AOX1，在甲醇培养基中生长的巴斯德毕赤酵母细胞可积累占总蛋白 30% 的 AOX1 酶。因此，生长迅速、AOX1 基因的强启动子及其表达的可诱导性是该酵母作为外源基因表达受体的三大优势。目前使用的巴斯德毕赤酵母受体菌大多是组氨醇脱氢酶的缺陷株（His⁻），这样表达质粒上的 HIS 标记基因可用来正向筛选转化子（表5-4）。尽管两个自主复制序列 PARS1 和 PARS2 已从毕赤酵母属基因文库中克隆并鉴定，但由此构建的自主复制型质粒在该菌属中不能稳定维持，因而通常将外源基因通过一系列表达载体整合至受体细胞的染色体 DNA 上。一些常用的巴斯德毕赤酵母表达载体列在表5-5中，其中最典型的是 pPIC3 和 pPIC3K（图5-11）。除此之外，Invitrogen 公司还开发了多种系列的巴斯德毕赤酵母表达载体，如 pPICZ 系列、pGAPZ 系列等也得到广泛使用。

目前，已有数百种具有经济价值的重组异源蛋白在巴斯德毕赤酵母中获得成功表达。大量研究结果表明，巴斯德毕赤酵母在异源蛋白的分泌表达方面优于酿酒酵母系统。例如，含有单拷贝乙型肝炎表面抗原编码基因的重组巴斯德毕赤酵母可产生 0.4 g/L 的重组抗原蛋白，而酿酒酵母必须拥有 50 多个基因拷贝才能达到相同的产量。建立多拷贝整合型的重组巴斯德毕赤酵母具有更大的潜力。例如，含有破伤风毒素蛋白 C 片段编码基因的整合型重组质粒转化巴斯德毕赤酵母受体细胞后，各种转化子表达重组蛋白的水平差别很大，占细胞蛋白总量的 0.3%～10.5% 不等。对转化子基因组结构的分析结果表明，获得重组蛋白高效表达的关键因素是整合型表达基因的多拷贝。转化的 DNA 重组片段在受体细胞内环化后，通过单交叉重组过程的重复使外源基因多拷贝整合在染色体 DNA 上，这种多拷贝整合型转化子在受体细胞有丝分裂生长期间具有显著的稳定性，而且能够通过诱导作用进行高密度培养。由于多拷贝整合机制与外源基因的序列特异性无关，因此这一高效表达系统具有广泛范围的应用价值。此外，当使用 AOX1 启动子介导外源基因表达时，选择 AOX1 缺乏的突变株作为受体细胞能获得比 AOX1+ 野生菌更高的表达效率，因为野生型巴斯德毕赤酵母在甲醇培养基中生长期间，能产生阻遏 AOX1 启动子的一种中间代谢产物，而这种阻遏物是由甲醇代谢基因控制合成的。AOX1 基因的缺失从源头上阻断了受体菌的甲醇代谢途径，因此尽管其他甲醇代谢基因依然存在，但由于没有合适的前体分子，从而丧失了其合成阻遏物的能力。当然，此时的培养基主要碳源不宜使用甲醇，而是以甘油取而代之。

表 5-4 巴斯德毕赤酵母的转化子类型

宿主菌	载体酶切后直接用于整合①	得到的 His+ 转化子	说 明
GS115 (Mut+)	Sac I (AOX1 整合)	载体整合到染色体 AOX1 基因的 5′ 端上游，AOX1 保留活性（例：Mut+ 表型）	原生质体或电转均可达到高转化率，是常规实验的理想手段。近 100% 的转化子均表达蛋白。多拷贝整合子（多达 10 个拷贝）出现频率低
	Sal I + Stu I (HIS4 整合)	载体整合到 HIS4 基因座内，AOX1 基因保留活性（例：Mut+ 表型）	原生质体或电转均可达到高转化率，是常规实验的理想手段。近 100% 的转化子均表达蛋白。值得注意的是，可能产生 His+′ pop outs′ 缺失外源基因③。多拷贝整合子（多达 10 个拷贝）出现频率低
	Bgl II② (AOX1 替换)	Bgl II 片段替换染色体上的 AOX1 基因，产生 Muts 表型（仅有 5%～25% 的转化子属于此类情况，其余大部分是 AOX1 或 HIS4 整合子）	转化率低，特别是使用原生质体转化法，这是获得多拷贝克隆的最佳方法，转化率为 1%～10%，可高达 30 个拷贝。可以产生 Mut+ 和 Muts 表型的异源转化子库，包括一些无表达产物转化子
KM71 (Muts)	Sac I 或 Sal I /Stu I	由于宿主 AOX1 基因已被破坏，所有转化子均为 Muts 表型，其余特征与 GS115 相同	转化率高于 GS115，特别是用电转化法

① 这些是载体上的常用位点，如果外源基因中没有这些位点，即可以广泛使用。
② 载体 pHIL-D2 的 Bgl II 位点换成了 Nco I，可用于克隆含有 Bgl II 位点的外源基因。
③ 该问题在小规模培养中很少出现。

表 5-5 毕赤酵母的表达载体

载体名称	单一克隆位点	选择标记	说　明
胞内产物			
pPIC3	*Bam*HⅠ，*Nco*Ⅰ①，*Sna*BⅠ，*Eco*RⅠ，*Avr*Ⅱ，*Not*Ⅰ	*HIS4*	多接头载体
pPIC3K	*Bam*HⅠ，*Nco*Ⅰ①，*Sna*BⅠ，*Eco*RⅠ，*Avr*Ⅱ，*Not*Ⅰ	*HIS4*，*Km*^r	多接头载体，带有多拷贝克隆的筛选标记 G418
pHIL-D1	*Eco*RⅠ	*HIS4*	最基本载体之一
pHIL-D2	*Eco*RⅠ	*HIS4*	含有 f1 复制起点和 *Not*Ⅰ位点用于置换
pHIL-D3	*Asu*Ⅱ，*Eco*RⅠ	*HIS4*	含有 f1 复制起点和天然 *Asu*Ⅱ位点用于不变的 *AOX1* 5′端非翻译区
pHIL-D4	*Eco*RⅠ	*HIS4*，*Km*^r	多拷贝克隆筛选标记 G418
pHIL-D5	*Eco*RⅠ	*HIS4*，*Km*^r	含有 f1 复制起点和 *Not*Ⅰ位点用于置换并含有多拷贝克隆筛选标记 G418
pHIL-D7	*Asu*Ⅱ，*Eco*RⅠ	*HIS4*，*Km*^r	含有 f1 复制起点和一个天然的 *Asu*Ⅱ克隆位点，用于置换的 *Not*Ⅰ位点和多拷贝克隆筛选标记 G418
pAO815	*Eco*RⅠ	*HIS4*	含有 f1 复制起点和 *Bam*HⅠ位点用于构建体外多拷贝表达元件
分泌产物			
pHIL-S1	*Xho*Ⅰ，*Eco*RⅠ，*Sma*Ⅰ，*Bam*HⅠ	*HIS4*	含有毕赤氏酵母 *PHO1* 信号和 f1 复制起点
pPIC9	*Xho*Ⅰ，*Sna*BⅠ，*Eco*RⅠ，*Avr*Ⅱ，*Not*Ⅰ	*HIS4*	含有一个酿酒酵母 a 因子前导肽
pPIC9K	*Xho*Ⅰ，*Sna*BⅠ，*Eco*RⅠ，*Avr*Ⅱ，*Not*Ⅰ	*HIS4*，*Km*^r	含有一个酿酒酵母 a 因子前导肽和多拷贝克隆筛选标记 G418
pYAM7SP6	*Stu*Ⅰ，*Eco*RⅠ，*Bgl*Ⅱ，*Not*Ⅰ，*Xho*Ⅰ，*Spe*Ⅰ，*Bam*HⅠ	*HIS4*	含有一个杂合的毕赤氏酵母 *PHO1* 信号和 f1 复制起点及一个 Kex2 末端肽水解酶位点

① 由于克隆位点不单一，因此采用三片段连接。

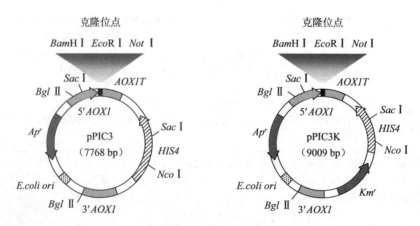

图 5-11　巴斯德毕赤酵母 pPIC3 系列表达质粒

3. 多形汉逊酵母表达系统

多形汉逊酵母也是一种甲基营养型酵母,与酿酒酵母相对应的多形汉逊酵母 *ura3* 和 *leu2* 型缺陷株也已分离出来,因而酿酒酵母的 *URA3* 和 *LEU2* 基因可用作筛选多形汉逊酵母转化子的选择标记。这种酵母的两个自主复制序列 *HARS1* 和 *HAR2* 已被克隆,但与乳酸克鲁维酵母和巴斯德毕赤酵母相似,由 *HARS* 构建的自主复制型质粒在受体细胞有丝分裂时显示出不稳定性。所不同的是,这种质粒能以较高的频率自发地整合在受体细胞的染色体 DNA 上,有的 *HARS* 型表达载体还可在染色体上整合多达 100 个拷贝,因而重组多形汉逊酵母的构建同样可以采用整合的策略。并且多形汉逊酵母已构建了多种营养缺陷株,如 *ura3*、*his3*、*leu2*、*trp3* 和 *ade11* 等,方便筛选。因此多形汉逊酵母也是一种较为理想的外源基因表达系统。目前,包括乙型肝炎表面抗原在内的 10 多种外源蛋白已在这个系统中获得成功表达。

除了上述 3 种常用的酵母表达系统外,其他几种用于重组多肽生产的表达系统也开发成功,如非洲粟酒裂殖酵母、脂解雅氏酵母、西方凸尾酵母(*Schwannionyces occidentalis*)等。

5.5　酵母的蛋白修饰分泌系统

酿酒酵母只能将几种蛋白质(如蔗糖酶、酸性磷酸酯酶、性激素 a/α、杀手毒素等)分泌到细胞外或细胞间质中,而脂解雅氏酵母则可分泌相对分子质量较大的蛋白质(如蛋白酶、脂酶、RNA 酶等),但总的说来,酵母菌的蛋白分泌能力远不如原核生物芽孢杆菌的分泌系统有效。

5.5.1　酵母的蛋白质分泌运输机制

与其他高等真核生物相似,高度分化的细胞器结构在酵母蛋白分泌运输过程中起着重要作用。大多数分泌型的蛋白质运输路线是:内质网膜→高尔氏基体→囊泡→细胞表面。在动物细胞中,新合成的分泌型蛋白质是在翻译过程中转入内质网膜腔内的,新生肽链的 N 端刚从核糖体上翻译出来,便与信号肽识别颗粒(SRP)形成复合物,这一过程抑制肽链的进一步延长,直到 SRP 接触到定位于内质网膜外表面上的 SRP 特异性受体,新生肽链的合成才重新进行下去,此时蛋白质的生物合成系统已被固定在内质网膜上。新合成的多肽链在 N 端信号肽的作用下穿过内质网膜,进入内腔,同时位于内质网膜内侧的信号肽酶位点专一性地切除信号肽。

在内质网膜内腔中,蛋白质经历第一次糖基化修饰以及肽链的折叠,由 $(GlcNAC)_2(Man)_9(Glc)_3$ 组成的寡聚糖链核心从一个脂类载体蛋白上转移到多肽链 Asn-X-Thr/Ser(X 为除脯氨酸之外的所有氨基酸残基)特征糖基化序列中的 Asn 残基上,形成 *N* - 糖基化结构;同时将单一的甘露糖分子转移到多肽链 Thr 或 Ser 残基的氧原子上,形成另一种 *O* -糖基化结构。当蛋白质离开内质网膜时,寡聚糖核心结构上的三个葡萄糖残基和一个甘露糖分子被切除,然后进入高尔氏基体。在此,分泌型蛋白的 *N* -寡聚糖核心结构及 *O* -糖基化结构进一步延伸侧链,最终形成全糖基化的分泌型蛋白质(详见 4.5.3 节)。

酵母蔗糖酶和酸性磷酸酯酶的分泌是在细胞分裂过程中进行的。分泌蛋白首先集中在胞芽结构中,然后通过膜融合作用将分泌蛋白转入分泌型囊泡中,囊泡再将蛋白质运输到细胞膜内侧,并在 GTP 结合蛋白复合物的协助下,与细胞膜发生融合作用,将蛋白质释放至细胞周质中。整个分泌过程需要 *SEC* 基因编码产物的参与(图 5-12)。

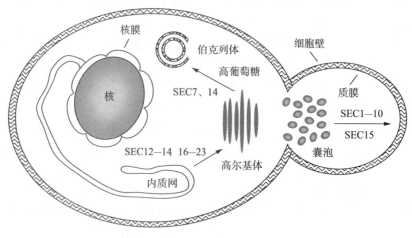

图 5-12 酵母蛋白质分泌途径

5.5.2 酵母的信号肽及其剪切系统

与其他真核生物相似,酵母信号肽序列的保守性较低,大都由 15～30 个氨基酸残基组成,含有三个不同的结构特征,即 N 端带正电荷的 n 区、中间疏水残基的 h 区、C 端极性的 c 区。n 区的长度及氨基酸残基的性质各异,但都含有正电荷;h 区的疏水氨基酸残基(Phe、Ile、Met、Leu、Trp、Val)大都随机排列;c 区具有对应于信号肽剪切位点的特征序列,即 1 位和 3 位必是一个相对分子质量较小且不带电荷的残基,如 Ala、Ser、Gly、Cys 或 Thr 等,而 2 位则通常是高分子量的带电残基,这就是所谓的 3-1 规律,由此可从基因的编码序列中推断信号肽编码序列的存在。

上述三个特征区域的氨基酸组成对蛋白质的分泌效率起着重要的作用。例如,卡尔酵母菌(*Saccharomyces carlbergensis*)α-半乳糖苷酶(MEL1)的两个突变型信号肽序列能使异源蛋白锯鳞血抑环肽(echiststin)和人纤溶酶原激活Ⅰ型抑制因子的分泌提高 20～30 倍(图 5-13)。其中一个突变型分别将野生型信号肽 N 端疏水区中的 Phe 和 Tyr 改成 Arg 和 Leu,另一种突变形式则将野生型信号肽 5 位上的 Lys 改变为 Pro,后者是在各种信号肽中通常用来阻断 α-螺旋结构的常用残基,对信号肽酶的正确剪切起着重要作用。在酿酒酵母中,性激素 MFα1 的信号肽能促进许多重组异源蛋白的高效分泌,因此可根据其信号肽的序列特征重新设计酵母菌的信号肽。MFα1 信号肽的氨基酸序列为:Met-Arg-(Leu)$_n$-Pro-(X)-Ala-Leu-Gly,其中 $n=6$～12,X=Leu、Ala、Leu-Ala 或者无残基。上述 MEL1 信号肽的两种突变型基本上符合这一序列特征。另一项人工合成信号肽保守序列影响人表皮生长因子(hEGF)在酿酒酵母中有效分泌的实验结果表明,在上述保守序列之后,再加入一段含有 KEX-2 蛋白酶裂解位点的 19 个氨基酸残基原序列,可使重组异源蛋白的分泌效率提高 5 倍以上,这一原序列可能起着类似于分子伴侣的作用,护送 MFα1 信号肽介导的 hEGF 通过分泌途径进入高尔氏基体。然而应该强调的是,信号肽序列与其所介导的重组蛋白序列之间的构象关系是设计理想信号肽序列的重要参考依据。

信号肽名称	信号肽序列	锯麟血抑环肽产量 /(ng/A_{600})
	-17　　　　　　　　　　　　　　　-1	
野生型	Met-Phe-Ala-Phe-Tyr---Xaa---Lys-Gly-Val-Phe-Gly	10
突变型 1	Met-Arg-Ala-Phe-Leu---Xaa---Lys-Gly-Val-Phe-Gly	273
突变型 2	Met-Phe-Ala-Phe-Tyr---Xaa---Pro-Gly-Val-Phe-Gly	6
突变型 3	Met-Arg-Ala-Phe-Leu---Xaa---Pro-Gly-Val-Phe-Gly	202
MFα1	前导肽	173

Xaa = Phe-Leu-Tyr-Cys-Ile-Ser-Leu

图 5-13　卡尔酵母半乳糖糖苷酶信号肽序列对锯麟血抑环肽产量的影响

除了信号肽序列及其构象特征外,受体细胞内信号肽剪切酶系的表达水平对异源蛋白的高效分泌也有很大的影响。在酿酒酵母细胞内,存在两种针对 MFα1 信号肽进行剪切的酶系,即由 STE13 编码的二肽氨肽酶以及由 KEN2 编码的蛋白酶,它们分别作用于 MFα1 前体分子中的 Glu-Ala 和 Lys-Arg 两个剪切位点。当含有 MFα1 信号肽编码序列的外源基因高效表达时,受体细胞中这两个剪切酶系的含量已不能满足要求,此时若将信号肽剪切酶基因与外源基因共表达,可以有效地促进重组异源蛋白的成熟,进而提高其分泌效率。例如,在含有 MFα1 信号肽编码序列和 α-TGF 融合基因的克隆菌中,转入 KEX2 基因并使其高效表达,则转化子分泌 α-TGF 的能力大幅度提高。

酿酒酵母中能用于促进异源蛋白高效分泌的信号肽序列并不多,它们主要来源于由 MFα1 基因编码的多肽性激素 α 因子、蔗糖酶(SUC2)、可阻遏型酸性磷酸酯酶(PHO5)、杀手毒素因子(KIL)等,其中 MFα1 的信号肽序列最为常用,因为它能促进多种异源蛋白的高效分泌。然而,异源蛋白的性质不同,MFα1 信号肽序列的效率也有很大差异,从 10μg/L 到 5μg/L 不等,其主要原因是与 MFα1 信号肽序列融合的异源蛋白编码序列对 mRNA 的稳定性、翻译效率以及新生多肽链的翻译后加工等过程也有很显著的影响,因此在重组异源蛋白一定的前提条件下,比较信号肽序列对异源蛋白分泌的效率才有意义。

5.5.3　酵母分泌型蛋白的糖基化修饰

酵母中的蛋白质糖基化修饰有两个主要步骤,即在内质网膜内腔中的寡聚多糖核装配以及在高尔氏基体中的糖外链延伸。前者的装配在长萜醇磷酸酯(Dol-P)上进行,依次接上 2 分子 N-乙酰葡萄糖胺残基,9 分子甘露糖和 3 分子葡萄糖后,形成 Dol-PP-$(GlcNAC)_2(Man)_9(Glc)_3$ 的寡聚多糖核结构(图 5-14)。为此过程提供糖基的三个供体分别是 UDP-GlcNAC、GDP-Man、UDP-Glc。第一步反应,即 GlcNAC-1-P 从 UDP-GlcNAC 到 Dol-P 上的转移反应为衣霉素所抑制;由 Dol-P 到 Dol-PP-$(GlcNAC)_2(Man)_5$ 的各步反应均发生在内质网膜的胞质侧面上。该结构然后被翻转入内质网膜内腔中,并继续加入剩余的 4 分子甘露糖和 3 分子葡萄糖,最终形成的完整寡聚多糖核结构再转移到多肽链 Asn-X-Thr 序列中 Asn 的 N 原子上。Ser 和 Thr 羟基上的 O-糖基化则是由 Dol-P-Man 分子提供的甘露糖。

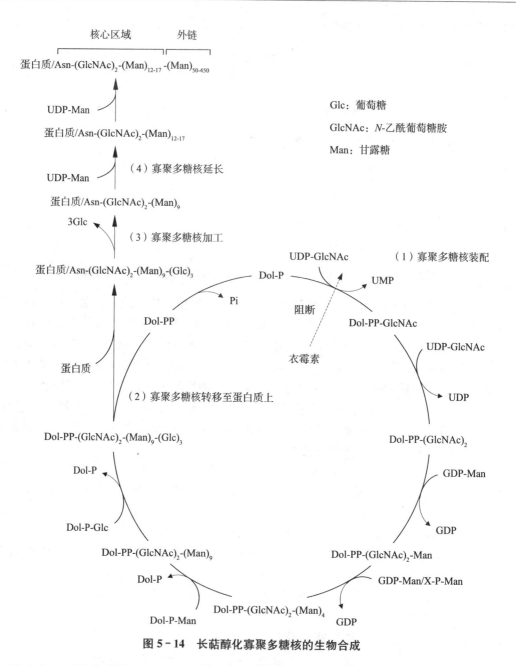

图 5 - 14　长萜醇化寡聚多糖核的生物合成

　　进入高尔氏基体的分泌型蛋白质在其寡聚多糖核上进行外链的延伸反应,外链可由多达100～150 个甘露糖残基以各种糖基键的形式组成。蔗糖酶的每个 Asn 残基上都接有九或十聚体的甘露糖寡聚链,使得糖的相对分子质量占到蛋白质总相对分子质量的一半。此外,在高尔氏基体中还会发生 O-糖基侧链的延伸反应。上述所有的寡聚多糖核装配以及外链延伸均在一个庞大的糖基化修饰酶系参与下进行,其中相当多的编码基因已克隆并鉴定。

　　酵母虽然拥有完整的蛋白质糖基化修饰系统,但其修饰形式不同于高等真核生物。酵母菌的 O-寡聚多糖链只有甘露糖单体,但许多高等真核生物的蛋白在相同的糖基化位点上却含有唾液酸基团。酵母菌蛋白质在内质网膜内腔中发生的 N-寡聚多糖核转配过程与哺乳动物完全相同,但在高尔氏基体中进行的外侧链合成,两个系统有明显的差别。在动物细胞中,N-糖基外链除了含有甘露糖单体外,还包括 N-乙酰葡萄糖胺、半乳糖、果糖、唾液酸等糖基,分别产生高甘露糖型、杂合型、复合型的三种寡聚多糖结构;酵母糖蛋白的 N-糖基外链的组成成分只有甘露糖,但其分支结构极为复杂,这种现象称为超糖基化修饰(图 5-15)。

哺乳动物高甘露糖型 N-寡聚多糖侧链

哺乳动物杂合型 N-寡聚多糖侧链

哺乳动物复合型 N-寡聚多糖侧链

酵母超糖基化型 N-寡聚多糖侧链

Fuc:果糖
Gal:半乳糖
GlcNAc:N-乙酰葡萄糖胺
Man:甘露糖
6P-Man:6-磷酸甘露糖
NeuAc:唾液酸

图 5-15　N-寡聚多糖链的分子结构

　　重组异源蛋白在酵母受体细胞中的超糖基化作用会产生许多不利影响,包括重组蛋白的生物活性下降或抑制以及蛋白质的免疫原性增加等。例如,在酵母细胞中表达的 N-糖基化人白细胞介素-1β 比人体中分泌的天然蛋白比活降低 5～7 倍;由酵母细胞超糖基化的 HIVgp120 蛋白丧失了与 CD 受体和抗体结合的能力。解决上述问题的途径有 3 个:

　　(1) 利用基因体外诱变技术封闭重组蛋白中的糖基化位点,从而在根本上避免酵母表达系统的超糖基化作用,重组人尿激酶原和粒细胞/巨噬细胞集落刺激因子采用这种方法取得了较好的效果。然而,如果异源蛋白本身含有糖基化侧链,而且糖链的存在是其生物活性所需的,那么这种封闭方法并不适用。

　　(2) 筛选受体菌的甘露糖生物合成突变株,例如酿酒酵母的 *mnn1* 突变株能合成不含 α-1,3 糖苷键的 N-和 O-寡聚甘露糖侧链,从而消除了甘露糖糖蛋白严重的免疫原决定簇。*mnn9* 突变株失去了超糖基化功能,只能合成缺少外链的 N-糖基化蛋白质,这对于表达生产只含有寡聚多糖核的真核生物重组蛋白(如人 α_1-抗胰蛋白酶)是非常有效的。但上述两种突变株的缺陷是在大规模发酵过程生长缓慢。

（3）选用其他的酵母表达系统，如巴斯德毕赤酵母、多形汉逊酵母、非洲粟酒裂殖酵母等，它们的蛋白质糖基化修饰作用在大多数情况下更接近于哺乳动物。

5.6　利用重组酵母生产乙肝疫苗

由乙型肝炎病毒(HBV)感染引起的急慢性乙型肝炎是世界范围内的严重传染病，每年约有 200 万病人死亡，并有 3 亿人成为 HBV 携带者，其中相当一部分人有可能转化为肝硬化或肝癌患者。目前对乙肝病毒还没有一种有效的治疗药物，因此高纯度乙肝疫苗的生产对预防病毒感染具有重大的社会效益，而利用重组酵母产生人乙肝疫苗为这种疫苗的广泛使用提供了可靠的保证。

5.6.1　乙肝病毒的结构

乙肝病毒是一种双链环状蛋白包裹型的 DNA 病毒，具有感染能力的病毒颗粒呈球面状，直径为 42 nm(即所谓的 Dane 颗粒)，基因组大小仅为 3.2 kb。Dane 病毒颗粒的主要结构蛋白是病毒表面抗原多肽(HBsAg 或 S 多肽)，它具有糖基化和非糖基化两种形式，颗粒中的其他蛋白成分还包括核心抗原(HBcAg)、病毒 DNA 聚合酶以及微量的病毒蛋白。除此之外，受乙型肝炎感染的人，其肝细胞还能合成和释放大量的 22 nm 空壳亚病毒颗粒，这些颗粒由病毒的包装糖蛋白组成，并结合在宿主细胞来源的脂双层质膜上，亚病毒颗粒的免疫原性是未装配的各种包装蛋白组分的 1 000 倍。包装蛋白共有三种转膜糖蛋白成分，分别命名为 S、M、L 多肽，这些蛋白组分是从一个开放阅读框架翻译出来的三种不同分子量的产物(图 5－16)。阅读框架中含有三个翻译起始密码子 ATG，但只有一个终止密码子。三个 ATG 将阅读框架分为 pre-S1、pre-S2、S 三个区，其中 S 区的翻译产物为 S 多肽，由 226 个氨基酸残基组成；M 多肽和 L 多肽(pre-S2-S 和 pre-S1-pre-S2-S)则分别由 281 和 400 个氨基酸残基组成。Dane 病毒颗粒除了含有大量的 S 多肽外，还有少量的 M 多肽和 L 多肽参与包装。

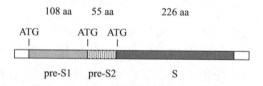

图 5－16　乙型肝炎表面抗原编码基因的结构

乙肝病毒在体外细胞培养基中并不能生长，因此第一代的乙肝疫苗是从病毒携带者的肝细胞质膜上提取出来的。虽然这种质膜来源的疫苗具有较高的免疫原性，但其大规模生产受到病毒表面抗原来源的限制，而且提取物需要高度纯化，纯化过程中往往会发生失活现象。此外，最终产品还必须严格检验其中是否混有病人的致病病毒。所有这些工序导致制造成本居高不下，因此这种传统的乙肝疫苗生产方法不能满足几亿接种人群的需求。

5.6.2 产乙肝表面抗原的重组酿酒酵母构建

重组乙肝疫苗的开发研究起源于 20 世纪 70 年代末,那时乙肝病毒 DNA 已经克隆,由其序列可以推出 HBsAg 完整的一级结构。当时人们对大肠杆菌表达重组 HBsAg 做了大量尝试,结果表明原核细菌的表达水平极低,可能是由于重组产物对受体菌的强烈毒性作用,因此 20 世纪 80 年代初开始选择酿酒酵母表达重组 HBsAg。其主要工作包括将 S 多肽的编码序列置于 ADH1 启动子的控制之下,转化子能表达出具有免疫活性的重组蛋白,它在细胞提取物中以球形脂蛋白颗粒的形式存在,平均颗粒直径为 22 nm,其结构和形态均与慢性乙肝病毒携带者血清中的病毒颗粒相同。此外,利用 PGK 启动子表达的 S 多肽也是有相似的性质。

由重组酿酒酵母合成的 HBsAg 颗粒完全由非糖基化的 S 蛋白组成,这与人体细胞质膜来源的由糖基化蛋白构成的天然亚病毒颗粒有所不同。此外,重组病毒颗粒还含有酵母特异性的脂类化合物,如麦角固醇、磷酰胆碱、磷酰乙醇胺以及大量的非饱和脂肪酸等。尽管如此,重组酵母和人体两种来源的亚病毒颗粒在与一系列 HBsAg 单克隆抗体(由人细胞质膜提取出来的 HBsAg 所产生)的结合活性上是基本相同的。这一结果表明,两种亚病毒颗粒在免疫活性方面没有区别,它们均含有相同的优势抗原决定簇。

目前,由酿酒酵母生产的重组 HBsAg 颗粒已作为乙肝疫苗商品化(其商品名为 Recombivax-B 或 Engerix-B),工程菌的高密度发酵工艺也已建立。重组细胞以间歇方式培养生长,控制发酵系统中葡萄糖的浓度以防止乙醇的积累,比生长速率维持在系统完全处于耗氧的状态下,重组产物的最终产量可达细胞总蛋白量的 1%~2%。发酵结束后,菌体用玻璃珠机械磨碎,裂解物经离心分离后,上清液随后进行离子交换层析、超滤、等密度离心以及分子凝胶过滤等几步纯化,最终使得纯度高达 95% 以上的抗原颗粒。将之吸附在产品佐剂上,便形成乙肝疫苗制剂。

进一步的研究结果表明,pre-S1 和 pre-S2 抗原蛋白对 S 型重组疫苗具有显著的增效作用,由三种抗原组分构成的复合型乙肝疫苗可以诱导那些对 S 蛋白缺乏响应的人群的免疫反应。

5.6.3 产乙肝表面抗原的重组巴斯德毕赤酵母构建

利用甲基营养菌巴斯德毕赤酵母作为受体细胞表达 HBsAg,显示出比酿酒酵母系统更大的优越性。重组菌的构建过程如下:将 HBsAg 的编码序列和用于选择标记的巴斯德毕赤酵母组氨醇脱氢酶基因 PHIS4 插入甲醇可诱导型的 AOX1 启动子和 AOX1 终止子之间,构成环状重组质粒 pBSAG151(图 5 - 17)。用 BglⅡ 打开 pBSAG115,使得 AOX1 启动子和 AOX1 终止子分别位于线形 DNA 片段的两端,并转化 HIS^- 的受体细胞。在 HIS^+ 的转化子中,重组 DNA 片段与受体染色体 DNA 上的 AOX1 基因发生同源交换,单拷贝的 HBsAg 编码序列稳定地整合在染色体上。由于巴斯德毕赤酵母染色体 DNA 上还拥有表达水平较低的第二个乙醇氧化酶基因 AOX2,因此转化子仍能在含有甲醇的培养基上生长。

重组菌首先在含有一定浓度的甘油培养基中培养,待甘油耗尽时,加入甲醇诱导 HBsAg 的表达,最终 S 蛋白的产量可达到受体细胞可溶性蛋白总量的 2%~3%,比含有多拷贝表达单元的重组酿酒酵母要高近 1 倍。这些表达出来的 S 蛋白几乎全部形成类似于病毒携带者

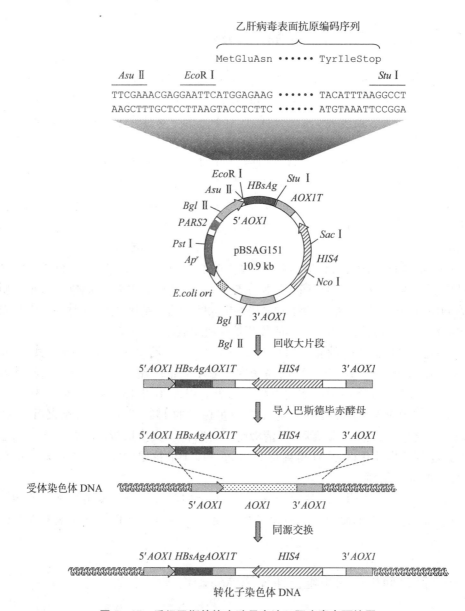

图 5-17　重组巴斯德毕赤酵母表达乙肝病毒表面抗原

血清中的颗粒结构,而由重组酿酒酵母合成的 S 蛋白只有 2%～5%能转配成 22nm 颗粒,也就是说,前者的单位效价是后者的数 10 倍。在大规模的产业化试验中,巴斯德毕赤酵母工程菌在一个 240 L 的发酵罐中用单一培养基培养,最终菌体量可达 60 g(干重)/L,并获得 90g 22 nm 的 HBsAg 颗粒,这足以制成 900 万份乙肝疫苗。

5.7　利用重组酵母生产人血清清蛋白

人血清清蛋白(HSA)是血浆的主要成分,由肝脏合成,并分泌到血液循环系统中,然后散布于大多数体液内。人血浆中的血清清蛋白浓度可高达 42g/L,其功能是作为机体内几种重要生理物质的可溶性运输载体,包括类固醇激素、胆汁色素、金属离子、氨基酸、脂肪酸等,同时在维持血液正常渗透压方面也起着重要作用。在临床上,人血清清蛋白主要用作血浆容量扩充剂,抢救休克、烧伤和失血病人,是极为重要的人体蛋白药物,其市场份额占到血浆蛋白的 40%。人血清清蛋白在肝细胞中最初以血清清蛋白原前体的形式合成,在转运进入内质网膜内腔后,18 个氨基酸残基的前体信号肽序列被切除,然后再由一个类似于酿酒酵母 KEX2 的肽酶进一步除去 6 个氨基酸残基的原序列,形成成熟蛋白。成熟的人血清清蛋白为一非糖基化的单一多肽链,由 585 个氨基酸组成,含有 17 对二硫键,由此维系的空间构象是血清清蛋白的生物功能所必需的。

目前多数厂家仍是从人血浆或胎盘中分离生产人血清清蛋白的,全世界为此每年要消耗 10^7 L 人体新鲜血浆和 4 500t 胎盘。近年来,这种传统的生产方式受到了利用基因工程酵母发酵重组人血清清蛋白的挑战,因为血浆和胎盘资源毕竟有限,而且最终产品中很可能被血液病原病毒(如乙肝病毒和艾滋病毒)所污染。由于人血清清蛋白价格低廉(每克只有 2 美元),需求量大(每年 300t),因此利用基因工程方法大规模生产重组人血清清蛋白能否取代传统的提取方法,很大程度上取决于发酵和分离工序的综合生产成本。此外,由于人血清清蛋白的临床使用剂量一般都在十几克甚至数十克内,这给重组制剂的纯度提出了很高的要求,任何痕量的杂蛋白均可能因为使用剂量的增大而造成严重的免疫反应和毒性反应,这是重组人血清清蛋白开发中的主要难题。

最初采用的重组人血清清蛋白表达分泌系统是酿酒酵母。将带有 N 端 Asp-Ala-His 特征序列的成熟人血清清蛋白 cDNA 基因(1.8 kb)与各种不同的信号肽编码序列体外拼接,并克隆在含有 UYP 启动子和 ADH1 终止子的表达型质粒 pJDB207 上,克隆菌的表达水平为 55 mg/L,但是重组人血清白蛋白在这个系统中难以分泌,大都形成受体细胞结合型的表达产物。进一步的改进方法是使用乳酸克鲁维酵母作为受体细胞,该菌体杀手毒素蛋白 a 的信号肽能大大提高表达产物的分泌效率。重组基因在酿酒酵母 PGK 启动子的控制下,摇瓶试验克隆菌可分泌表达 400 mg/L 的重组人血清清蛋白,而在高密度发酵过程中,每升发酵液中可获得数克最终产物。由乳酸克鲁维酵母菌细胞生产的重组人血清清蛋白具有正确的折叠构象和加工模式,17 对二硫键完全正确配对,与天然的人血清清蛋白几乎没有区别。巴斯德毕赤酵母是迄今为止最为优良的重组人血清清蛋白的表达分泌系统,人血清清蛋白的 cDNA 编码序列在 AOX1 启动子的诱导控制下,可获得更高的表达分泌水平。在最优发酵条件下,重组巴斯德毕赤酵母合成和分泌重组人血清白蛋白的产率可高达 15 g/L,其生产成本已低于传统工艺。

人血清清蛋白与 CD4 受体的融合蛋白(HSA-CD4)生产工艺也已经问世,这种融合蛋白的开发目的是作为人免疫缺陷病毒(HIV)的感染阻断剂使用。重组可溶性的 CD4 蛋白已被证明能有效阻止 HIV 感染 $CD4^+$ 淋巴细胞,但这种重组蛋白在人体内的半衰期极短,很难达到临床治疗所需的浓度。人血清清蛋白具有较长的半衰期,体内分布广,而且没有酶学或免疫学活性,因而是一种理想的生物活性蛋白载体。实验结果证实,HSA-CD4 融合蛋白在体内的抗病毒活性与可溶性的 CD4 相似,但在兔子体内的半衰期比可溶性 CD4 的半衰期长 140 倍。如果人体能耐受高浓度的 HSA-CD4 融合蛋白,则这种蛋白有望成为一种艾滋病毒的拮抗药物。